次世代光記録材料
Materials for Future Optical Memories

監修：奥田昌宏

シーエムシー出版

はじめに

光記録技術と材料の進歩は真に目覚しく，特に相変化記録材料の進展，短波長レーザの開発とが相まってビデオレコーダの大成功に繋がりました。然し，現在市販されているDVDの記録容量は4.7GBと小さく，次世代は30GB，更に第3世代には100GBの記録容量の開発が熱望されています。

思い起こしますと，1970年にECDのS. R. Ovshinskyによってカルコゲナイド膜の光記録が提案されて以来30年に渡る長い研究の結果，やっと2003年になって製品化の花が開きましたが，30GB，100GBの相変化光ディスクを世に出すには更に難しい問題が山積しています。

次世代光記録技術と材料のこの本を出版する理由は，1970年の提案以来30年の長く苦しい開発期間を要したDVDまでの研究・開発過程を明白にし，更に100GBまでの研究期間を短縮するために最良の道程を示唆するためです。そのため，DVD開発に従事されている各社の相変化記録の専門家の皆様にお願いして，第Ⅰ編第1章に相変化光ディスク技術の現状と題して執筆をお願いしました。

第Ⅰ編第2章には，フラッシュメモリを基本とする半導体メモリカード（SDメモリカード等）に替わって，より大容量のメモリカードを目指す一方式として話題になっている相変化電子メモリ（PCRAM：Phase Change RAM）を執筆して頂きました。この相変化電子メモリも，1970年にS. R. Ovshinskyによって提案されたもので，30年近く冬眠していましたが，光記録材料の進歩により見直されECDより新しい機能を付加してOUM（Ovonic Unified Memory）として再提案されています。然し，この新しいメモリ（PCRAM）にも強敵が存在し（FRAM：強誘電体メモリ，MRAM：磁気メモリ），その将来性については予断を許しませんが，光ディスク材料の進歩と相まってDVDのように新しい市場を獲得して欲しいものです。

第Ⅰ編第3章には，ブルーレーザー光ディスク技術として，30GBを目指す新しい開発ターゲットを執筆して頂きました。この開発ターゲットも，2～3年の短い期間での完成を期待しています。

第Ⅱ編は超高密度光記録として，100GBへの道程の方式；近接場光，3次元多層，単分子光等，の全く新しい光記録方式を執筆して頂いています。これらの方式は，5～10年後の活躍が期待されるもので，その基礎的な研究が熱望されているものです。

これらの内容は執筆者のご協力により，意図した以上に充実した内容になっています。執筆者のご努力に厚くお礼を申し上げると共に，光記録，電子記録の更なる発展の一助となれば幸いです。

2004年1月

奥田昌宏

普及版の刊行にあたって

本書は2004年に『次世代光記録技術と材料』として刊行されました。普及版の刊行にあたり，内容は当時のままであり加筆・訂正などの手は加えておりませんので，ご了承ください。

2009年4月

シーエムシー出版　編集部

執筆者一覧(執筆順)

奥田昌宏	大阪府立大学　名誉教授
寺尾元康	㈱日立製作所　研究開発本部　ストレージテクノロジー研究センター　研究主幹
影山喜之	㈱リコー　研究開発本部　光メモリー研究所　光メモリ材料研究センター　所長
柚須圭一郎	(現)㈱東芝　研究開発センター　記憶材料デバイスラボラトリー主任研究員
小林　忠	㈱東芝　デジタルメディアネットワーク社　コアテクノロジーセンター　光ディスク開発部　主務
太田威夫	Energy Conversion Devices, Inc., Optical and Electronic Memories　Vice President
堀井秀樹	Samsung電子㈱　メモリ事業部　半導体研究所　工程開発チーム　シニアエンジニア
J. H. Yi	Samsung電子㈱　メモリ事業部　半導体研究所　工程開発チーム
J. H. Park	Samsung電子㈱　メモリ事業部　半導体研究所　工程開発チーム
Y. H. Ha	Samsung電子㈱　メモリ事業部　半導体研究所　工程開発チーム
S. O. Park	Samsung電子㈱　メモリ事業部　半導体研究所　工程開発チーム

U-In Chung	Samsung電子㈱ メモリ事業部 半導体研究所 工程開発チーム
J. T. Moon	Samsung電子㈱ メモリ事業部 半導体研究所 工程開発チーム
保坂純男	(現) 群馬大学大学院 工学研究科 教授
山上 保	(現) ソニー㈱ オーディオ・ビデオ事業本部 記録システム開発部門AS開発部 統括部長
井出達徳	NEC メディア情報研究所 主任研究員
本田 徹	工学院大学 工学部 電子工学科 助教授 (現) 工学院大学 工学部 情報通信工学科 教授
森 伸芳	(現) コニカミノルタオプト㈱ 事業開発センター 開発部長
松下辰彦	(現) 大阪産業大学 工学部 電気電子工学科 教授
久保裕史	(現) 富士フイルム㈱ 先端コア技術研究所 研究担当部長
富永淳二	(現) ㈱産業技術総合研究所 近接場光応用工学研究センター センター長
川田善正	(現) 静岡大学 工学部 機械工学科 教授
伊藤彰義	(現) 日本大学 理工学部 電子情報工学科 教授
中川活二	(現) 日本大学 理工学部 電子情報工学科 教授
井上光輝	豊橋技術科学大学 電気・電子工学系 教授
入江正浩	九州大学大学院 工学研究院 応用化学部門 教授

執筆者の所属表記は，注記以外は2004年当時のものを使用しております。

目　次

【第Ⅰ編　相変化記録とブルーレーザー光ディスク】

第1章　相変化光ディスク技術の現状

第2章 相変化電子メモリーの開発

第3章 ブルーレーザー光ディスク技術

【第Ⅱ編　超高密度光記録技術と材料】

第4章　近接場光を用いた超高密度光記録　富永淳二

第5章　3次元多層光メモリ　川田善正

第6章　磁区応答3次元光磁気記録　伊藤彰義，中川活二

第7章　ホログラム光記録と材料　井上光輝

第8章　フォトンモード分子光メモリと材料　入江正浩

第Ⅰ編　相変化記録とブルーレーザー光ディスク

第1章　相変化光ディスク技術の現状

1　相変化光ディスク記録材料概論

奥田昌宏*

1.1　はじめに

最近，相変化光ディスクを使ったビデオレコーダの人気が上がり，相変化記録媒体への関心が高まっている。これは，今まで画像記録媒体として長く使用されてきたビデオテープに代わって相変化光ディスクが記録容量，書き換え回数，転送速度，保存特性などで優れていることが認識されてきたことによると考えられる。

特に，2002年の2月にDVD記録の世界規格が発表され，ディスクの片面記録容量が30GBと決まった。この記録容量では，通常のテレビ画像では40時間記録ができ，BS（放送衛星）ディジタル放送の高画質映像でも約4時間録画することができる。

そのため，2003年の秋以降でもPCOS（Phase Change Optical Information Storage）2003：10月30，31日(熱海)，ISOM(Int.Symp.Optical Memory)2003：11月3－7日(奈良)，MRS(Material Research Society）2003：12月1－4日（Boston）等多くの研究会が開催されている。

このような相変化光ディスクの優秀性を正しく理解して頂くために，記録材料の概要を説明する。

相変化光ディスクの研究の歴史は古く，1968年にECDのS.R.Ovshinskyによってカルコゲン化合物（Te，Se，Sの化合物）の薄膜が開発されてから，約30年以上の長い期間の研究の結果実用化された応用物理の領域でもめずらしい記録媒体である。ECDで開発された1960～70年代の光記録膜組成はTeGeSbS，TeGeAsなどで，Teが80%以上とTeが主成分の膜が使用されていた。この膜はTeが主成分であるため経年変化が大きく，放置すれば結晶化するため実用化は非常に困難であった。その後，Se-Te，Te-O-Ge-Sn，Ge-Te，In-Sb，Sb_2Te_3などが研究されたが，1986年にIn-Se膜により1ビームオーバーライトが開発され，相変化光ディスクの優秀さが確認された。これに刺激され，新しい記録膜が続々と発表され，それが現在主流となっている擬化合物系の$Ge_2Sb_2Te_5$構造と共晶系のAgInSbTe，Ge(Sb_7Te_3)＋Sb構造である。これらの膜は，GaN系の青紫色半導体レーザの波長領域（波長$\lambda = 405$nm）において十分吸収特性があり，高密度光記録媒体として優秀な特性を持つことが明らかとなっている。

---

*　Masahiro　Okuda　大阪府立大学　名誉教授

1.2　相変化光ディスクの記録容量，転送速度と記録材料

次世代の家庭用TV画像にも，図１に示すように記録容量50～100GB，データ転送速度100Mbps程度の光ディスクが必要となると考えられている[1]。相変化光ディスク材料には，前述のように，擬合金系の$Ge_2Sb_2Te_5$構造と共晶系のAgInSbTe，$Ge(Sb_7Te_3)$＋Sb構造の２系列が使用されている。大記録容量で，高速転送速度をもつ光ディスク設計に，どちらの記録材料が有利かが種々検討されているので，その論点を整理して紹介しよう。

この争点の中心は，結晶化の際のサイズ効果である[2]。サイズ効果とは，図２に示すように，同じ非晶質径を持つ記録材料で記録径(非晶質径)が小さくなった時，両材料系のどちらがデータ転送速度の高速化に有利かを議論するものである。

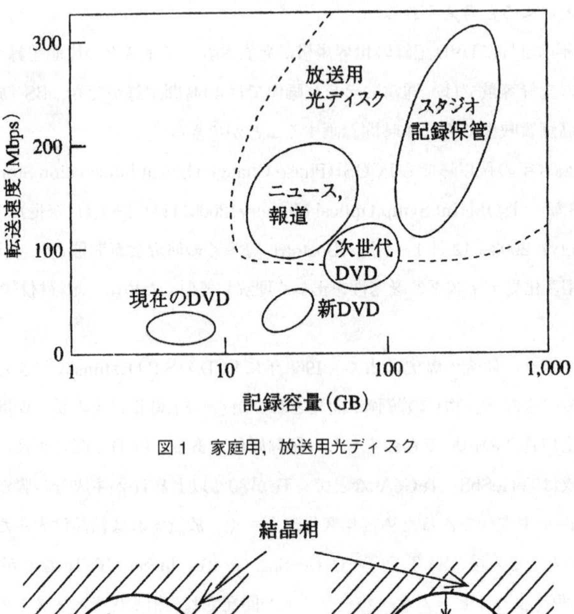

図１　家庭用，放送用光ディスク

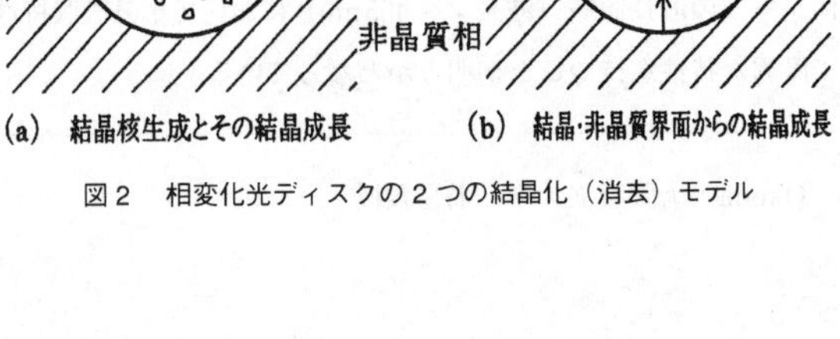

図２　相変化光ディスクの２つの結晶化（消去）モデル

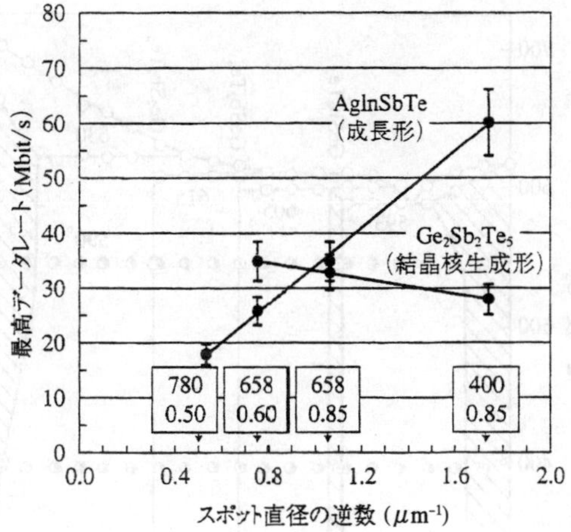

図３　スポット寸法効果（枠内の上段：レーザ波長（nm），下段：レンズのNA）

擬合金系（$Ge_2Sb_2Te_5$）の結晶化は，結晶核生成とその結晶核からの結晶成長であるから，非晶質径が小さくなっても結晶化時間は同一値となる。

一方，共晶系材料では結晶相と非晶質相との界面から結晶化が始まり，それが中心まで成長した時に結晶化が終わるため，結晶化時間は非晶質径が小さくなると短くなる。これを図示すると，図３となる[3)]。

この図から分かるように，擬合金系光ディスクでは，記録径を小さくするたびにディスク設計を変えて高速化を図る必要があるが，共晶系ではその必要はなく，高速化に有利であると考えられている。

１.３　擬合金系材料と共晶系材料

図４にGeSbTe系の擬合金系の相図を示す[4)]。この３元系では，３つの結晶構造を持っている。即ち，$Ge_2Sb_2Te_5$，$Ge_1Sb_2Te_4$，$Ge_1Sb_4Te_7$である。これは，組成として（GeTe)$_2$＋Sb_2Te_3構造，GeTe＋Sb_2Te_3構造，GeTe＋(Sb_2Te_3)$_2$構造となる。現在，DVD-RAMに使用されている記録膜は$Ge_2Sb_2Te_5$構造である。

共晶系材料では，２種類の材料が使用されていて，その１つはGe(Sb_7Te_3)＋Sb組成であり，このGe-Sb-Te３元系の相図を図５に示す。この相図で，最も低い共晶温度を持つ組成は$Ge_{15}Sb_{61.5}Te_{23.5}$であるが，現実に使用されている組成はこれと異なっていて，Ge＜10％，Sb/Te～4.28であり，Geが少なくSbが多い組成になっている。

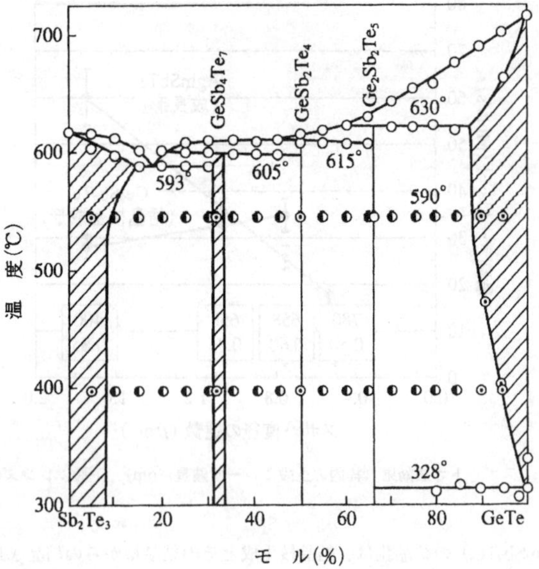

図４　GeTe–Sb_2Te_2 系の相図

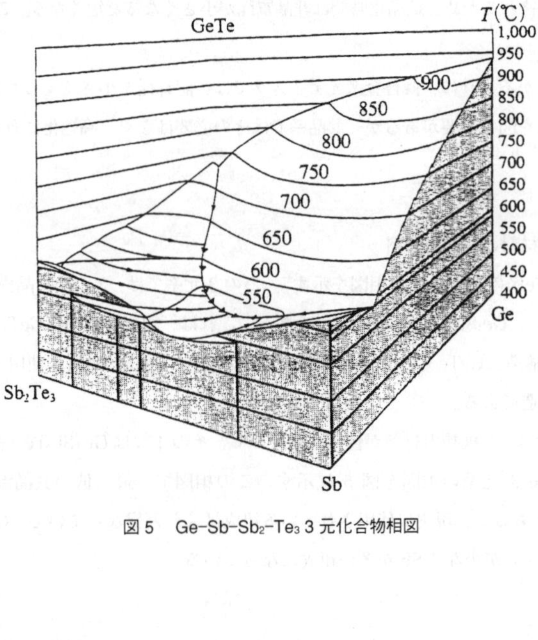

図５　Ge–Sb–Sb_2–Te_3 3 元化合物相図

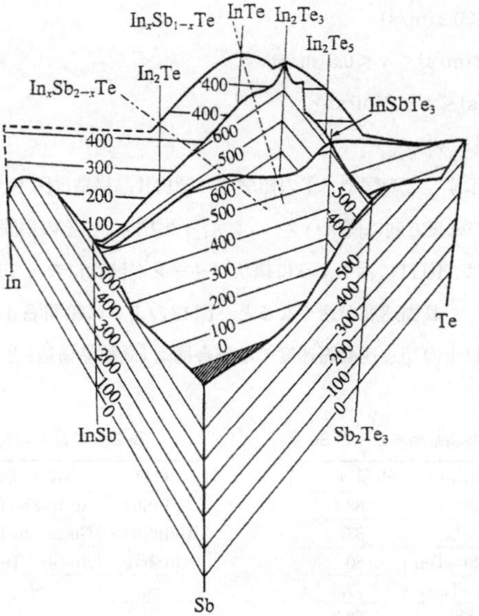

図６　In−Sb−Te３元相図

共晶系材料の他の組成は，$Ag_5In_5Sb_{60}Te_{30}$である。この組成に近い３元相図In−Sb−Teを図６に示す[5)]。この組成は，Sb−Te系の共晶点に近い$Sb_{75}Te_{25}$組成を主材料として，それに各５％のAgとInが添加された組成が用いられている。このAg，Inの効果については種々議論がなされているが，まだ明確な答えが得られていない。

1.4　Sbを多く含む新しい共晶系記録材料

最近開催されたE*PCOS' 2003，PCOS' 2003，ISOM' 2003，MRS' 2003では，GaSb，GeSb，GeSbSn[6〜9)] 等の新しい共晶系記録材料が高速転送用光ディスクに最適であるとの多くの報告がなされた。

これらの材料を，Sb量を多く含む順に整理すると，表１となる[10)]。共晶系材料で最も多くSbを持つのはGaSbで，88.4％がSbであり，次いでGeSbが83％である。表２に，これらの共晶系材料の結晶化速度を示す。この表を見てもSbの増加と共に結晶化速度も速くなることが分かる。これらの共晶系材料の中で代表的なGaSbとGeSbの相図を図７，図８に示す。

これらのSbを多く含む共晶系材料の凝固構造は，その凝固速度 v (m/s) により４つの領域に分類される[11)]。

①層状共晶構造 v ＜0.2(m/s)

②波状共晶構造 0.2(m/s)＜ v ＜0.5(m/s)

③複雑構造 0.5(m/s)＜ v ＜2(m/s)

④結合構造 2(m/s)＜ v

このモデルを図9に示す。この図で，①の領域での層状共晶構造は図10に示すようにα相とβ相は縞状となり，その成長方向は縞状パターンに沿った方向で，その縞間隔をdとする。②の領域での波状共晶構造は，図11に示すように縞状パターンが波状になっていて，縞間隔dは正弦波的に変化する。更に，凝固速度が速くなると，図12のように縞間隔dがランダムになり，複雑構造になる。それ以上の超急速凝固速度では結合構造(微結晶構造)となり，縞間隔dは完全

表1　光記録材料の共晶系組成とそのSb量

材料	共晶系組成	Sb量（%）
GaSb	$Ga_{11.6}Sb_{88.4}$	88.4
GeSb	$Ge_{17}Sb_{83}$	83.
GeInSbTe	$Ge_2In_7Sb_{80}Te_{11}$	80
InSbTe	$In_9Sb_{77.6}Te_{13.4}$	77.6
InSb	$In_{31.7}Sb_{68.3}$	68.3

表2　共晶系組成とその結晶化速度

材料	共晶系組成	結晶化速度（m/s）
AgInSbTe	$Ag_5In_5Sb_{60}Te_{30}$	25
GeInSbTe	$Ge_2In_7Sb_{80}Te_{11}$	35
InSbTe	$In_9Sb_{77.6}Te_{13.4}$	50
Sb	Sb	80

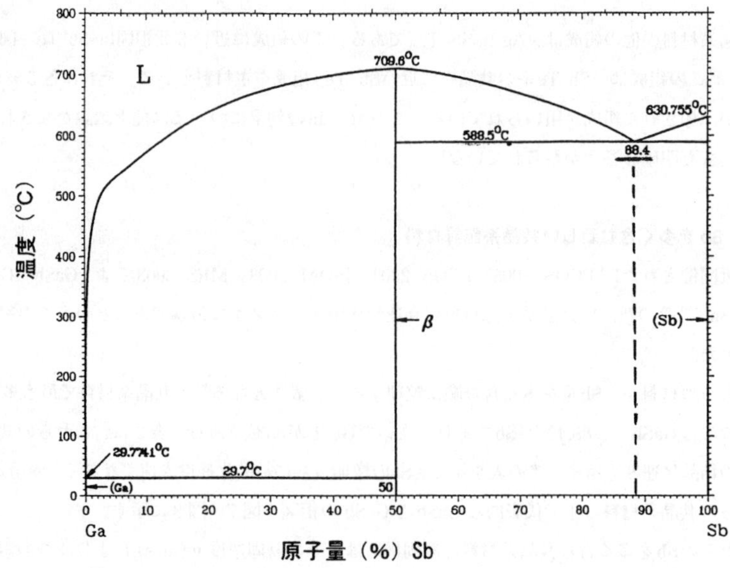

図7　GaSbの相図

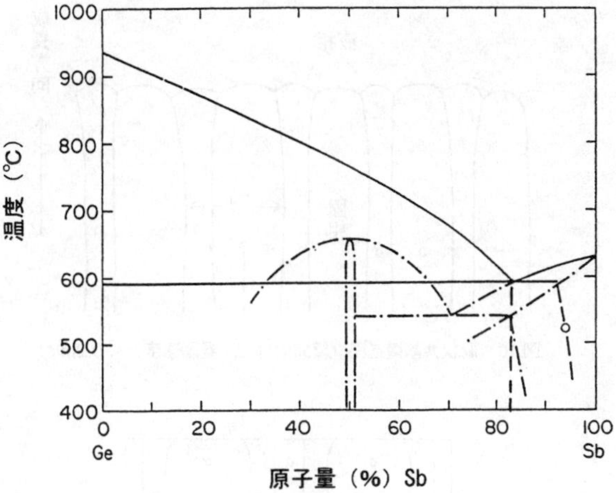

図8　GeSbの相図

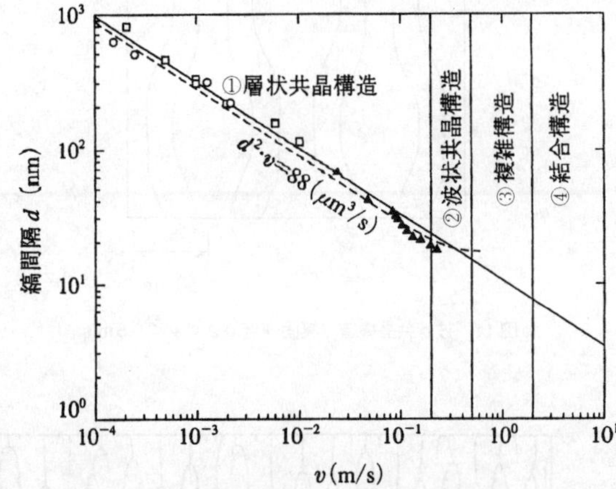

図9　層状縞間隔 d と凝速度 v の関係

に消失する。この④の結合構造では，図9の延長線で示すように，v＝10（m/s）とすると縞間隔dは約3 nmとなり，AgInSbTeのc軸長の数倍の大きさとなることが分かる。

このように，共晶系材料の凝固速度vと縞間隔dの関係は，図9より分かるように，凝固速度vの増加と共に縞間隔dは減少し，実験結果から推定した関係は，

$$d^2 \cdot v = 88 \ (\mu m^3/s)$$

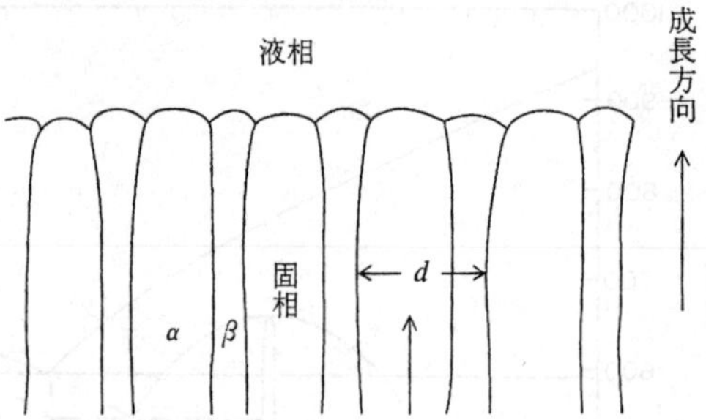

図10　層状共晶構造図（縞間隔は d, 凝固速度 $v < 0.2$m/s）

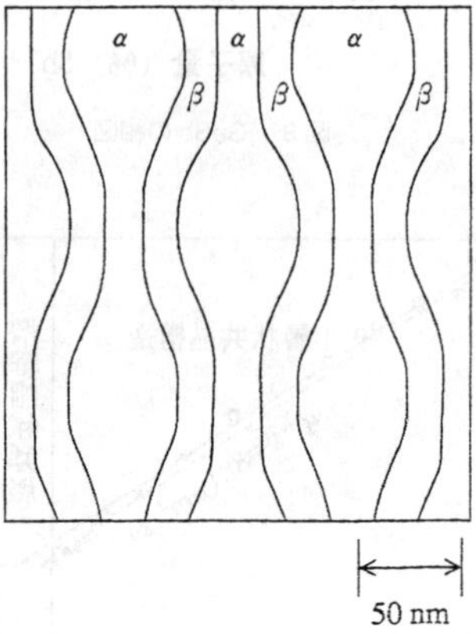

図11　波状共晶構造（凝固速度 $0.2 < v < 0.5$m/s）

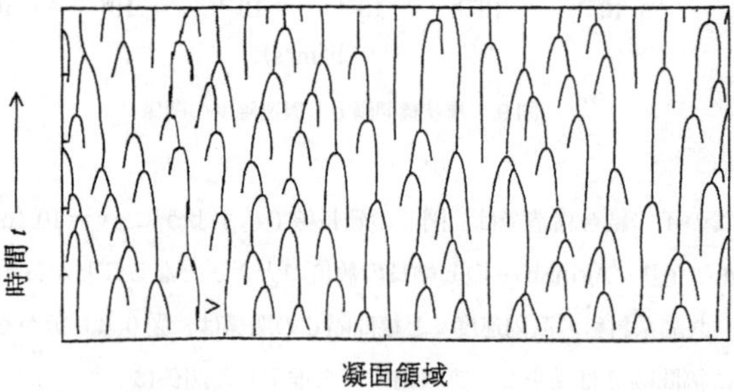

図12　凝固速度 0.5m/s < v < 2 m/s における凝固構造（複雑構造）

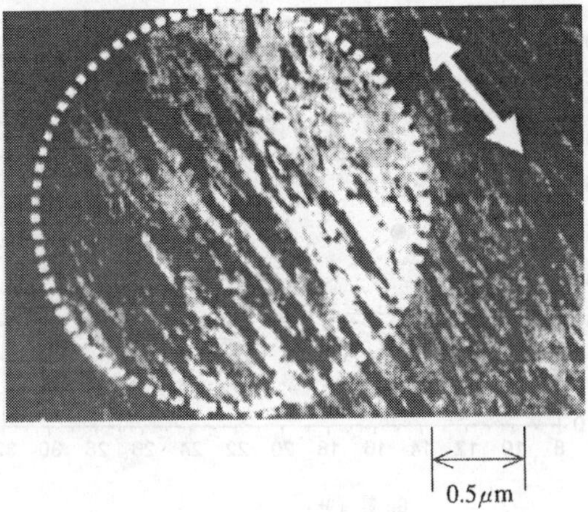

図13　液相凝のGe(Sb_7Te_3)＋Sb記録膜のTEM像

となる。最近の高速光ディスクの線速度化の研究は10～50（m/s）が検討されているから，この線速度では記録点の構造は④の結合構造（微結晶構造）になっていると考えられる。最近，報告された液相凝固のGe(Sb_7Te_3)＋Sb記録膜のTEM像の図13[12]は，図12の複雑構造に類似していることは興味がある。

共晶系材料の結晶化機構は，その材料がどのような条件で凝固したかによって大きく異なることが明らかになっている[13]。共晶系材料は，4つの凝固速度vに依存して異なった凝固構造を持っている。その主たるパラメータは，凝固速度vに依存した縞間隔dである。共晶系材料の結晶化の際に，縞間隔dの大きい領域（層状共晶構造）では長距離の原子拡散と再配列が必要となる。そのため，共晶系の結晶成長速度uは，縞間隔dの増加により減少することが分かる。もし，原子拡散が結晶化全面の非晶質相で生じるとすると，結晶成長速度uは縞間隔dに反比例する（$u \propto 1/d$）。もし，原子拡散が非晶質相／結晶相の界面に沿って生じると，結晶成長速度uは縞間隔dの2乗に反比例する（$u \propto 1/d^2$）。

それで，急速凝固で，体積拡散（3次元拡散）では，結晶成長速度$u \propto 4D/d$，

急速凝固で，界面拡散（2次元拡散）では，結晶成長速度$u \propto 8D/d^2$。

これらの式より，凝固速度が速くなると縞間隔dが極めて小さくなり，非常に速い結晶化速度が得られることが分かる。

最後に，ISOM' 2003でPhilipsから発表されたGeSb記録材料の高速記録光ディスクの紹介を図14，15に示す[14]。図14は，Ge-Sb相変化ディスクのGe量をパラメータとした時の結晶化時

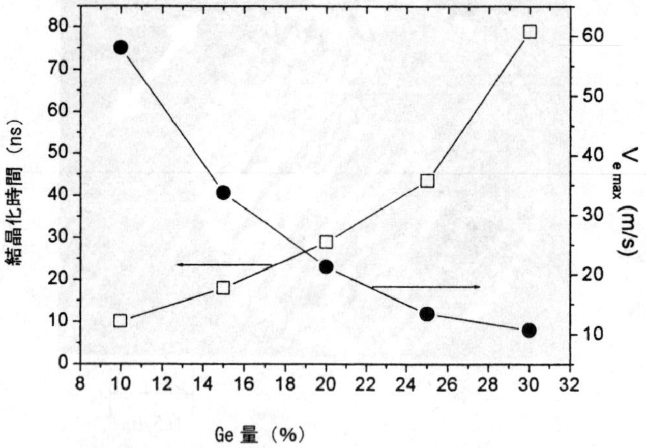

図14　Ge量を変化した時の非晶質マーク（半径100nm）の結晶化時間（左）と最大DC消去速度（右軸）

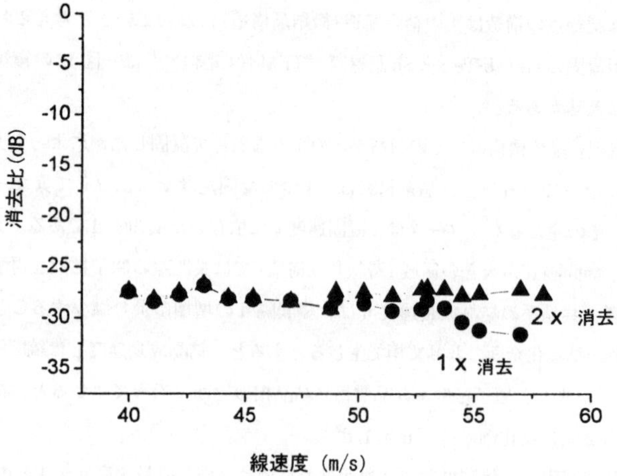

図15　Geが約10%含むGeSb光記録膜の線速度と消去比の関係

間（左縦軸：ns）と最大消去速度（右縦軸：m/s）を示し，Ge量10%で結晶化時間は10nsと非常に高速であり，この時の最大消去速度は55m/sである。図15は，Ge量が10%の時の消去比とディスクの線速度の関係を示す。最大線速度55m/sでも消去比は27dB以上である。

MRS2003 Fall Meeting（Phase Change for Data Storage）が12月１～５日ボストンで開催され，光ディスク用高線速記録材料が検討されたが，一方電子スイッチング記録材料についても発表された。この中で，特に注目を引いたのは，Philipsが発表した高速スイッチングPCRAM（Phase Change RAM）である[15)]。このスイッチング素子の材料もdoped Sbであり，光ディスクの高線速用材料と同じ材料であることに注目が集まっていた。

文　献

1） H. Tokumaru, Proc. PCOS' 2001, p.51
2） H. V. Houten, Proc. SPIE, Vol. 4085, p.181 (2001)
3） G. F. Zhou, ODS' 2000 Technical Digest, p.74
4） 奥田，書換え可能光ディスク材料，工業調査会，p.49
5） 奥田，同上，p.51
6） M. Okuda, *et al.*, Proc. E* PCOS' 2003, p.1
7） H. Tashiro, *et al.*, Proc. E* PCOS' 2003, p.15
8） L. C. Chung, *et al.*, Proc. ISOM' 2003, p.146
9） K. Ito *et al.*, MRS' 2003, Fall Meeting Abstract, HH5. 3, p.800
10） M. Okuda, Proc. PCOS' 2002, p.1
11） H. Muller–Krumbhaar&W. Kurz, Phase Transformations in Metals, Ed. P. Haasen, (Materials Science and Technology Vol.5, VCH, 1991) p.533
12） M. Horie, *et al.*, Proc. PCOS' 2001, p.20
13） U. Koster, U. Herold：Glassy Metals 1 (Topics in Applied Physics 46, Springer, 1981) p.225
14） L. v. Pieterson *et al.*, Proc. ISOM' 2003, p.4
15） W. S. M. Ketelaars *et al.*, MRS' 2003, Fall Meeting Abstract, HH2. 2, p.795

2　GeSbTe系相変化光ディスク記録材料

寺尾元康*

2.1　組成と結晶化特性

Ge–Sb–Te系材料は，書換え可能回数および記録マーク形状の忠実度の点で，現在最も優れた相変化記録材料である[1]。この材料は，化合物であるGeTeとSb_2Te_3と，必要に応じて過剰のSbまたは添加元素であるCoなどから成り立っていると考えると理解しやすい。非晶質材料中でGeは共有結合の腕が４本，Sbは３本，Teは２本であるから，特にGeを含むと非晶質状態の安定性が増すことは容易に推定できる。

GeTeは，30ns以下のきわめて短時間の結晶化が可能であり，結晶化温度が高くて，室温付近での非晶質状態の安定性が高い[2,3]。しかし，結晶化時の体積収縮が大きく，クラックを発生しやすい，結晶化速度の組成比依存性がきわめて大きく，コントロールしにくい，光吸収係数が小さい，耐酸化性が十分でないなどの欠点をもっている。

一方Sb_2Te_3は，結晶化時間は数μsでやや結晶化が遅いが[4]，結晶化してもクラックなどを発生しにくい。

Ge–Sb–TeはGeTeとSb_2Te_3のこのような性質を混合したような性質をもっている。Ge–Sb–Te系には，図１に状態図を示したように[5]，GeTeとSb_2Te_3を結ぶ線上に少なくとも３つの３元化合物があり，図２に示したように[1]，この線上では結晶化速度が速く，線上から離れると結晶化速度が遅くなっている。

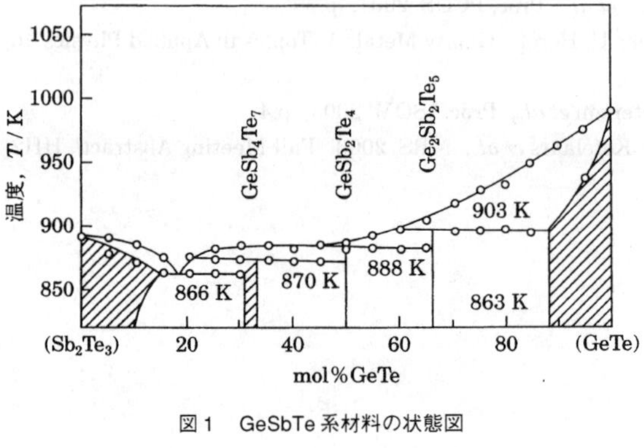

図１　GeSbTe系材料の状態図

＊ Motoyasu Terao　㈱日立製作所　研究開発本部　ストレージテクノロジー研究センター
研究主幹

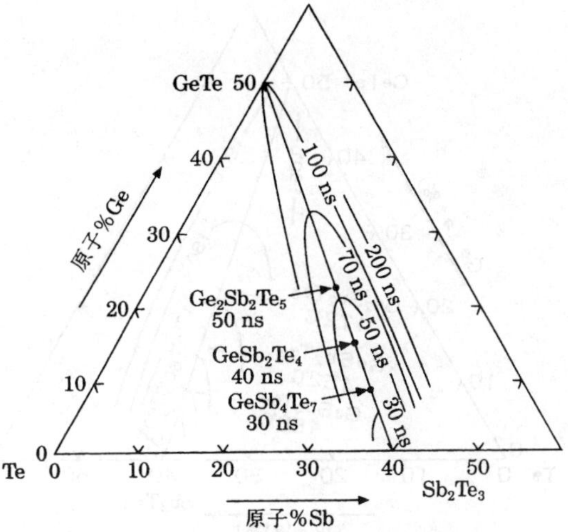

図 2　GeSbTe 系材料の結晶化速度の組成依存性

上記の 3 元化合物は，GeTe と Sb_2Te_3 を整数比で混合した組成となっている。GeTe と Sb_2Te_3 を結ぶ線上から離れると結晶化速度が遅くなるのは，均一な非晶質から過剰のSbまたはTeが析出するのに相対的に長距離の原子拡散を必要とし，時間がかかるためである[2]。一方，結晶化温度は，GeTeの組成に近付くほど高くなる。

直径120mmの光ディスクに線速度 8 m/s 以上で記録・再生する場合，$Ge_2Sb_2Te_5$ のような化合物組成が，このような光ディスクには適合するとされている。上記の化合物組成よりTe含有量を増した領域では，融解後の冷却時の結晶化速度すなわち高温域の結晶成長速度は大きいので広い範囲を融解させないと記録マークを形成できず，結晶化パワーレベルの光照射時の固相での結晶化速度の低下は結晶核生成が遅くなるため急激である。このため十分な再生信号強度が得られ，かつ消え残りが小さいようにはならない。

一方，Ge–Sb–Te 系記録膜の，昇温速度 10℃/s で測定した結晶化温度は，図 3 に示したように[1] GeTeに近づくほど高くなっている。したがって，上記の，結晶化により大きな内部応力が発生するなどのGeTeの欠点が顕著に現れない範囲で，GeとTeの含有量を増やした方が非晶質状態の安定性が高まる。Ge と Te の含有量を増やした組成では高温域での結晶成長速度は上昇し，大きな結晶粒が形成される傾向が有る。

Ge–Sb–Teの組成比を変えるほかに，Coなどの第 4 元素を添加することも結晶化速度の制御に効果がある。Tl，Ag，Coのうちの 1 元素の添加が結晶化温度を上げて結晶化速度をやや低下さ

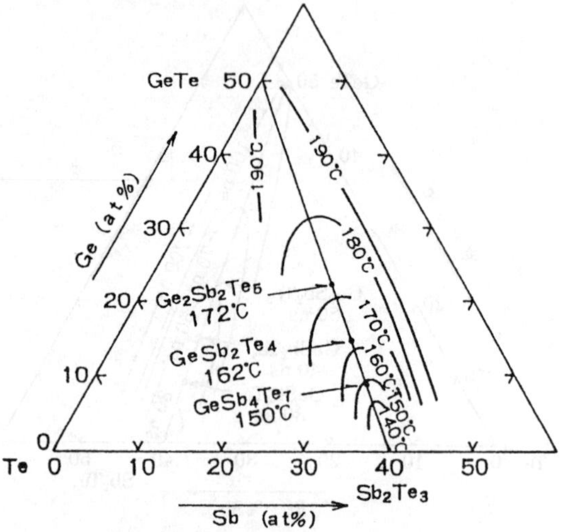

図3　GeSbTe系材料の結晶化温度の組成依存性

せ，C/Nを向上させる効果があることが知られている[6]。

2.2　結晶構造および結晶－非晶質の密度比較

GeSbTe系材料は層状構造と見なせることが知られていた[7]が，$Ge_2Sb_2Te_5$に少量のAgを添加した記録膜の電子線による構造解析をきっかけに，この膜は図4に示したように$AgSb_2Te$と同じ岩塩（NaCl）構造を持つことがわかった[8]。その後，$Ge_2Sb_2Te_5$膜の結晶構造や密度の詳細な解析が行われ[9]，通常とは逆に，結晶状態の方が非晶質状態より密度が低いということがわかった。$Ge_2Sb_2Te_5$の組成ではTeの含有量が約56%でNaCl構造のClのサイトを占めるが，Naのサイトを占めるAgとGeSbは合計含有量が44%であるから，Naのサイトには多くのvacancyが含まれる。このために通常結晶化時に起きる体積収縮がほとんど無く，逆に，結晶状態の体積の方が非晶質状態の体積より若干大きいと報告されている。GeTeではTeが50%であるからvacancyは生じにくく，結晶化で体積収縮が起きると考えられる。

SnまたはBiの添加で結晶化が高速化する，膜厚が薄くても結晶化速度を確保できる，という報告がされている[10, 11]。そのメカニズムについては，Sn，Biの原子半径，イオン半径が大きいことによる間隙の増大が考えられる。また，これに関連した結合力の低下も影響している可能性が有る[12]。

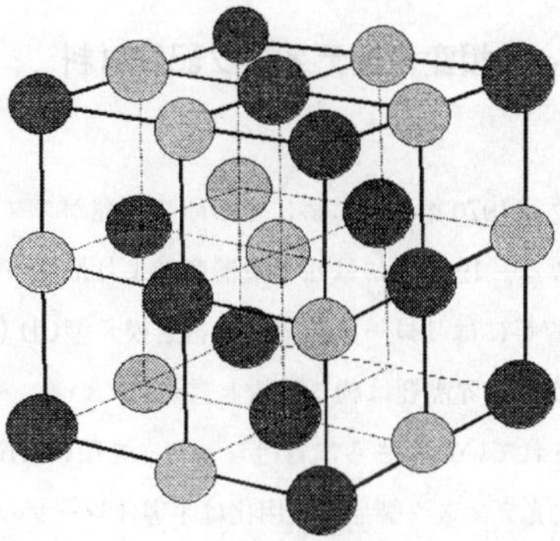

図４　高温・高速結晶化させた GeSbTe 系材料の NaCl 構造

文　　献

1）N. Akahira, N. Yamada, K. Kimura, and M. Takao, *Proc. Society of Photo-optical Instrumentation Engineers (SPIE)*, 899, p.188 (1988), T. Ohta, M. Uchida, K. Yoshioka, K. Inoue, T. Akiyama, S. Furukawa, K. Kotera, and S. Nakamura, *Proc. SPIE*, 1078, p.27 (1989), 鈴木勝，土井一郎，西村和浩，森本勲，森晃一：光メモリシンポジウム' 88 論文集，p.41

2）M. Chen, K. A. Rubin, and R. W. Barton, *Appl. Phys. Lett.*, **49**, 1, p.502 (1986)

3）E. Huber, and E. E. Marinero, *Phys. Rev.*, **B 36**, 3, p.1595 (1987)

4）S. Yagi, S. Fujimori, and H. Yamazaki, *Proc. Int. Symp. on Optical Memory (ISOM) '87*, p.519 (1987)

5）便覧，半導体系の固溶体，日・ソ通信社，p.129 (1981)

6）M. Terao, Y. Miyauchi, K. Andoo, H. Yasuoka, and R. Tamura, *Proc. SPIE*, 1078, p.2 (1989)

7）F. Hulliger, "Structural Chemistry of Layer-Tipe Phases", ed. by F. Levy, D. Reidel Publishing Campany, Boston USA (1975)

8）A. Hirotsune, Y. Miyauchi and M. Terao, *Digest of Annual meeting of Japan Soc. Appl. Phys.* 28p-T-14 (1995) 1033

9）T. Nonaka, G. Ohbayashi, Y. Toriumi, Y. Mori and H. Hashimoto, *Proc. Symposium onPhase-Change Optical Information Strage (PCOS) 1998*, p.63 (1998)

10）R. Kojima, N. Yamada, *Technical Digest of ISOM 2000*, Chitose Japan, p.26 (2000)

11）T. Tsukamoto, S. Ashida, K. Yusu, K. Ichihara, N. Ohmachi, and N. Nakamura, *Proc. PCOS2002*, p.20 (2002)

12）M. Terao, *Proc. Materials Research Society (MRS) 2003 fall meeting*, SymposiumHH (2003)

3　AgInSbTe系相変化光ディスク記録材料

影山喜之*

3.1　はじめに

相変化光ディスクは1970年代はじめにその研究開発がスタートしており[1]，すでに30年以上が経過したことになる。1990年には松下電器産業より最初の相変化書き換え型の製品が発売されている。また1997年にはリコーより最初の書き換え型CD（CD-RW）が発売された。CD-RWメディアの2003年度の世界需要は約5億枚と言われている。一方，DVD系書き換え型メディアも次々と市場投入されている。さらに青色レーザーを用いたBlu-ray Discも今年発売が開始された。これらの相変化光ディスク製品の実用化は半導体レーザの進歩とゲルマニウムーアンチモンーテルル（GeSbTe）系[2]，銀ーインジウムーアンチモンーテルル（AgInSbTe）系[3~5]に代表される相変化記録材料の開発によるところが大きい。

相変化光ディスクは反射光量の変化により記録・再生をおこなうため以下の長所を持っている。

① 記録再生の光学系が比較的簡単でドライブの低コスト化が実現できる

② ROMディスク，追記型ディスクとの互換性がとり易い

これらの長所，メディアを含めた低コスト化の実現およびROM互換性がCD-RWに見られるように配布媒体，アーカイブとしてあるいはパソコンペリフェラルとしての相変化光ディスクの市場拡大に繋がっている。また相変化記録材料の光学特性は波長依存性が比較的小さいことから光源の短波長化に対応しやすく，そのため高密度化に対しても有利と考えられる。

ここではCD-RWをはじめとしてDVD＋RWやDVD-RWの記録材料として広く使用されているAgInSbTe系相変化記録材料の特徴と具体的な応用例および今後の展開について紹介する。

3.2　相変化光ディスクの記録原理

相変化光ディスクは基板上の記録層薄膜にレーザ光を照射することにより記録層を加熱し，記録層構造を結晶とアモルファス間で相変化させることによりディスク反射率を変えて情報を記録・消去するものである。通常は記録状態がアモルファス相，消去状態が結晶相になるようにしている（図1）。記録（結晶→アモルファス）したい領域では高パワーのレーザを照射し記録層を融点以上に加熱する。加熱された記録層は溶融後，レーザの通過に伴いある温度プロファイルで冷却される。この冷却速度を記録層材料の持つ結晶化速度以上にすることにより記録層はアモ

* Yoshiyuki Kageyama ㈱リコー　研究開発本部　光メモリー研究所　光メモリ材料研究センター　所長

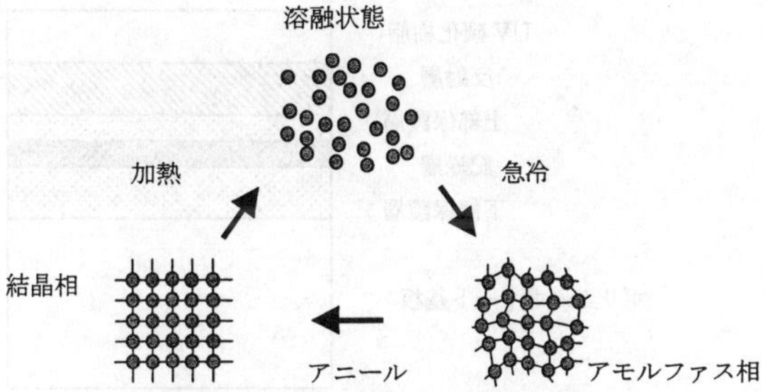

図１　相変化光ディスクの記録原理

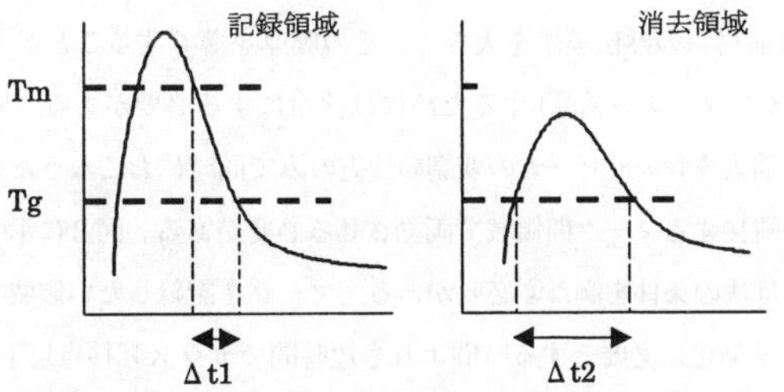

図２　記録領域と消去領域の温度変化の様子

ルファス化する。一方，消去（アモルファス→結晶）したい領域では中間的なパワーのレーザを照射し記録層を融点以下，ガラス転移点以上の状態に一定時間保持する。この温度で加熱された記録層はアモルファス状態からより安定な結晶状態へ相変化する。これらの温度変化の様子を図２に示す。

相変化光ディスクにおいてはその記録原理からわかるように記録層の温度プロファイルが重要な役割を果たす。この温度プロファイルを決めるのがディスクの層構成とディスクに照射されるレーザビームの変調方法（これを記録パルスストラテジと呼んでいる）である。図３に相変化光ディスクの層構成の例を示す。ポリカーボネート基板上に下部保護層，記録層，上部保護層，反射放熱層が積層され，その上にUV硬化樹脂がオーバーコートされている。DVD系ディスクではさらにポリカーボネート基板が貼り合せられる。これらの層はそれぞれ光学的な働きと熱的な働きをもっている。相変化光ディスクの設計においてはこれらの層の光学物性，熱物性，膜厚を記録条件に合わせて最適化することが必要である。また層構成全体としては機械的特性や繰り返し記録時の熱的なストレス耐性が要求される。

レーザ照射後の記録層の温度プロファイルは各層の熱伝導率に依存する。マークを記録（結晶

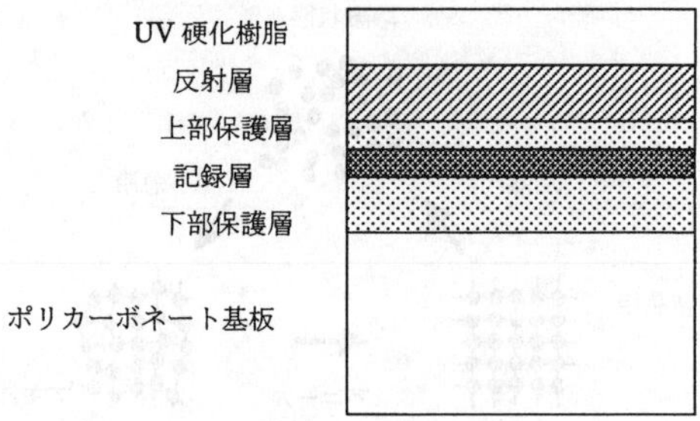

図3　相変化光ディスクの層構成の例

→アモルファス）するためには記録層を急冷する（図2のΔt1をなるべく小さくする）ことが必要であり，保護層材料の熱伝導率を大きく，その膜厚を薄くすることが考えられる。反対にマークを消去(アモルファス→結晶)するためには徐冷にする必要がある。相変化光ディスクではマークの記録と消去をレーザビームの変調の仕方のみで同時におこなうため，この相反する条件をマーク領域と隣接するマーク間領域で両立させる必要がある。図2に示したように記録層の温度プロファイルは次の条件を満たす必要がある。マークを記録したい領域では融点以上に加熱後，記録層材料が結晶化に必要とする時間よりも短時間でガラス転移点以下に冷却する。一方，消去領域では融点以下，ガラス転移点以上の温度にマークが結晶化するために必要な時間保持する。実際のメディアではディスク層構成と記録パルスストラテジによりこの微妙な条件のバランスをとることにより正確なマーク形状を形成している。

図4に記録パルスストラテジの例を示す。記録領域に相当する部分は，マーク全体で均一な温

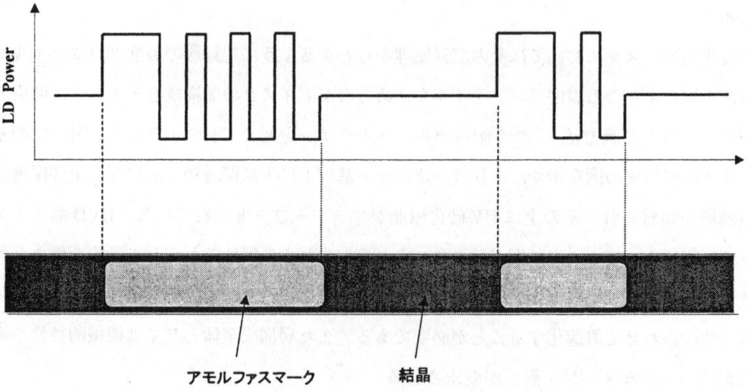

図4　記録パルスストラテジの例

度および冷却速度が得られるようにマルチパルス化され一定の冷却時間が設けられている。こうすることにより均一なマークが形成され，良好な信号特性が得られる。

一方，記録層の温度分布は高密度化にも影響を与える。高密度化するとマークとマークの間隔が短くなり隣接するマークへの熱的な影響が顕著になってくる。また隣接するトラックへの熱的影響も大きくなりクロスイレースが課題となってくる。

3.3　AgInSbTe系相変化材料の特徴

前述のように物質は液相状態から急冷されればアモルファス状態，徐冷されれば結晶状態になるが，実際の結晶化機構は①核形成，②結晶成長の２つのステップからなる。したがってこの２つのステップが空間的にどのように起こるかによって記録マーク（アモルファス部）形状や結晶領域の結晶粒の状態が変わって，信号品質に影響を与えることになる。GeSbTe系材料の結晶化過程ではこの２つのステップ，核形成と結晶成長が同時におこっていると考えられている。一方，AgInSbTe系材料では核形成確率が非常に小さい。このため，この材料系は“growth-dominant materials”あるいは“fast-growth materials”とも呼ばれている。核形成確率が非常に小さいため，この材料系では常に結晶とアモルファスの界面部分が核となり，界面部分から結晶成長がはじまる（不均一核形成）。この違いがこの２つの材料系における記録マーク形状の違いになっていると考えられる。

AgInSbTe系材料では結晶成長が常に結晶とアモルファスの界面部分からはじまり一定方向に進むので，記録パルスストラテジ（記録レーザパルスの変調方法）でマーク長を制御しやすい。また，結晶部の粒径は温度プロファイルによらず比較的均一になりやすい。図４のようにマルチパルスにするとオフパルスの部分で記録層が急冷されるためパルス幅を制御することで所望の冷却速度を得ることができる。図５に実際の記録マークの例としてDVD＋RWメディアのTEM像を示した。GeSbTe系では場所による温度プロファイルの違いによって記録マーク（アモルファス相）の周辺部に粗大結晶粒ができ，信号特性に影響を与えることがあるが，AgInSbTe系材料では図のようにマークの境界部はシャープで結晶とアモルファスの境界が明確になっていることがわかる。

図６はJhonson-Mehl-Abramiの結晶成長モデル[6, 7]を元に，核形成と結晶成長の様子を示したものであるが[8]，GeSbTe系の相変化記録材料が温度の上昇にしたがって，核形成が生じてから結晶成長するのに対し，AgInSbTe系相変化記録材料は核形成と結晶成長が同温条件で起こり，さらにその頻度から核形成ではなく，結晶・アモルファス界面からの結晶成長が主であることを示している。

さらに，図７には核形成確率を０として結晶成長のモデルを仮定した記録マークの形成シミュ

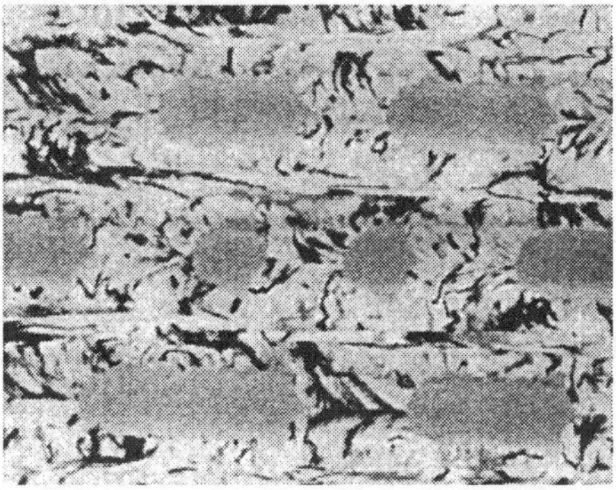

図５　DVD＋RW メディアの記録マーク TEM 像

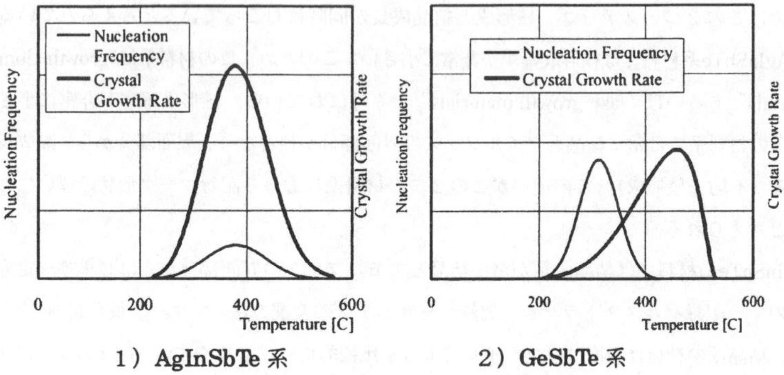

図６　核形成と結晶成長のモデル

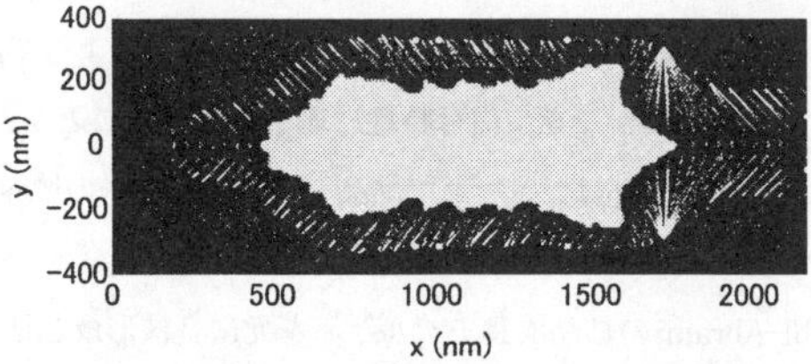

図７　記録マーク形成シミュレーションの例

レーション結果を示す。図中のグレーの部分がアモルファス相の記録マークである。白線は，記録材料が融解した後冷却される際に進行する結晶・アモルファス界面からの結晶成長の軌跡を示す。軌跡の方向は，記録パルスの条件と相変化材料の特性により冷却過程が決定される様子を示している。この結果は図５に示す実際の記録マーク形状や結晶粒系の特徴をうまく再現できており，このモデルの妥当性を示している。

このようなAgInSbTe系相変化記録材料に特徴的な結晶成長メカニズムは，高速書き換えが可能な記録媒体を設計する上で，記録マーク形成時の温度制御が簡素化できると考えられるため，非常に有利な特性であると考えている。

3.4　記録層構造

AgInSbTe系相変化記録材料はSbTeが主要構成元素であり，その割合（Sb：Te）が６：４から８：２の間で使われることが多い。SbTe系の平衡状態図を見ると７：３近傍が共晶組成であるため，この材料系を"共晶系相変化材料"ということもある。共晶構造の場合，結晶とアモルファス間の相変化に時間がかかったり，記録と消去を繰り返していくと偏析が起こったりすると予想される。しかし，実際の記録層の構造は共晶構造ではなく単一相であるため，このような不都合は生じない。図２に示したような相変化光ディスクの記録層における温度変化は数ナノ秒から数十ナノ秒といったオーダーの変化であるため記録層の構造が準安定相になっていることが考えられる。

平衡状態で共晶となる組成であっても液相からの急冷凝固により過飽和固溶体（準安定相）になる例は良く知られており，熱力学的な説明がされている[9~11]。また，共晶組成近傍は液相からの急冷凝固によりアモルファス相ができやすいということも言われており，AgInSbTeに代表される共晶組成近傍のSbTeを主要構成元素とする相変化記録材料がこれらの条件を満たし，準安定相とアモルファス相間の相変化を生じていることが推察される。また，最近の状態図研究ではこの組成領域に固溶体が形成されるという報告もある（図８[12]）。

記録層の構造解析にはX線回折法，電子線回折法，拡張X線吸収端微細構造法（EXAFS）等が用いられる。X線回折法，電子線回折法により平均結晶構造がわかり，EXAFSでは局所構造が，また，TEM観察により微視的構造がわかる。これら種々の測定法を組み合わせて構造解析がおこなわれる[13]。

図９，図10に$Sb_{75}Te_{25}$，$Ag_5In_5Sb_{60}Te_{30}$をガラス基板上にスパッタリング法で200nmの膜厚に成膜した薄膜のX線回折パターンを示す。図の回折パターンはこれらの材料の構造がNaCl型構造（Fm3m）をしていることを示している。(220)に相当する回折ピークの幅が広がっており，NaCl型構造が［111］方向に歪んでいることがわかる。

図11には$Ag_5In_5Sb_{60}Te_{30}$記録層を用いたメディアの結晶部の電子線回折パターンを示す。この時の電子線ビームのスポットサイズは30nmである。メディア構造は，基板／ZnS-SiO_2／$Ag_5In_5Sb_{60}Te_{30}$／ZnS-SiO_2／Al合金，である。メディアは成膜後，初期化装置で初期化され，波

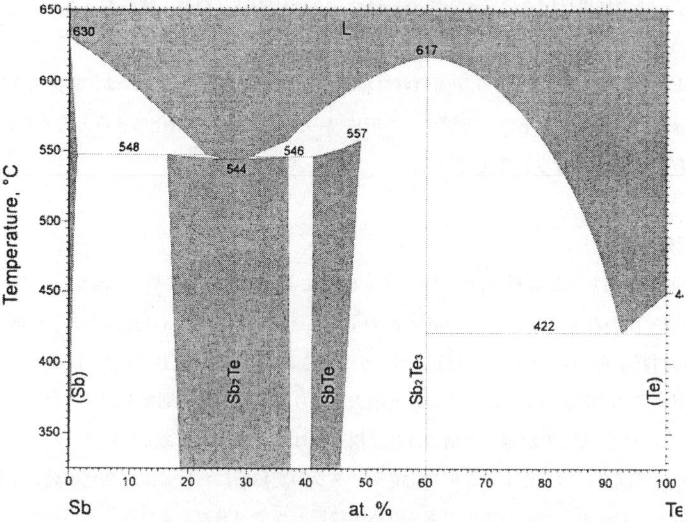

図８　SbTe 平衡状態図

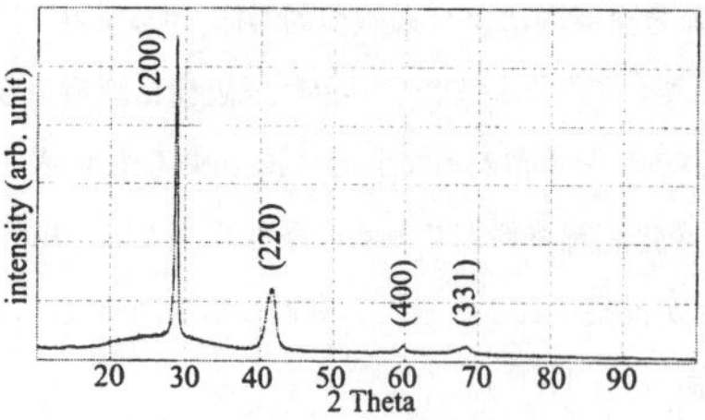

図９　$Sb_{75}Te_{25}$ のＸ線回折パターン

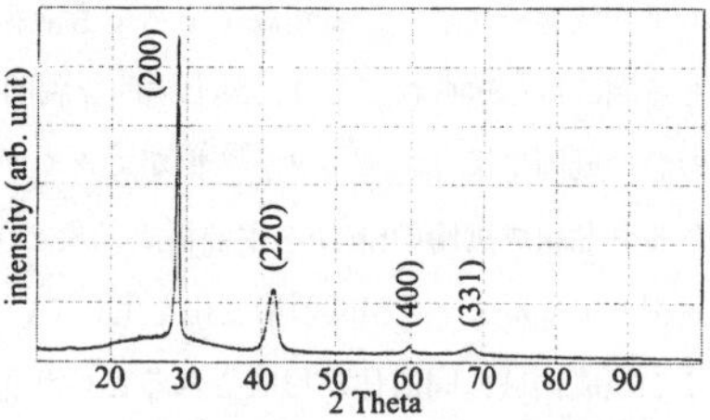

図10　$Ag_5In_5Sb_{60}Te_{30}$ のＸ線回折パターン

長660nm，NA 0.65，記録パワー12mW，記録線速3.5m/s，の条件でDVD相当の信号を記録されている。図11の回折パターンは測定部が単相のNaCl型構造であることを示しており，Ｘ線回折パターンから得られる結果と一致する。

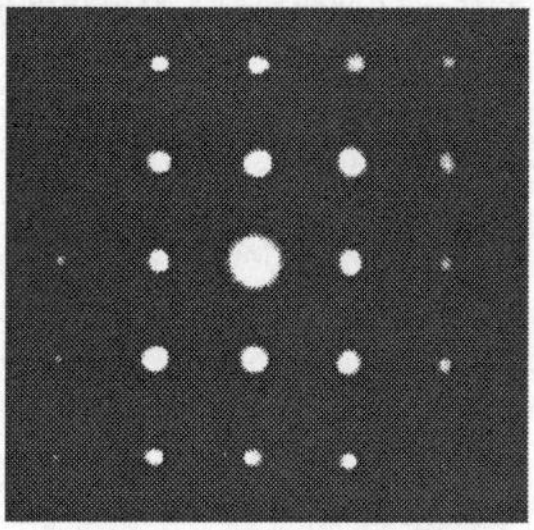

図11　$Ag_5In_5Sb_{60}Te_{30}$ の電子線回折パターン

$Sb_{75}Te_{25}$，$Ag_5In_5Sb_{60}Te_{30}$ の局所構造を解析するために高エネルギーの放射光によるEXAFS実験をおこなった結果を図12に示す。図12はこれらの材料の結晶，アモルファスそれぞれについてSbおよびTeのＫ吸収端EXAFSスペクトルを示している。Sbのスペクトルには材料間の違いは見られない

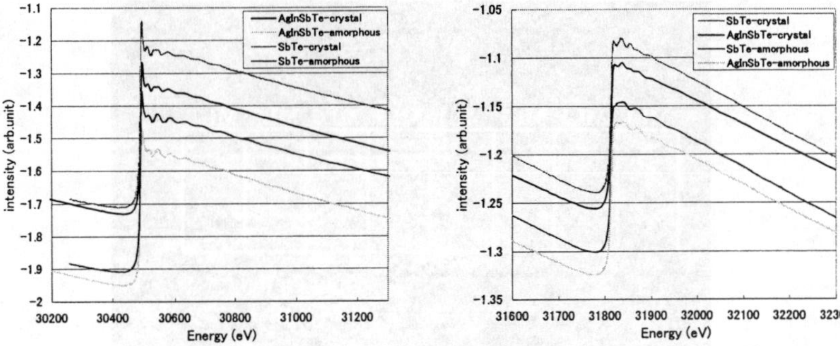

図12　SbおよびTeのK吸収端EXAFSスペクトル

が，Teのスペクトルに関してはこれらの材料系で違いが見られる。このことからAgInSbTe中のAgあるいはInはTeと結合していることが推察される。これらの解析よりAgInSbTeの結晶構造はSbTeと基本的には同じであり，単相の歪んだNaCl構造であると推定される。これらは対称性の良い構造であり，このことが結晶，アモルファス間の相変化を短時間で生じる原因になっていると考えられる。AgInSbTe系相変化記録材料あるいはGeを添加したSbTe系相変化記録材料の構造解析についてはMatsunaga[14]，Horie[15]の報告もある。微細構造を含め記録層構造の統一された見解には至っていないが，精力的に研究が続けられている。

3.5　AgInSbTe系相変化記録材料の応用

AgInSbTe系相変化記録材料はすでにCD-RWメディアやDVD＋RW，DVD-RWメディアで実用化されているが，記録マーク形状を制御しやすいという特徴を活かしてさらに多値記録メディアや高密度記録メディアへの応用が検討されている。

この系の多値記録への応用についてはHorieらの研究がある[16, 17]。また，最近のHanaokaらの研究では多値記録と青色レーザー，NA0.65ピックアップの組み合わせで記録容量25GBのメディアができる可能性が見えてきた[18]。図13にAgGeInSbTe系相変化記録材料を用いたディスクに波長405nm，NA 0.65，記録パワー 8 mW，記録線速 6 m/s，セル長0.24μm，トラックピッチ0.46μmの条件で記録した際の記録マークのTEM像を示す。また，この時の記録ストラテジを図14に示す。この図に模式的に示されているように多値記録の場合もオフパルス幅により溶融後の記録層の冷却速度を調整してアモルファスマークの長さをコントロールしている。図13に見られるようにこの材料系と記録ストラテジの組み合わせで記録マーク長をうまく段階的に変えることができる。この例では最短マーク長が0.1μm以下になっている。このように多値記録

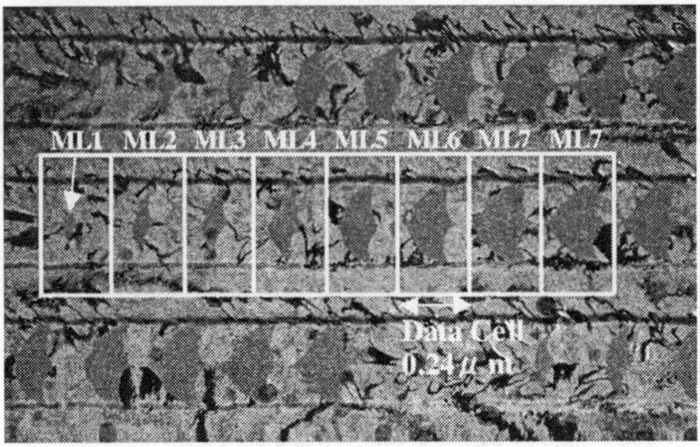

図13　多値記録の記録マーク TEM 像

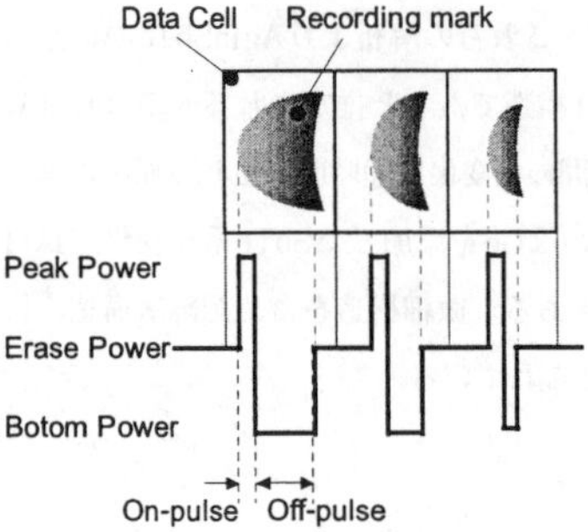

図14　多値記録の記録ストラテジ例

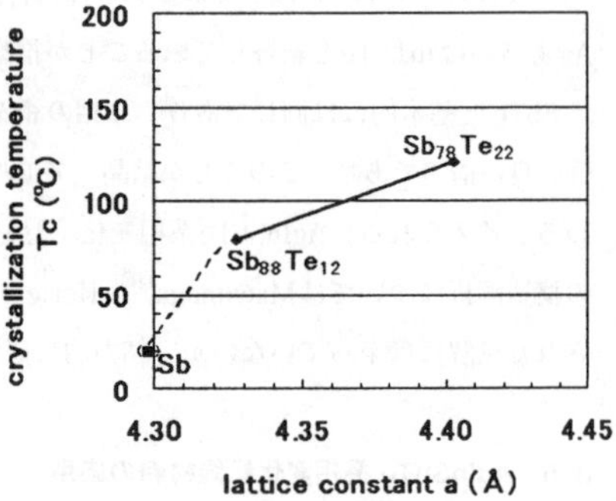

図15　SbTe 系記録材料の結晶化温度

はこの材料系の特徴である結晶成長が常に結晶とアモルファスの界面部分から始まる特性をうまく利用した記録方式である。

記録マーク形状を制御しやすくきれいなマークが記録できるという特徴は高密度化に対しても有利である。Blu-ray Discの研究開発においてもこの材料系を用いたメディアの検討が多数おこなわれている[19~21]。

3. 6　相変化記録材料の展望

今後の相変化光ディスクに望まれる特性としては記録速度の高速化と高密度化･大容量化があげられる。材料開発の立場からは特に高速化が課題となると思われる。高速記録が可能な相変化光ディスクを実現するためには，前述したように相変化記録材料の結晶化速度の向上と記録マークの保存安定性の維持拡大という一見矛盾する２つの技術課題をクリアしなければならないからである。現在用いられているAgInSbTe系記録材料をベースとした記録材料以外の新規な記録材料の開発もいろいろ進められている。

AgInSbTeと同様に不均一核形成の結晶化メカニズムを有するSbTe系の相変化材料の研究例が，ISOMやODS，PCOSなどで発表されている[22, 23]。この材料系では，Sbの組成比を大きくすることによって記録速度を向上できるということが報告されているが，記録マークの保存安定性は充分でないこともわかっている。実際にSbTe系相変化材料の結晶化温度を評価した例が図15であるが，Sbの組成比が大きくなって結晶構造がSbに近づくにしたがって，結晶化温度が低下していくことがわかる。結晶化温度の低下は結晶化スピードを向上させると考えられるが，この評価結果ではSbの組成比が大きくなると結晶化温度が室温に近づいてきており，アモルファス相の安定性が犠牲になるであろうことが容易に推測される。SbTe系相変化記録材料ではアモルファス相の安定化のためにGeやInなどの元素の添加が試みられている。

また，2003年になって，Sbをベースにした相変化材料の可能性についての発表が見られるようになってきた[24~26]。GaSb系材料を用いたディスクではDVDの８倍速に相当する28m/sの速度での記録の可能性が見えてきた。これらGeSbやGaSbなども平衡状態では共晶となることが知られている。TEM観察結果からこれらの材料系においてもAgInSbTe系と同じく結晶成長が常に結晶とアモルファスの界面部分から始まっていることが推察される。

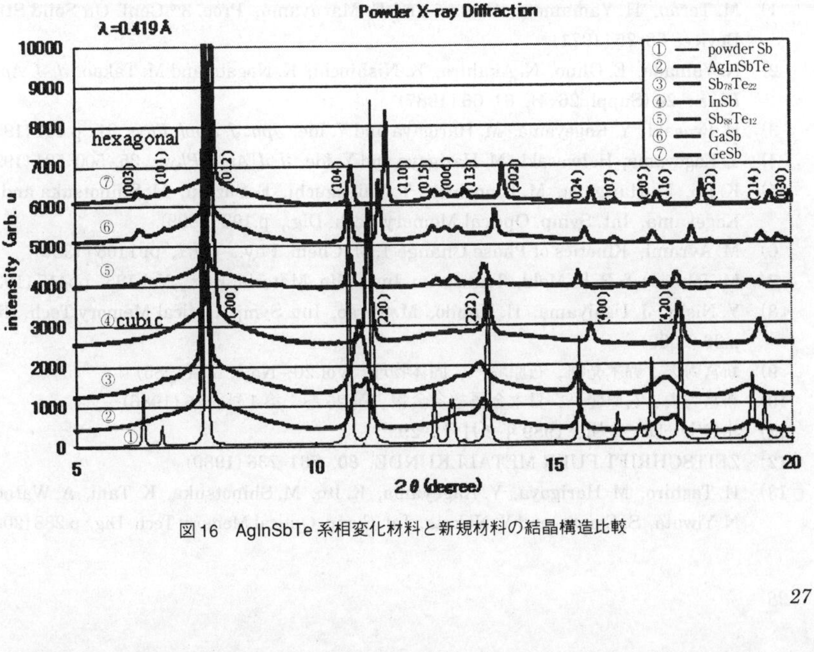

図16　AgInSbTe系相変化材料と新規材料の結晶構造比較

これらの相変化記録材料の粉末X線回折結果を図16に示す。結晶系をSbと同じ六方格子と仮定して解析を行うと，結晶のa軸方向の格子間隔がAgInSbTe系やSbTe系がSbの格子間隔より広がっているのに対し，GeSbやGaSbなどで逆に狭くなっていることがわかった。さらに詳細な解析が必要であるが，このような結晶構造がアモルファス相の安定性に寄与していることが考えられ，今後AgInSbTe系以外の相変化記録材料が高速記録用途に使用される可能性がある。実際にGaSb系の記録材料を用いた媒体について消去比を評価した結果を図17に示すが，10倍速程度までの書き換え型DVDが実現可能なデータも得られており，新規な相変化記録材料における開発の進展も期待される。

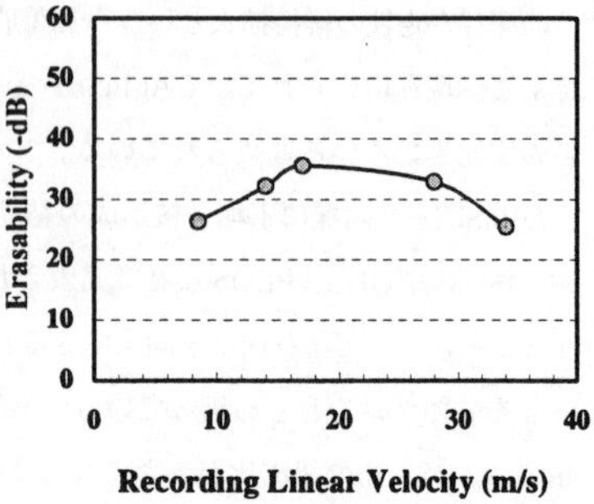

図17　GaSb系相変化記録媒体の評価例

文　　献

1) M. Terao, H. Yamamoto, S. Asai and E. Maruyama, Proc. 3rd Conf. On Solid State Devices 68-75 (1971)
2) N. Yamada, E. Ohno, N. Akahira, K. Nishiuchi, K. Nagata and M. Takao, *J. J. Appl. Phys.*, **26** (Suppl. 26-4), 61-66 (1987)
3) H. Iwasaki, Y. Kageyama, M. Harigaya and Y. Ide, *Jpn. J. Appl. Phys.* **31**, p.461 (1992)
4) Y. Kageyama, H. Iwasaki, M. Harigaya and Y. Ide, *J. J. Appl. Phys.*, **35**, 500-501 (1996)
5) K. Ito, M. Harigaya, M. Kinoshita, T. Shibaguchi, E. Suzuki, M. Shinotsuka and Y. Kageyama, Int. Symp. Optical Memory Tech. Dig., p.192 (1998)
6) M. Avrami, Kinetics of Phase Change 1, J. Chem. Phy., Vol.7, pp1103 (1939)
7) M. Johnson & R. F. Mehl, Trans. Am. Inst. Min. Material Eng., Vol.135, pp417 (1939)
8) Y. Nishi, J. Ushiyama, H. Kando, M. Terao, Int. Symp. Optical Memory Tech. Dig., p.36 (2000)
9) 新宮秀夫，鈴木亮輔，石原慶一，固体物理，Vol.20, No.8, 77 (1985)
10) 新宮秀夫，石原慶一，日本金属学会会報，第25巻，第1号，16 (1986)
11) 水谷宇一郎，金属，1989年3月号，29
12) ZEITSCHRIFT FUER METALLKUNDE, **80**, 731-736 (1989)
13) H. Tashiro, M. Harigaya, Y. Kageyama, K. Ito, M. Shinotsuka, K. Tani, A. Watada, N. Yiwata, S. Emura and Y. Nakata, Int. Symp. Optical Memory Tech. Dig, p.288 (2001)

14） T. Matsunaga, N. Yamada, Proc. 15th Symposium on Phase Change Recording, p.7 (2003)
15） M. Horie, T. Ohno, K. Kiyono, M. Kubo, Proc. 13th Symposium on Phase Change Recording, p.20 (2001)
16） K. Kiyono, M. Horie, T. Ohno, T. Uematsu, T. Hashizume, M. O'Neill, K. Balasubramanian, R. Narayan, D. Warland, T. Zhou, Int. Symp. Optical Memory Tech. Dig., p.236 (2000)
17） K. Balasubramanian, T. Wber, M. O'Neill, M. Horie, K. Kiyono, T. Hashizume, Optical Data Storage 2001 Tech. Dig. (2001) P. D. WC2
18） K. Hanaoka, H. Yuzurihara, K. Shibata, Y. Kaneko, Proc. 15th Symposium on Phase Change Recording, p.90 (2003)
19） E. R. Meinders, H. J. Borg, M. H. R. Lankhorst, J. Hellmig, A. V. Mijiritskii, Optical Data Storage 2001 Tech. Dig., p.64 (2001)
20） K. Kurokawa, T. Yamasaki, T. Yukumoto, T. Nakao, K. Mano, K. Yasuda, S. Takagawa, M. Nakamura, Optical Data Storage 2001 Tech. Dig, p.28 (2001)
21） T. Kato, H. Hirota, H. Inoue, H. Shingai, H. Utsunomiya, Int. Symp. Optical Memory Tech. Dig., p.200 (2001)
22） T. Kikukawa, Proc. 13th Symposium on Phase Change Recording, p.26 (2001)
23） L. van Pieterson, M. H. R. Lankhorst, M. van Schijndel, B. A. J. Jacobs and J. C. N. Rijpers, Int. Symp. Optical Memory and Optical Data Storage 2002 Tech. Dig, p.419 (2002)
24） M. Okuda, H. Inaba, S. Usda, Proc. 14th Symposium on Phase Change Recording, p.1 (2002)
25） D. Z. Dimitrov, S. -T. Cheng, W. -C. Hsu, T. -Y. Fung, M. -J. Deng, S. -Y. Tsai, Proc. 14th Symposium on Phase Change Recording, p.6 (2002)
26） H. Tashiro, M. Harigaya, K. Ito, M. Shinkai, K. Tani, N. Yiwata, A. Watada, K. Makita, K. Kato, A. Kitano, Proc. 14th Symposium on Phase Change Recording, p.11 (2002)

4　多値記録相変化光ディスク材料

奥田昌宏*

4.1　はじめに

相変化光ディスクの開発研究は，大容量化に向けて進展し続けているが，記録径のみを小さくすることに限界があり，新しい発想が求められている。それを解決する1つの方式が多値記録方式であり，現在世界の各社により活発に開発が進められている。

一方，光記録材料の開発からは，擬合金系のGeSbTe材料と共晶系のAgInSbTe，Ge(SbTe)＋Sb，GaSb，GeSbの研究が両立している。この状況から，多値記録方式にどちらの材料が好ましいかが注目されているので，この問題について検討したい。

相変化光記録における多値記録方式には，数多くの方式について報告されている。GeSbTe系記録材料では，結晶化差（Partial Crystallization Effect）による多値方式，記録径差（Mark Size Effect）による多値方式，マークの半径方向幅変調方式　（MRWM：Mark Radial Width Modulation）が検討されている。一方，共晶系記録材料では接線方向マーク幅変調方式（TMMR：Tangential Mark–size Modulation by Recrystallization）が検討されていて，一部の会社ではこの多値方式でCD–RWの大記録容量ディスクを市販している。ここでは，この4つの方式について，その特長，利点等について検討する。

4.2　結晶化差（Partial Crystallization Effect）による多値方式[1)]

結晶化の度合い（非晶質から結晶相までの結晶化率）は熱処理によって大きく変化できること，その結晶化の度合いにより反射率も大きく変化することは広く知られている。この結晶化差を用いた多値記録はこの現象を光ディスクに応用しようとしている。特に，擬合金系記録材料（結晶核生成＋結晶成長）は，下記の記録径差多値方式と同様に応用しやすい方式であると考えられている。

図1(a)，(b)に，レーザパルスの出力を制御することによる記録値の結晶化差を調べた反射率変化を示す。(a)は3段階の反射率変化増と3段階の反射率減の4反射率レベルを，(b)はランダムな反射率変化を持つ4反射レベルを示す。これらの結晶状態を検討するために示差熱分析を行い，その結果を図2に示す。熱処理温度（105～125℃）において，結晶化過程の差異による熱放出の違いがよく理解できる。

これらの結晶化差による多値記録を使用する場合には，各状態での安定性が最も重要である。それで，98～135℃の範囲で熱処理した膜の安定性を調べ，その結果を図3に示す。各温度で熱

＊　Masahiro　Okuda　大阪府立大学　名誉教授

処理した膜の反射率は500日の間安定であり，この結晶化差による多値記録はGeSbTe膜のような結晶核生成－結晶成長を示す材料には有効に利用できることが明らかになった。

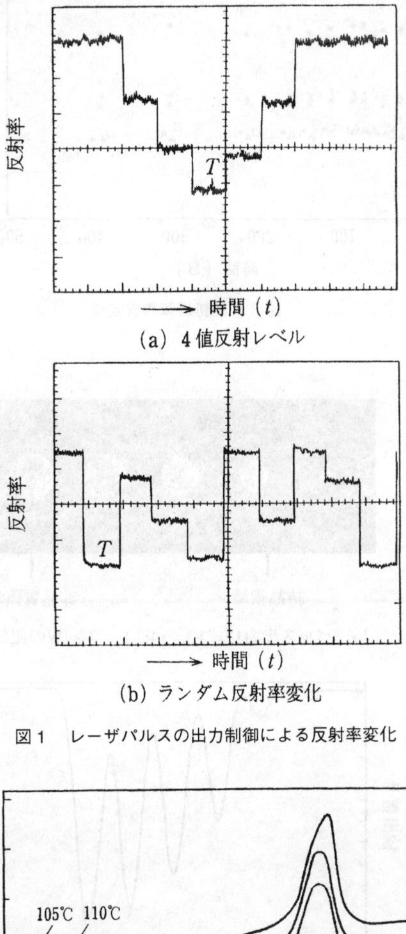

図１　レーザパルスの出力制御による反射率変化

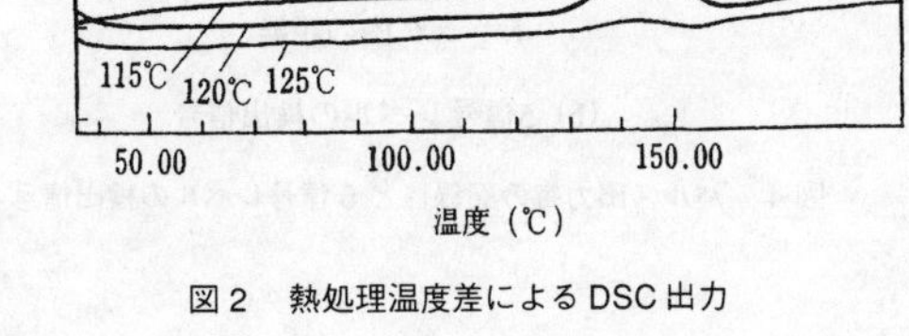

図２　熱処理温度差によるDSC出力

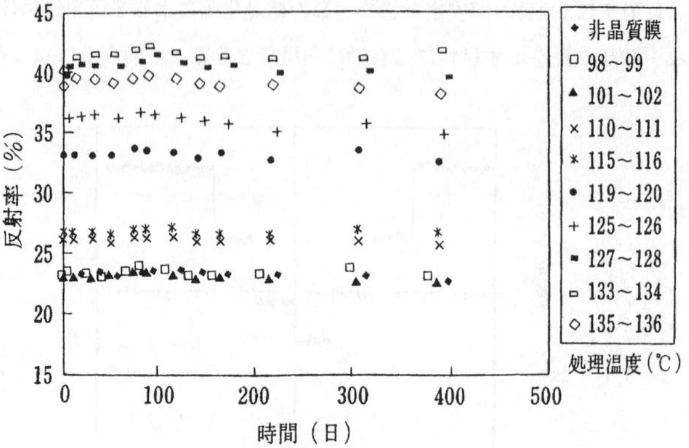

図3　熱処理膜の安定性

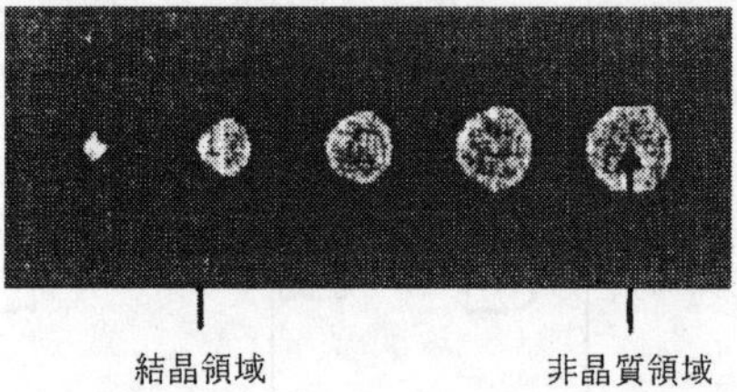

(a) パルス出力12, 13, 14, 15, 16mWの記録径

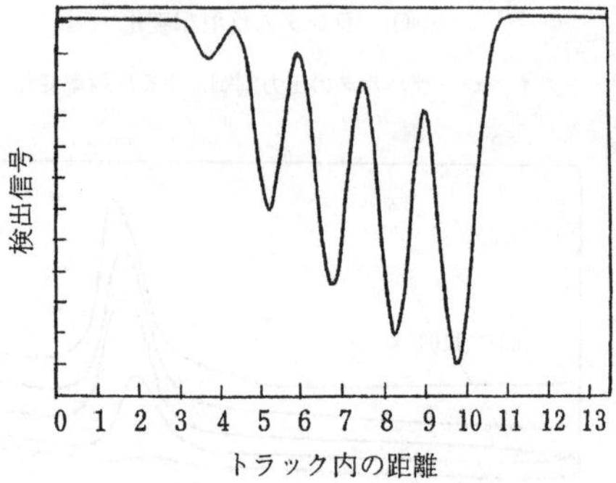

(b) 5信号レベルの検出信号

図4　パルス出力毎の記録径と５信号レベルの検出信号

4.3　記録径差（Mark Size Effect）による多値方式[2)]

多値記録の方式の1つである結晶径差による多値記録方式は，図4(a)，(b)に示すように書き込みパルスの出力を制御して記録径を可変にするものである。図4(a)では，書き込みパルス出力を12，13，14，15，16mWと5段階に変化した時の記録径変化を示し，図4(b)には，これらの記録マークの読み出し信号波形を示す。この記録径差による反射率変化をDVDの動的評価装置で測定し，信号／雑音比（CNR），消去比（Erasability）と多値記録のレベルの関係を図5に示す。この結果より，5値の信号レベルとも安定に動作し，CNRは45dB，消去比は30dBの良好な特性を示すことが分かった。図6は5値レベルのアイパターンを示す。

このパターンより5値の信号レベルを明確に判断することができる。

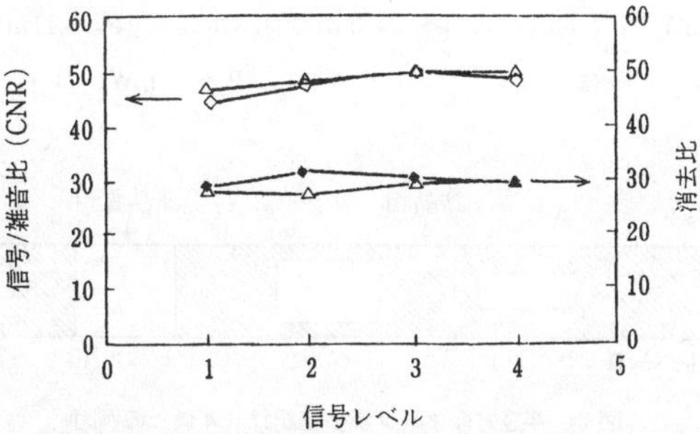

図5　各信号レベルでのCNR，消去比

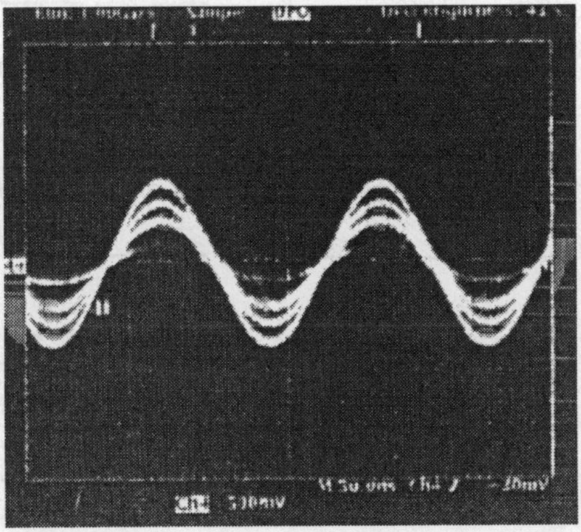

図6　5値レベルの信号パターン

このように，記録径を可変にしても多値記録が可能であることが明らかになった。

4.4 半径方向幅変調 MRWM（Mark Radial Width Modulation）多値記録[3, 4)]

この方式も，主として擬合金系のGeSbTe記録材料について検討されている。図7に示すように，トラックの中に4つの記録マークを考える。実験によって得られた半径方向の幅は，おのおの200nm，400nm，600nmで，レーザパワーでの記録特性の良さと信号振幅が記録マークの半径方向幅に比例しているという特長を持っている。

図8(a)は，レベル1.2,3記録の個別記録を，(b)はレベル1からレベル2へ，レベル1からレベル3へ，レベル2からレベル3への3つの多重記録を示す。このMRWM記録からの信号波形を図9に示す。図9(a)は，レベル0からレベル1へ（P_w＝6 mW，τ＝113.3ns），レベル0からレベル2へ（P_w＝7 mW，τ＝83.1ns），レベル0からレベル3へ（P_w＝11mW，τ＝45.3ns）の信号波形である。また，(b)はレベル1からレベル2へ（P_w＝7 mW），レベル1からレベル3へ

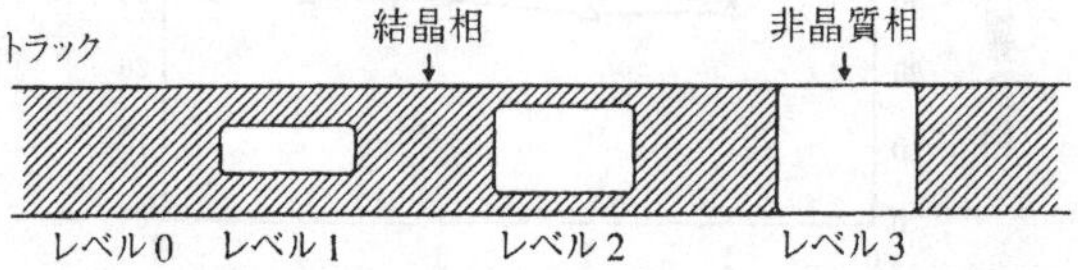

図7　半径方向マーク幅多値記録（4値）の例図

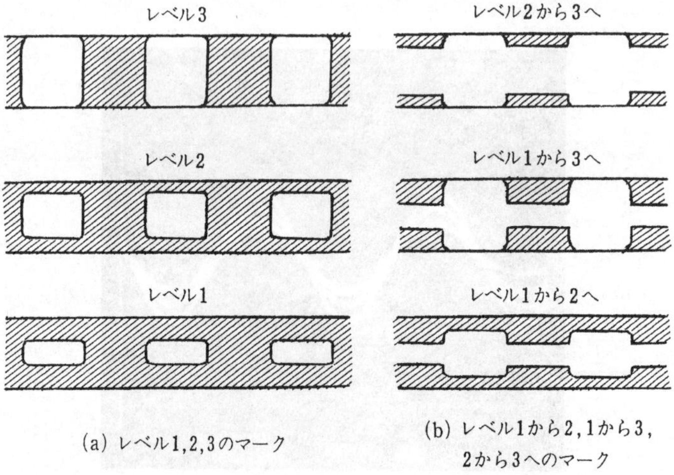

図8　レベル1，2，3のマークとレベル1から2，1から3，2から3へのマーク

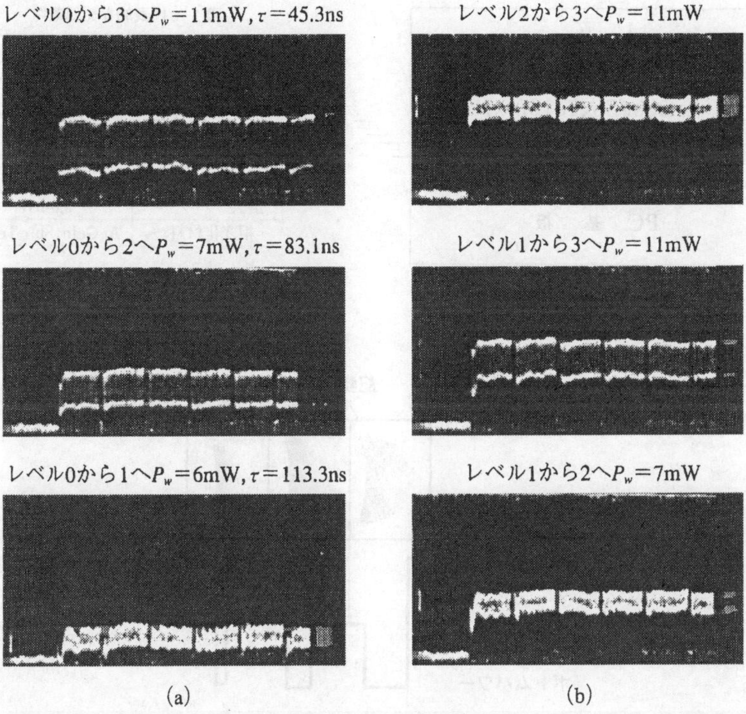

図9　多値記録の信号波形

(P_w = 11mW)，レベル2からレベル3へ（P_w = 11mW）の信号波形である。ここで，τ はパルス幅である。

このように，相変化光記録のMRWM多重記録は4値以上の記録が可能であり，高C/N比であることが分かる。

4. 5　接線方向幅変調TMMR（Tangential Mark Size Modulation by Recrystallization）多値記録方式[5~11)]

TMMR方式の多重記録は，前述の結晶化差方式，記録径差方式，MRWM方式の記録材料がGeSbTe膜を利用したのと異なり，共晶系記録材料（AgInSbTe系，Ge(SbTe)＋Sb系）を用いて行われている。まず，AgInSbTe系記録膜における記録方式から説明する。

図10に，実験に使用したディスク構造を示す。記録膜の組成はAgGeIn(Sb_xTe_{100-x})である。

表1に代表的な記録状態を示す。図11に，駆動回路の電力波形及びオフパルス幅と記録マー

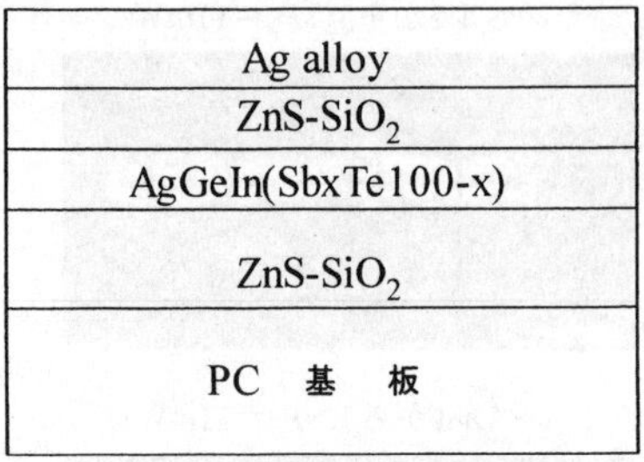

図10 ディスク構造

表1 代表的な記録条件

レーザ波長	405nm
NA	0.65
データセル	0.24 μm
トラック・ピッチ	0.46 μm（グルーヴ）
記録速度	6.0(m/s)
ピーク・パワー	8.0mW
消去・パワー	5.0mW
相変化材料	AgGeIn($Sb_{78.3}Te_{21.7}$)

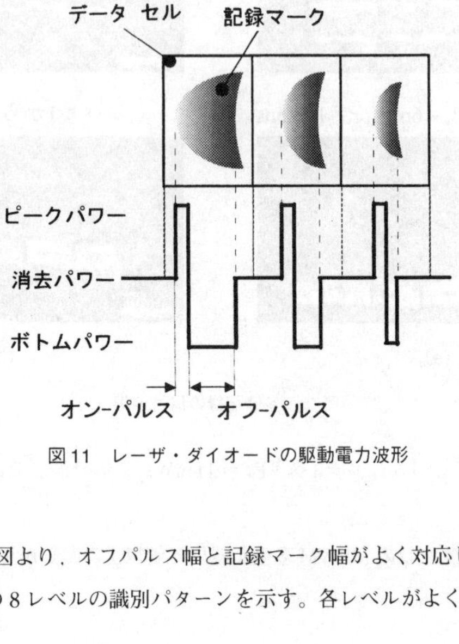

図11 レーザ・ダイオードの駆動電力波形

クの関係を示す。この図より，オフパルス幅と記録マーク幅がよく対応していることが分かる。図12に，ML0～ML7の8レベルの識別パターンを示す。各レベルがよく識別出来ていることが分かる。

次に，共晶系記録材料Ge($Sb_{70}Te_{30}$)＋Sbを用いた多値記録方式を説明する。レーザダイオードの記録パワーをP_w，そのパルス幅をT_w，冷却パルスのパワーをP_b，そのパルス幅をT_bとする。実験条件は$P_w = 12$mW，$P_b = 0.8$mW，周期$T = T_w + T_b = 125$ns，線速度v＝4.8m/sである。この状態で，T_w/T=84%～60%にパルス幅を制御することにより，再結晶による接線方向マーク幅変調が可能となり，T_w/T＝84%でビットセルの20%幅が再結晶相，T_w/T＝60%でビットセルの60%幅が再結晶相となり，多値変調が可能となった。図13に，冷却パルス幅Tbを制御することにより多値記録を可能にしたレーザパワー制御波形と反射光波形を示す。図14に，T_w/

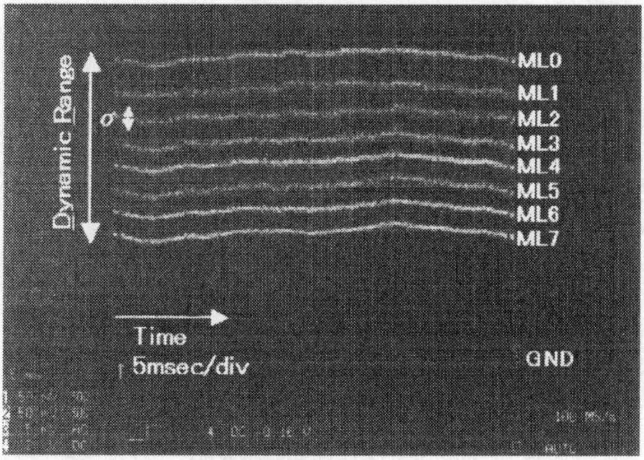

図12　８レベルの識別パターン

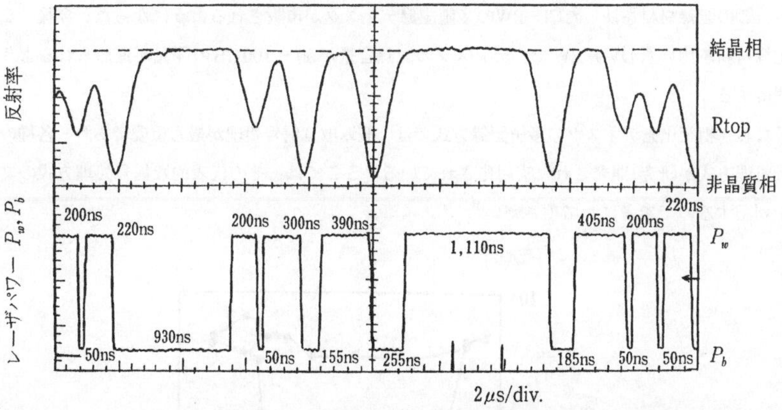

図13　冷却パルス幅制御による多値記録

Tを27%から90%まで変化した時の多値パターンを示す。この場合12段階の多値を得ることが出来ている。

このように，共晶系の記録膜Ge($Sb_{70}Te_{30}$)＋Sbを用いて，T_w/Tを変化することにより接線方向マーク長変調が可能となった。

以上のように，４つの多値記録方式（結晶化変調方式，記録径変調方式，MRWM（半径方向幅変調方式），TMMR（接線方向幅変調方式））を検討したが，共晶系記録材料（AgInSnTe系，

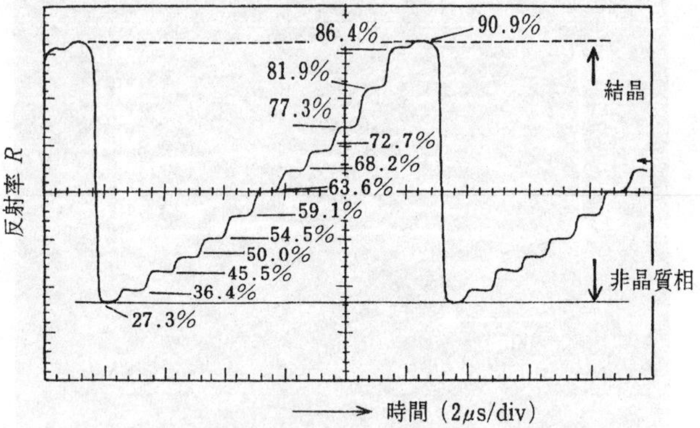

図14　デュティ比（T_w/T）制御による多値レベルパターン

Ge(SbTe)＋Sb系）が再結晶過程の制御により，0.1 μmの記録幅が生成・制御できる特長を持ち，この記録材料を使ったCD-RWの多値記録ディスクが市販されるようになった。今後，この記録材料を用いたDVD-RWで，ディスクの記録容量が50～100GBの開発が進められるように期待する。

なお，相変化光ディスクの多値記録方式では，読み取り信号処理が最も重要であり，各種の信号処理方式が研究･開発され，実用化されている。ここでは，その代表的な信号処理方式の文献を列記するので参考にして頂きたい[12～15]。

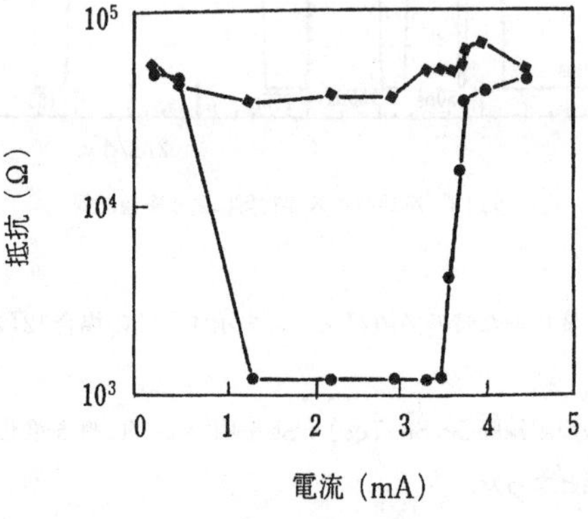

図15　OUM素子の抵抗－電流特性

最後に，このような光ディスクの多値記録に相当する電気メモリの多値方式がECD社から提案されている[16)]。その素子はOUM（Ovonic Unified Memory）と呼ばれていて，その基本的な電流－抵抗特性を図15に示す。電流が1.5～3.5mAの領域では，ON-OFFの2値を取ることが分かる。図16は，多値を示すOUMの電圧－抵抗特性を示す。このデータでは16値の多値記録が可能であることを示している。このOUM素子の安定性は，図17に示すように10^{14}回まで安定に動作している。使用されている記録材料は擬合金系のGeSbTe系である。

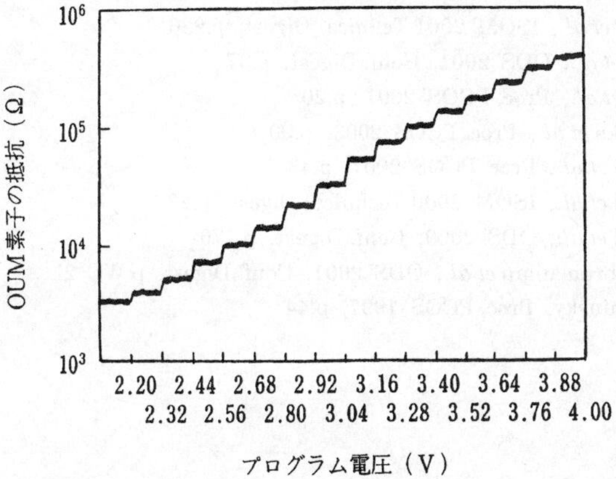

図16　OUM素子の多値特性

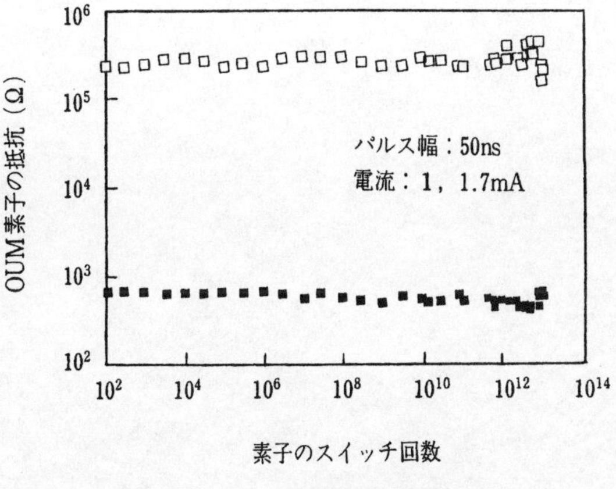

図17　スイッチ回数と抵抗値変化

文　献

1) L. P. Shin *et al.*, ISOM/ODS' 1999 Technical Digest, p.276
2) L. P. Shin *et al.*, *Jpn. J. Appl. Phys.* **39**, p.733 (2000)
3) T. Ohta *et al.*, *Jpn. J. Appl. Phys.* **39**, p.770 (2000)
4) T. Ohta, *Proc. SPIE*, **4085**, p.28
5) H. Miura *et al.*, ODS' 2000 Conf. Digest, p.65
6) A. Shimizu *et al.*, ISOM' 2001 Technical Digest, p.300
7) Y. Kadokawa *et al.*, Proc. PCOS' 2001, p.51
8) K. Kiyono *et al.*, ISOM' 2001 Tchnical Digest, p.236
9) M. Horie *et al.*, ODS' 2001, Conf. Digest, p.37
10) M. Horie *et al.*, Proc. PCOS' 2001, p.20
11) K. Hanaoka *et al.*, Proc. PCOS' 2003, p.90
12) M. O' Neil *et al.*, Proc. PCOS' 2001, p.43
13) M. O' Neil *et al.*, ISOM' 2000 Technical Digest, p.234
14) M. O' Neil *et al.*, ODS' 2000, Conf. Digest, p.170
15) K. Balasubramanian *et al.*, ODS' 2001, Conf. Digest, p.WC-2
16) S. R. Ovshinsky, Proc. PCOS' 1997, p.44

5　多層記録相変化光ディスク記録材料

柚須圭一郎*

5.1　はじめに

CDからDVDへと進化した光ディスクメモリ発展の鍵は，光源であるLD（Laser Diode）の短波長化と対物レンズの高NA（Numerical Aperture）化によるところが大きい。しかし更なる大容量化の要求は尽きることがなく，LD波長やNA以外にも記録容量増大のための技術が広く研究されている。例えば相変化光記録を利用した書き換えタイプの光ディスクは当初グルーブと呼ばれるガイド溝だけを利用していたのに対して，DVD-RAMではガイド溝を隔てているランド部にも記録することで半径方向の記録密度を増大させている。しかしこのような面記録密度の向上策にはおのずと限界がある上，本質的に記録密度は上述したLD波長とNAで決まるレーザービーム径に依存している。そこで考えられたのが多層記録の概念である。最もシンプルな多層化はディスクの両面に記録層を持つものであるが，この場合ディスク１枚に対して２つの記録面を持つにとどまる。またディスク１枚あたりの容量は増すが全容量を使うにはディスクを取り出して反転させる必要がありユーザーにとって容量が増えたという意識は小さい。そこで純粋にディスク片面あたりの記録容量を向上させるために（ある意味において面密度の向上に等しい）光入射面に対して記録層を２層化あるいは多層化したのが片面２層（多層）ディスク（以下２層（多層）ディスク）である。

1994年，K. A. Rubinら[1)]が初めて追記型２層ディスクの概念について報告した。彼らは第１層と第２層の層間にエアギャップを設け同一面から２層の信号を分離して再生することに成功している。その他，樹脂層で隔てられたシールドタイプの２層ディスクなども報告されている[2)]。その後相変化光記録を利用した書き換え型の２層ディスクが1999年，Nagataら[3)]によって初めて報告されて以来，記録型２層ディスクの開発が活発化し最近では100GB容量の追記型４層ディスクも報告されている[4)]。参考までにこれまでの多層ディスク開発に関わる主な発表と文献を表１にまとめておく。

本節では大容量記録媒体の有力な候補の一つであるこれら多層光ディスクの中で特に相変化光記録媒体を使った書き換え型多層ディスクに焦点を当て，そのキー技術について詳しく解説する。また一部追記型についても説明を加える。

5.2　２層相変化ディスクの構成と作製方法

典型的な２層相変化ディスクの構成を図１に示す。

---

*　Keiichiro Yusu　㈱東芝　研究開発センター　記憶材料デバイスラボラトリー　研究主務

表１　これまで発表された記録型２層ディスク

タイトル	筆頭著者	記録タイプ	発表年	文献
Multilayer Volumetric Storage	K. A. Rubin	WO/WO[注1)]	1994	1)
Dual Layre Optical Disc of Reading from a Single Side	T. Kishi	RO[注2)]/RW[注3)]	1995	5)
Dual-Layer Optical Disk with Te-O-Pd Phase-Change Film	K. Nishiuchi	WO/WO	1998	2)
Optical Design for a Double Level Rewritable Phase Change Disc	J. M. Bruneau	RW/RW	1998	6)
Super High Density Optical Disc by Using Multi-Layer Structure	N. Shida		2000	7)
Dual-Layer Phase Change Optical Disk Using Blue Laser	A. Hirotsune	RW/RW	2000	8)
Crosstalk between Two Layers in Dual-Layer Phase Change Optical Disks	T. Shintani	RW/RW	2000	9)
Rewritable Dual-Layer Phase Change Optical Disk Utilizing Blue-Violet Laser	T. Akiyama	RW/RW	2000	10)
Multilayer Write-Once Meium Having Te-O-Pd Films Utilizing Blue-Violet Laser	H. Kitaura	WO/WO	2001	11)
41.8GB Double-Decker Phase Change Disc	K. Kurokawa	RW/RW	2001	12)
Advanced in Thermal Modeling of Dual-Layer DVR-blue Fast-Growth Media	E. R. Meinders	RW/RW	2001	13)
Phase Change Material for Use in Rewritable Dual-Layer Optical Disk	N. Yamada	RW/RW	2001	14)
Development of a Dual-Layer DVR Disc	A. V. Mijiritskii	RW/RW	2001	15)
45GB Rewritable Dual-Layer Phase-Change Optical Disk with a Transmittance Balanced Structure	K. Narumi	RW/RW	2001	16)
New Structure of Dual-Layer Rewritable Phase-Change Optical Disk	P.-K. Tan	RW/RW	2001	17)
Optical Switching Layer for Rewritable Volumetric Optical Disks	F.-H. Wu		2001	18)
Dual-Layer Blu-ray Phase Change Optical Disk Using Limit Equalizer	T. Togashi	RW/RW	2002	19)
Dual-Layer Blu-ray Disk Based on Fast Growth Phase Change Media	J. Helling	RW/RW	2002	20)
Advanced Dual-Layer Blue Optical Disk with (Ge,Sn)Te-Sb2Te3 Memory Film	N. Yamada	RW/RW	2002	21)
Dual-Layer Write-Once Media for 1x-4x Speed Recording Based on Blu-ray Disc Format	M. Uno	WO/WO	2003	34)
Inorganic Write-Once Disc with Quadruple Recording Layers for the Blu-ray Disc System	K. Mishima	WO/WO	2003	4)
Dual-Layer Phase Change Recording Media for System with NA of 0.65 and Light Incidence on 0.6-mm-thick Substrate	T. Tsukamoto	RW/RW	2003	27)

注1）WO：Write Once，注2）RO：Read Only，注3）RW：Rewritable

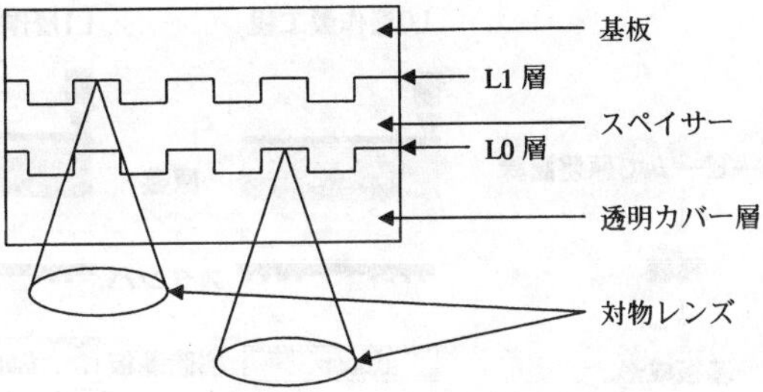

図1　2層ディスクの構成

透明なスペイサーを介して光入射側に2つの記録層を配置し光源に近い層をL0層，遠い層をL1層と呼ぶ。入射した光はそれぞれの層に焦点を合わせることで記録再生を行う。L0層への記録・再生は透明カバー層越しに行われるため通常の単層ディスクと光学的には同条件であるが，奥側のL1層への入射光は透明カバー層に加えてL0層とスペイサーを通過するため光強度の減衰は避けられない。透明カバー層とスペイサーは光源波長に対してほぼ透明なため，ここでは主にL0層による反射と吸収によって光が減衰する。但しスペイサーの厚さは球面収差や各層へのフォーカシングに際して大きな影響を与えるため後に述べる各層の光学計算とは別に慎重に設計する必要がある[9]。以上の理由から，これまで報告されている多層ディスクは特殊な場合[36]を除いて4層構成[4]が限界になっている。

基本的な2層相変化ディスクの作製方法は以下のように説明できる。これはカバー層厚が0.6mmと十分厚い場合で，例えば光学系対物レンズの開口率（NA：Numerical Aperture）が現行DVD並み（NA＝0.6）のときに用いられる作製法である。図2を使って主な工程を説明する。まずL0層用とL1層用の2種類のフォーマットを高出力レーザーで原盤に記録した［原盤記録］後，メッキ工程でネガとなるスタンパ2種を作製する［電鋳］。次にこれらスタンパを使って射出成型機で厚さ0.6mm前後の樹脂基板を成型する［基板成形］。得られた2種類の基板のうちL0層用の基板には第1干渉層から半透明反射層の順でスパッタ法を用いて成膜する［成膜］。もう一つのL1層用の基板には反射層から第1干渉層の順で成膜する［成膜］。互いの基板の成膜面同士をUV硬化樹脂を介して貼り合わせ2層ディスクが完成する。この方法は特に特殊な技術を必要とせず大量生産を行う上では最も簡便な方法と考えられる。これに対してカバー層厚が0.1mmと薄い場合（例えばNA＝0.85）はいくつかの特殊な工程が必要になる。1mm前後の樹脂基板上にどちらか一方の層を成膜するまでは上述の説明とほぼ同様だが，引き続き樹脂を塗布しアクリルスタンパを押し付けてもう一方の層のフォーマットを形成する点が新たな工程となる。さらにこの上に第2層を成膜し，樹脂塗布，0.1mmカバー層の貼り合わせを行う。工程上は難があ

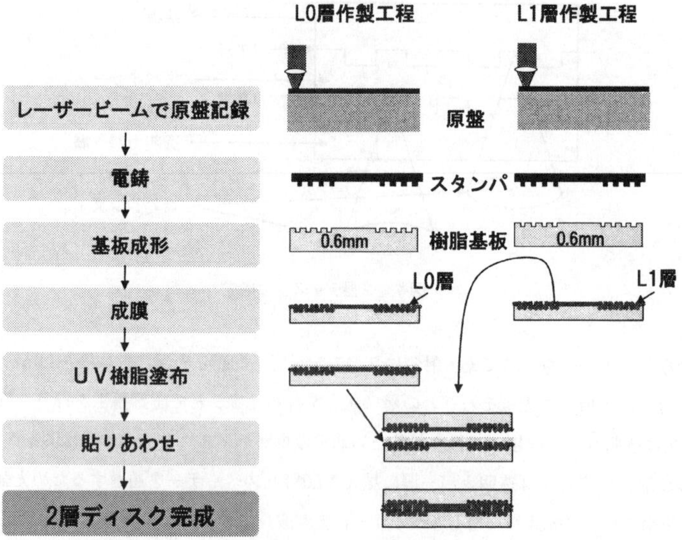

図2　最も簡便な2層ディスクの作製工程

るものの高NAの効果で大容量が実現できる。

5.3　2層相変化ディスクの光学設計

2層相変化ディスクを作製する上で一番はじめに考慮すべき光学設計について説明する。ここでは記録層にGeSbTe系の相変化材料を用いた場合のL0層とL1層の光学設計について考える。相変化光記録は結晶ーアモルファス間の反射率変化を利用してデータの再生を行うもので，レーザーによる加熱で結晶ーアモルファスの相変化を引き起こす。このとき未記録部（結晶）と記録部（アモルファス）の反射率をどのように設定するかで設計が異なってくる。ここでは未記録部の反射率が記録部のそれよりも高いH to L（High to Low）極性を想定して光学設計の例をあげる。L0層とL1層は集光範囲外となり光学設計上無視できるよう十分厚い数10μmのスペイサーで隔てる。またL0層，L1層とも記録層，光学干渉層，及び反射層からなる最も単純な層構成を想定して計算を行う。例として図3にL0層とL1層の詳細な層構成を示す。

2層ディスクを光学設計する場合に最も重要なことは一定出力のレーザーを如何に効率よく利用するかにある。図3を見てもわかるようにL1層に集光される光はL0層を介しているため大きく減衰する。また同時にL0層にはL1層に光を供給するために透光性を持たせることが必須条件となる。ここでL0層の未記録状態の透過率をTc_{L0}，反射率をRc_{L0}，記録状態の透過率をTa_{L0}，反

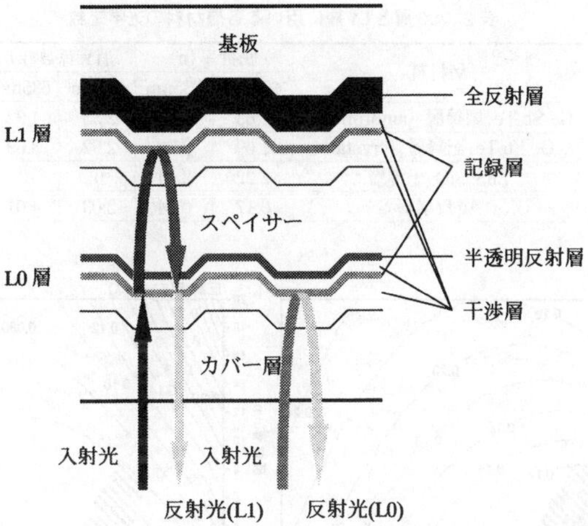

図３　L0層とL1層の層構成

射率をRa_{L0}とし，L1層の未記録状態の反射率をRc_{L1}，記録状態のそれをRa_{L1}とする。2層ディスクに求められる必要条件として以下の項目を挙げる。

①　L0層の透過率を記録・未記録によらず等しくする：$Tc_{L0}=Ta_{L0}$

②　レーザー光を両層で２分して利用する：$Tc_{L0}=Ta_{L0}=0.5$

③　L1層からの反射光はL0層の往復通過で減衰されることを考慮する：$Rc_{L1}=R\times Tc_{L0}\times Tc_{L0}$

条件①が満たされないとL1層への入射光がL0の記録・未記録に影響を受け，再生エラーの原因となる。また１つのレーザー光源を２層で共有するためには条件②が必須となる。条件③においてRはL1層単独の反射率を表しており，L0層が光入射側に存在することによってRc_{L1}は条件②からRの1/4になることを示している。これら必須条件以外にもRc_{L0}とRa_{L0}の差を極力大きくし，かつ記録層へ一定以上の吸収を確保するなど付加条件を加味した上で光学計算を行う。

5.4　L0層の光学設計

計算に用いた各層材料の光学定数を現行DVDに対応する赤色LD（635nm）と次世代に対応する青紫色LD（405nm）の２波長について表２に示す。記録の中核を担うGeSbTe記録層は結晶ーアモルファス間の光学定数の変化が大きく635nmでは消衰係数kの変化が，405nmでは屈折率nの変化が大きい。ZnS-SiO_2干渉層は波長による差が殆どないがAg反射層は波長によって消衰係数に差が生じている。

波長が405nmのときのデータを使って最もシンプルなL0層の光学計算を行った結果を図４に

表２　L0層とL1層に用いる各層材料の光学定数

層材料	屈折率(n)		消衰係数(k)	
	405nm	635nm	405nm	635nm
$Ge_2Sb_2Te_5$ 記録層（amorphous）	2.63	3.94	2.33	1.92
$Ge_2Sb_2Te_5$ 記録層（crystal）	1.69	3.38	2.92	3.69
ZnS-SiO_2 干渉層	2.22	2.14	0	0
Ag 反射層	0.17	0.14	2.03	4.01

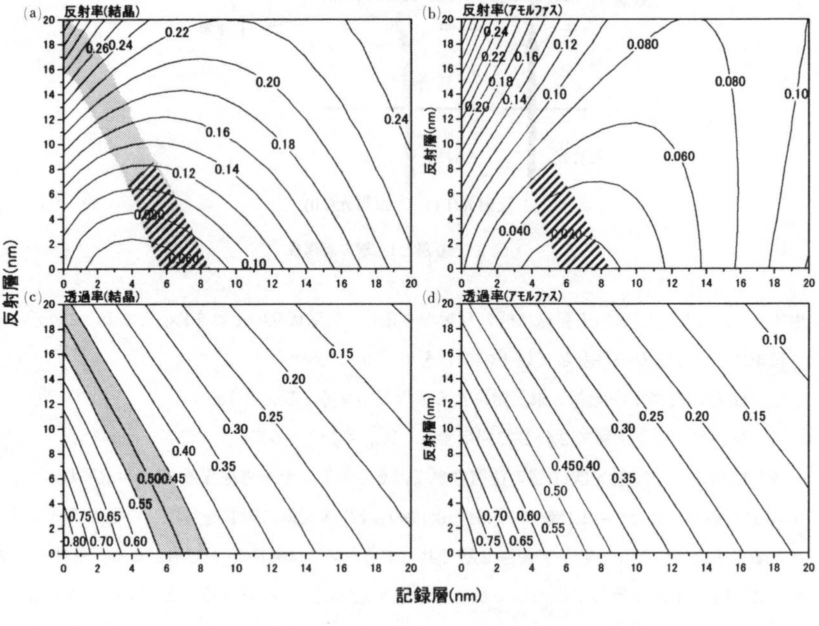

図４　表２のデータを用いて計算したL0層の反射率と透過率

示す。４つの図はそれぞれ結晶の反射率（Rc_{L0}）分布（左上），アモルファスの反射率（Ra_{L0}）分布（右上），結晶の透過率（Tc_{L0}）分布（左下），及びアモルファスの透過率（Ta_{L0}）分布（右下）を記録層膜厚と半透明反射層膜厚をパラメータとして表示したものである。このとき干渉層膜厚を光入射側からそれぞれ55nm，5nmとしている。この数値は本計算の前に行った予備計算によって前節で述べた光学条件を満たすべく求められたものである。結晶とアモルファスの透過率を一定範囲で確保するために図４(c)，(d)から選んだ$0.45 \leqq Tc_{L0}$，$Ta_{L0} \leqq 0.55$なる領域（図４(c)，(d)の塗り潰し部分）を反射率分布に重ね合わせた（図４(a)，(b)の斜線部分）。H to L極性を想定すると斜線で示した部分が反射率差が大きく好ましいといえる。例えば記録層を７nm，半透明反射層を2nmとした場合，Ra_{L0}＝1.7%，Rc_{L0}＝7.0%となる。さらに大きな透過率とコントラストを両立させるためには，半透明反射層の上に屈折率の大きな光学干渉層としてTiO_2を設けると効果的であることも報告されている[22]。

5.5　L1層の光学設計

次にL1層を光学設計する。L1層は全反射条件で設計できるため透過率に関する制約はない。但し，再生装置の受光部や再生回路の負担を極力軽くするためL0層とL1層からの反射光量をなるべく等価にすることが望まれる。この観点からL1層の反射率極性もL0層のそれと同程度のH to L極性とすることが望ましい。また前々節で述べた条件③を考慮してL1層単独で光学設計した場合2層化後は反射光量が1/4になることを忘れてはならない。すなわち前節で例としてあげたL0層と同等の反射率（Ra_{L0}＝1.7%，Rc_{L0}＝7.0%）をL1層から得るためには，それぞれの4倍に相当するRa_{L1}＝6.8%，Rc_{L1}＝28%を目標とする必要がある。

これら条件を満たすべく前節と同様の計算を行い，得られた結果の主なものを表3に示す。詳細な説明は他章に譲るが相変化媒体を設計する場合，レーザービーム加熱によって発生した記録層中の熱を如何に蓄熱かつ放熱するかが重要な問題となる。この場合反射層は放熱層の役を担っており反射層材料や膜厚，更には記録層との間隔（第2干渉層厚）などが熱制御要素となる。このような視点から表3には第2干渉層厚に自由度を持たせた上でほぼ同等の反射率特性が得られる3通りの構成を示した。タイプ1からタイプ3にかけて第2干渉層が薄くなり記録層と反射層が近くなるため放熱度（冷却度）が高くなる。これら冷却度の異なる構成と結晶化特性が異なる記録層を試行錯誤の上で最適に組み合わせることで高性能なL1層が得られる。一般的には冷却度の高い構成と結晶化速度の速い記録層を組み合わせれば良好な記録マークと高い消去率を得られると考えられるが，その定量的な判断は設計者の経験と判断に任せられる。

以上述べた光学設計例ではL0層，L1層ともH to L極性を用いたが，書き換え型2層ディスクが未だ市場に出ていない現時点ではベストの選択と言い切ることは出来ない。例えばL1層の光量不足を補うべく反射率極性をL to Hとして記録層の未記録時の吸収率を高める試みも報告されている[3]。その他熱設計も含めて媒体設計は最低限の光学条件を満たした上で設計者の経験や方針に負うところが大きい。

表3　光学計算によって導いたL1層の層構成候補

タイプ	第1干渉層	記録層	第2干渉層	Ra(%)		Rc(%)	
				単独	2層	単独	2層
1	65	16	15	7.4	1.8	25.1	6.3
2	85	10	10	7.8	1.9	25.9	6.5
3	95	11	5	7.8	1.9	25.2	6.3

5. 6　2層相変化ディスクの消去特性

前節の光学計算結果（図4参照）からも明らかなようにL0層の最適記録層膜厚は6 nm前後となり単層ディスクの場合（10～15nm）に比べて非常に薄いことがわかる。このような条件では消去率が著しく低下することがUnoら[23]によって報告されている。

L0層の設計上記録層の極薄化が避けられない中でこのような消去率の低下を抑制する試みがいくつか提案されている。Kojimaら[24]は新たな高消去率記録層としてGe-Sn-Sb-Teを提案している。$Ge_4Sb_2Te_7$のGeをSnで一部置換した$Ge_{2.7}Sn_{1.3}Sb_2Te_7$を記録層として用いることで結晶化速度を高速化することに成功した。図5に示すようにわずか6 nmの記録層で30dB以上の高消去率を得ている。Snの添加により結晶化温度が室温以下の高速結晶化化合物SnTeが形成された結果このような消去率の向上が得られたと考察している。図6の模式図はSnTeの結晶核を中心

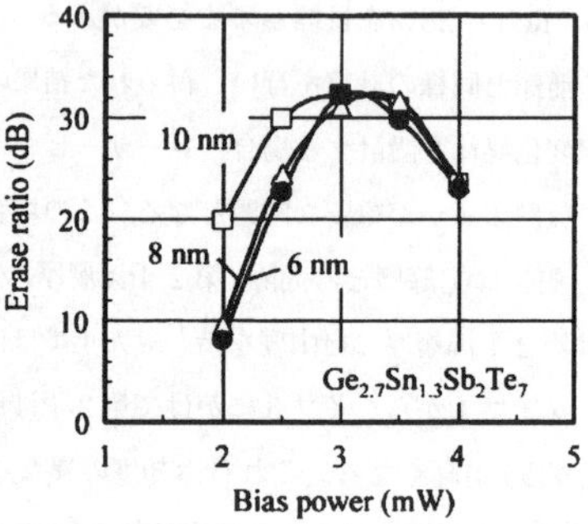

図5　記録層膜厚をパラメータとした消去率のバイアスパワー依存性[24]

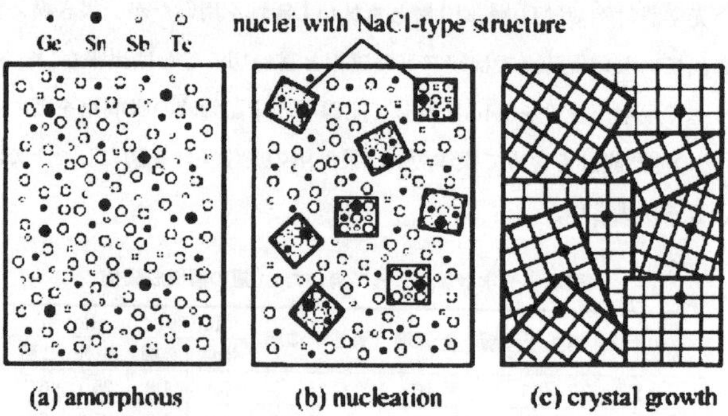

図6　SnTeを含むGe-Sn-Sb-Te記録層の結晶化の模式図[24]

に高速に結晶化する様子を表している。また SnTe が $Ge_4Sb_2Te_7$ と同じ面心立方格子（fcc）であることも高速結晶化の一要因として説明されている。同様の発想でSbの一部をBiで置換したGe–Sb–Te–Bi記録層も消去率向上に効果があると報告されている[25～27]。この場合は結晶化温度が160℃程度に低下する。その他本質的に結晶成長律速で高速結晶化が可能なSbTe共晶系材料を記録層に用いた2層ディスクも報告されている[13, 15]。この材料系は高コントラストと高透過率を両立できる点で優れている。このように記録層の改良は消去率改善の要となるが材料開発の要素が強く材料知識に加えて多分に設計者の経験が重要となる。特に相変化記録媒体の場合は消去（結晶化）とアモルファスマークの安定というトレードオフの問題を常に抱えているため，これらを両立させるような新材料の開発には時に多くの時間を要する。

消去率を向上させるために記録層材料本来の物性をさらにエンハンスするのが界面層の役目である。Yamadaら[28]は幾つかの窒化物を調べた結論としてGeNが相変化記録媒体の消去率向上に大きな効果があることを初めて示した。この中で核発生律速のGe–Sb–Te系記録層にGeN界面層が接していると界面における核発生頻度が高くなることを明らかにしている。膜厚が薄く記録層の全体積に占める界面の割合が高くなる2層ディスクのL0層では特に効果が高く，上述の記録層組成と組み合わせることで安定した高消去率が得られる。さらにGeN界面層には記録層に接する $ZnS–SiO_2$ 干渉層のSの拡散を抑制する働きも認められておりOW（Over Write）特性を向上させる効果も併せ持っている[29]。これらの消去率向上策を巧みに組み合わせることでL0層の消去率低下を最低限に抑制することが可能となる。なおGeNをはじめとする一連の界面層は基本的に消衰係数が0に近く光吸収はほとんどないが，消去率向上効果が認められる範囲で極力薄くして光学的損失を防ぐことが好ましい。

5.7　追記型多層ディスク

安価であるがゆえに現在最も市場で支持されている記録型光ディスクはCD–RやDVD–Rに代表される追記型光ディスクである。よって追記型光ディスクの多層化はそのメリットである低コスト性を損なうことなく達成することが前提となる。追記型光記録層として一般的に用いられている有機色素は高反射率や低コストなどの長所を持つが，2層ディスクに必須の透光性を得ることは容易でない。最近有機色素を使って2層化したDVD–R，＋Rが発表された[30～32]が，上記理由から更なる多層化は困難と考えられる。ここでは多層化に有利と考えられる無機系記録層を使った追記型多層光ディスクについて紹介する。なお多層化のための光学設計は基本的に書き換え型と同じであるが，書き換え型に比べて熱設計マージンが広いため設計上の制約は少ない。

さて1994年Rubinら[1]によって初めて有機系追記型2層ディスクが発表されて以来，1997年Nishiuchiら[2]によって報告された無機系追記型2層ディスクが改めて現実味を帯びてきた。彼らはOhtaら[33]に見出されたTe–O–Pd記録層の酸素量を増やして熱伝導率を小さくしランド・グルーブ記録に適した無機系追記型記録層$Te_{42}O_{46}Pd_{12}$を開発した。この材料系はさらに改良が加えられて$Te_{35}O_{55}Pd_{10}$となり，青色レーザーとNA：0.85の光学系で片面容量50GBと4倍速記録が達成されている[34]。未記録時のアモルファスがレーザー加熱により結晶化するのがこの材料の記録メカニズムで，溶融過程を経ているために1倍速から4倍速までの広い記録マージンが得られている。2層化に際しては成膜中の酸素流量を両層でそれぞれ最適化することにより要求される光学特性に対応させている。

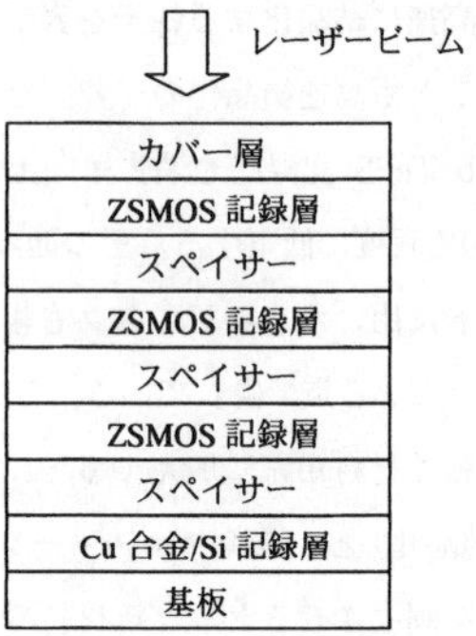

図7　追記型4層ディスクの層構成[4]

一方，通常の方法では限界と考えられる追記型4層ディスクがMishimaら[4]によって報告されている。半透過型の記録層として光入射側の3層にZn–Si–Mg–O–S（通称ZSMOS：ジスモス）を，最終層にCu合金／Siの2層記録層[35]をそれぞれ用い（図7参照）片面容量100GBをジッタレベルで達成している。3層のZSMOS記録層は膜厚調整で透過率と反射率を段階的に変化させ，最終的には4層化した状態でいずれの記録層からの反射率も6％前後になるよう設計されている。記録メカニズムの詳細は今後の解明が待たれるところであるが，ZSMOSに関しては加熱による分解が，Cu合金／Siに関しては相互拡散による2層界面の合金化などが予想される。

このように半透過の記録層設計が比較的容易なため多層化に際しては材料選択のマージンが広い無機系の追記型多層ディスクが今後も発展をしていくものと思われる。

5.8　おわりに

光ディスクの大容量化策の一つとして多層化技術を紹介してきた。光入射面に対して記録層を増やす方法は片面当たりの容量を単純に倍化できる点で効率的な容量増加策と言える。一方で限られたレーザー光源を各層で分割して利用するため層数の増加は自ずと限界があり，これまで発表された中では4層化が最高である。本節では相変化記録層を用いた書き換え型の2層ディスクを中心に主に光学設計と消去率向上策について解説してきた。特に多層化する上で基本となる光学設計には多くの紙面を割いて説明した。また光学設計から要求される記録層の極薄化に伴う消去率低下に対していくつかの対策を示してきた。これら光学的，材料物性的な技術を盛り込むことによって初めて記録型多層ディスクが実現可能となる。一方，多層ディスクの致命的な欠点といえる光量不足の問題を一気に解決しようとする試みも研究されている。“電気的層選択光ディスク：Electrically Selectable optical Disk（ESD）”と呼ばれる多層ディスク技術は，各層にエレクトロクロミック材料を利用して任意の層を電気的に選択して記録･再生を行う[36]。原理的には100層レベルの多層化が可能となりTB（テラバイト）オーダーの大容量が期待できる。かように多彩な多層化技術は他の大容量化技術とも融合することで新たな展開を見せると確信している。

文　献

1） K. A. Rubin, H. J. Rosen, W. W. Tang, W. Imaino and T. C. Strand, Proc. SPIE 2338, 247 (1994)
2） K. Nishiuchi, H. Kitaura, N. Yamada and N. Akahira, *Jpn. J. Appl. Phys.* **37**, 2163 (1998)
3） K. Nagata, N. Yamada, K. Nishiuchi, S. Furukawa and N. Akahira, *Jpn. J. Appl. Phys.* **38**, 1679 (1999)
4） K. Mishima, H. Inoue, M. Aoshima, T. Komaki, H. Hirata and H. Utsunomiya, Tech. Dig. ODS2003, 48 (2003)
5） T. Kishi, M. Tominaga, H. Miyamoto, K. Inoue and M. Nagashima, Ext. Abstr. 56th Autumn Meet., 1995, Japan Society of Applied Physics and Related Societies, 29p-Za-5.
6） J. M. Bruneau, B. Bechevet, C. Germain, *Jpn. J. Appl. Phys.* **37**, 2168 (1998)
7） N. Shida *et al.*, Tech. Dig. ODS2000 (2000) MB5
8） A. Hirotsune *et al.*, Tech. Dig. ISOM2000 (2000) SB1-4
9） T. Shintani *et al.*, Tech. Dig. ISOM2000 (2000) FrPD16
10） T. Akiyama, M. Uno, H. Kitaura, K. Narumi, R. Kojima, K. Nishiuchi and N. Yamada, *Jpn. J. Appl. Phys.* **40**, 1598 (2001)
11） H. Kitaura, K. Hisada, K. Narumi, K. Nishiuchi and N. Yamada, Proc. SPIE 4342, 340 (2001)
12） K. Yasuda, S. Takagawa and M. Nakamura, Tech. Dig. ODS2001 (2001) MB3
13） E. R. Meinders, H. J. Borg, M. Lankhorst, J. Hellmig, A. V. Mijiritskii and M. J. Dekker, Tech. Dig. ODS2001 (2001) MB2
14） N. Yamada, R. Kojima, M. Uno, T. Akiyama, H. Kitaura, K. Narumi and K. Nishiuchi, Tech. Dig. ODS2001 (2001) MB1
15） A. Mijiritskii, J. Hellmig, H. Borg and E. Meinders, *Jpn. J. Appl. Phys.* **41**, 1668 (2002)
16） K. Narumi, T. Akiyama, N. Miyagawa, T. Nishihara, H. Kitaura, R. Kojima, K. Nishiuchi and N. Yamada, *Jpn. J. Appl. Phys.* **41**, 2925 (2002)
17） P. K. Tan, H. B. Yao, L. P. Shi, K. G. Lim, X. S. Miao, T. C. Chong and H. Meng, *Jpn. J. Appl. Phys.* **41**, 1685 (2002)
18） F. H. Wu and H. P. D. Shieh, *Jpn. J. Appl. Phys.* **41**, 1683 (2002)
19） M. Yamaguchi, Y. Okumura, T. Togashi, H. Kudo, S. Hanzawa and T. Takishita,

Jpn. J. Appl. Phys. **42**, 852 (2003)
20） J. Hellmig, A. V. Mijiritskii, H. J. Borg, K. Musialková and P. Vromans, *Jpn. J. Appl. Phys.* **42**, 848 (2003)
21） N. Yamada, T. Nishihara, H. Kitaura, R. Kojima, N. Miyagawa, Y. Sakaue, K. Hisada, A. Nakamura, T. Akiyama, and K. Nishiuchi, Tech. Dig. ISOM/ODS2002 (2002) ThC1
22） T. Nishihara, R. Kojima, N. Miyagawa and N. Yamada, Proc. 14th Symp. on Phase Change Optical information Storage, 80 (2002)
23） M. Uno, K. Nagata and N. Yamada, Proc. 11th Symp. on Phase Change Optical information Storage, 83 (1999)
24） R. Kojima and N. Yamada, *Jpn. J. Appl. Phys.* **40**, 5930 (2001)
25） K. Yusu, S. Ashida, N. Nakamura, N. Oomachi, N. Morishita, A. Ogawa and K. Ichihara, *Jpn. J. Appl. Phys.* **42**, 858 (2003)
26） N. Oomachi, A. Ogawa, N. Morishita, N. Nakamura, K. Yusu, S. Ashida and K. Ichihara, Proc. SPIE 5069, 112 (2003)
27） T. Tsukamoto, T. Nakai, S. Ashida, K. Yusu, K. Ichihara, N. Ohmachi, N. Morishita, N. Yoshida and N. Nakamura, Proc. SPIE 5069, 118 (2003)
28） N. Yamada, M. Otoba, K. Nagata, S, Furukawa, K. Narumi, N. Akahira and F. Ueno, Proc. SPIE 3401, 24 (1998)
29） N. Yamada, M. Otoba, K. Kawahara, N. Miyagawa, H. Ohta, N. Akahira and T. Matsunaga, *Jpn. J. Appl. Phys.* **37**, 2104 (1998)
30） パイオニア・プレスリリース http://www.pioneer.co.jp/press/release414-j.html
31） フィリップス・プレスリリース http://www.licensing.philips.com/senl/news/documents918.html
32） 三菱化学メディア・プレスリリース http://www.mcmedia.co.jp/news/0031.html
33） T. Ohta, K. Kotera, K. Kimura, N. Akahira and M. Takenaga, Proc. SPIE 695 (1986) 2
34） M. Uno, T. Akiyama, H. Kitaura, R. Kojima, K. Nishiuchi and N. Yamada, Tech. Dig. ODS2003 (2003) MC5
35） H. Inoue, K. Mishima, M. Aoshima, H. Hirata, T. Kato and H. Utsunomiya, Tech. Dig. ISOM/ODS2002 (2002) ThD4
36） K. Kojima and M. Terao, Tech. Dig. ODS2003 (2003) WC5

6　相変化光ディスクの各方式（DVD-RAM）

小林　忠*

6. 1　DVD-RAMディスクの規格[1~5)]

DVD-RAM（DVD Rewritable disc）の物理仕様書のDVDフォーラムでの策定は1997年から始まり，最初はディスク容量2.6GB/面のDVD-RAM Part.1 version 1.0として発行された。その後大容量化の開発が進み，1999年から2000年にかけて第2世代のディスク容量4.7GB/面のDVD-RAM part.1 version 2.1が発行された。第2世代ではディスク直径80mmでディスク容量1.46GB/面の小型のディスクも追加された。

第1世代の2.6GB DVD-RAMディスクの記録速度を1倍速とすると，第2世代の4.7GB DVD-RAMディスクの記録速度はデータ転送レートで2倍速となっている。その後高速記録に対応した改良が進められ，2002年に記録速度を3倍速としたオプション規格が発行された。2003年には記録速度を5倍速としたオプション規格の策定が検討されており，高速化が技術トレンドとなっている。

6. 1. 1　DVD-RAM ver.2.1の基本仕様

DVD-RAMは光記録方式として相変化記録を用い，特にオーバライト繰り返し記録に適した記録膜が用いられている。ディスクへの記録はランド・グルーブ記録方式が採用されている。

DVD-RAMディスクはDVD-ROMディスクより，記録ビット長を長くとり（0.267→0.28μm），その分トラックピッチを狭くする（0.74→0.615μm）ことでDVD-ROMと同じ記録容量を確保している。ランド・グルーブ記録は隣接トラックからのクロストークを抑圧できるのでよりトラックピッチを詰めることが可能となっている。記録ビット長を長くできることで繰り返し記録での記録膜への負荷を軽減できオーバライト回数が向上し，また良好な解像度の再生信号を得る

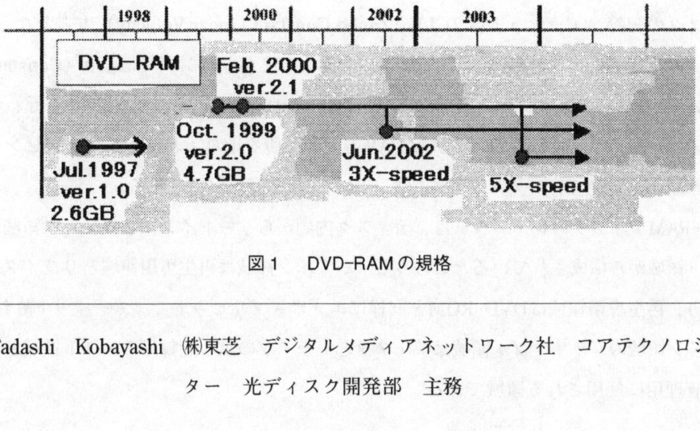

図1　DVD-RAMの規格

＊ Tadashi Kobayashi ㈱東芝 デジタルメディアネットワーク社 コアテクノロジーセンター 光ディスク開発部 主務

表1　DVD-RAMの主な仕様

仕様	DVD-RAM（Ver. 1.0）	DVD-RAM（Ver. 2.1）	DVD-ROM
記録容量	2.6GB/side	→	4.7GB/side
光波長＆ NA	→	→	650nm，0.6
記録方式	Phase-change marks		Embossed pits
トラックフォーマット	Wobbled Land & Groove		A series of pits
トラックピッチ	0.74 μm	0.615 μm	0.74 μm
データビット長（min）	0.41 μm	0.28 μm	0.267 μm
セクタ容量	→	→	2048bytes
変調方式	→	→	8 to 16，RLL（2,10）
エラー訂正方式	→	→	Reed-Solomon product code
ゾーン数	24	35	（CLV）
欠陥管理	Yes	Yes	（Read Only）
記録速度	11.08Mbps	22.16Mbps	（Read Only）

ことが可能となっている。

DVD-RAMディスクのセクタ構造は，各セクタのヘッダ部分がランドとグルーブの境界線上にエンボスでプリフォーマット記録されており，トラッキングしているときにランドとグルーブで共用できるようにセクタアドレスが4重書きで配置されている。このヘッダ部分のアドレスをCAPA（Complimentary Allocated Pit Address）と呼んでいる。セクタ位置が予め決まっていることから各セクタ位置にランダムにアクセスすることが容易で，AV記録用途ばかりでなくPC記録用途にも適したディスクのフォーマット構造となっている。

グルーブはディスクの内周から外周に向けて形成され，ディスクの一周毎に所定の位置でグルーブとランドを切り替えて使用するシングルスパイラルとなっている。またグルーブは所定の周波数でウォブルされており記録のときの同期用等に使用される。

ディスクの記録フォーマットはZCLV（Zoned Constant Linear Velocity）方式となっており，ディスクの半径方向に複数の領域（ゾーン）に分割され，各ゾーン間ではCLV（Constant Linear Velocity）となっており，ゾーン内ではCAV（Constant Angular Velocity）制御が行われる。

このZCLV方式は，従来のCLV方式とCAV方式の長所を取り入れた方式で，スピンドルモータの回転制御が容易で，ディスク外周でも一定の記録密度が保持される。

DVD-RAMディスクのレイアウトは，ディスク内周からリードイン領域，データ領域及びリードアウト領域から構成されている。このうちリードイン領域は再生専用領域とリライタブル領域からなり，再生専用領域はDVD-ROMと同様にエンボスプリピットでフォーマットされている。リードイン領域のリライタブル領域はディスクとドライブの試し記録用のテスト領域とディスクの欠陥管理用に使用される領域である。

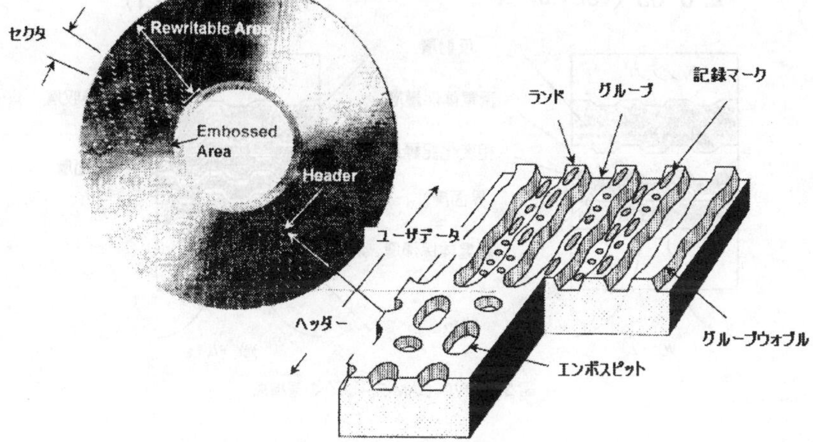

図2　DVD-RAMのレイアウト

データ領域とリードアウト領域はリライタブル領域からなり，リードアウト領域にはディスクの記録管理情報を記録する領域も設けられている。DVD-RAMディスクのリードアウト領域の配置は記録したユーザデータ容量に関係なく固定のアドレス位置となっているので，DVD-RW/Rディスクで必要とされるファイナライズ処理は不要となっている。

DVD-RAMディスクはディスクのプリフォーマット構造がDVD-ROM（Video）ディスクと大きく異なりDVD-ROM（Video）ディスクとはディスク互換はなく，DVD-ROMドライブでDVD-RAMディスクも再生できるようにドライブ互換が図られている。従ってDVD-RAMディスクの再生をサポートしているDVD-ROMドライブでのみDVD-RAMディスクの再生が可能となっている。

DVD-RAM ver.2.1の仕様ではディスクのコピー管理方式のCPRM（Content Protection for Recordable Media）に対応したデジタルコンテンツのコピー管理ができるようになっている。

CPRMではディスク固有の情報としてディスクの製造番号に相当する情報をディスクに記録する必要がある。そのためにディスクの内周からリードイン領域の一部にかけてバーコード状の信号としてBCA（Burst Cutting Area）がオプションで設けられている。

この著作権保護が可能なCPRMを利用してビデオレコーディングフォーマット（Video Recording Format）で記録されたコンテンツのコピー管理が可能となっている。なお，DVD-RAMディスクにDVD-Videoと同じDVDビデオフォーマット（DVD Video Format）でコンテンツを記録することは規格上可能であるが，DVD-RAMディスクはDVD-Videoディスクとのディスク互換

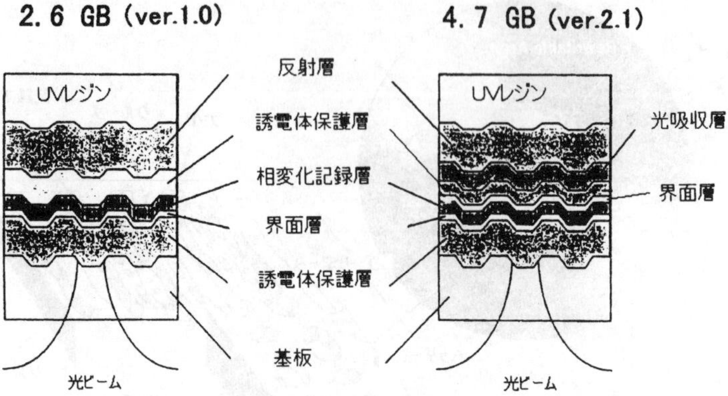

図3　DVD-RAMディスクの層構成

はないため実用性がなくDVD-RAMディスクのDVDビデオフォーマットは実際には使われていない。

DVD-RAMディスクの反射率は15から25%で信号極性は記録マークで反射率が低くなるHigh to Lowとなっている。ディスクの記録膜材料はGeSbTe系記録膜が一般に用いられている。ディスクの層構成は，2.6GBタイプのDVD-RAMディスクの場合は基板側から誘電体保護層，界面層，相変化記録膜層，誘電体保護層，反射層の5層構成が一般的に用いられたが，4.7GBタイプのDVD-RAMディスクでは，基板側から誘電体保護層，界面層，相変化記録膜層，界面層，誘電体保護層，光吸収層，反射層の7層構成などのより多層の構造となった。

相変化記録層の下または上下の界面層は，相変化記録材料と誘電体保護層との密着性を向上させてオーバライト繰り返し特性の改善に効果があり，反射層の下の光吸収層は記録層からの上下への熱の流れを制御し，記録マークの記録消去特性の改善に効果があるとされている。これらの記録材料と層構成の工夫により書き換え回数は10万回程度を確保している。

4.7GBタイプのDVD-RAMディスクではデータ転送速度がDVD-ROMディスクの2倍速相当となっており，記録速度はZCLVの各ゾーンで平均8.16m/sとなっている。

DVD-RAMディスクの記録波形は，マルチパルスが物理仕様で規定されており，(n-2)形のマルチパルスが記録ストラテジとして記録ディスクの試験用に使用されている。記録クロックをTとするとDVDの8/16変調方式の記録データは3Tから11Tと14Tとなり，DVD-RAMでは各記録データnTに対して（n-2）個のマルチパルスの記録波形が記録ストラテジになっている。記録ストラテジは，ファーストパルス(TFP)，マルチトレインパルス(TMP)，後端のラストパルス（TLP）とラストクーリングパルス（TLC）から構成され，記録パワーはピークパワー，バイ

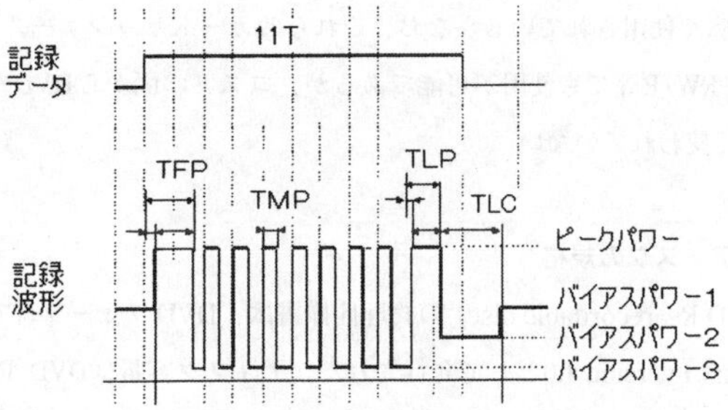

図4　DVD-RAMディスクの記録ストラテジ

アスパワー1，2，3の4値となっている。また，最適な記録パラメータを決定するのに，各パラメータを所定の手順で変化させて適当なパラメータを選定する適応制御の使用が可能となっている。

3倍速記録に対応したDVD-RAMディスクは2倍速と3倍速の両方の記録速度に対応している。3倍速記録の場合の記録ストラテジは，2倍速記録の場合と同様なマルチパルスの記録ストラテジが使用される。

DVD-RAMディスクはベアディスク（裸のディスク）の状態でも使用できるが，PC用途を考慮して，ほこり，指紋等からディスクを保護するためにカートリッジケースも用意されている。カートリッジケースにはディスクの取り出しができない密閉型のタイプ1，ディスクの取り出しができるタイプ2，ケースのみのタイプ3があり，またディスクのサイズ，片面と両面仕様の違いを含めて9つのタイプがある。ディスクの取り扱い易さと信頼性からDVD-RAMレコーダな

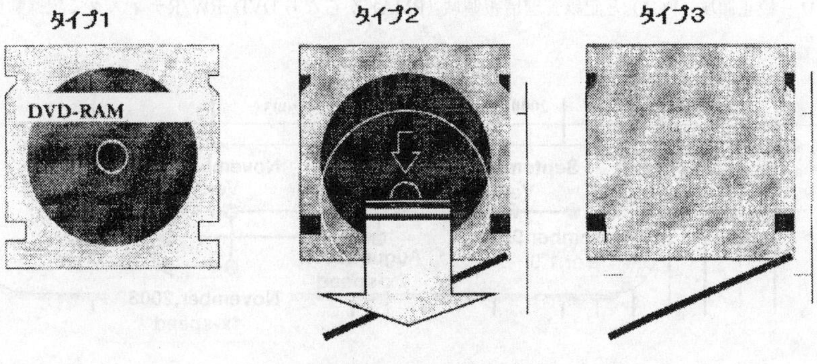

図5　DVD-RAMのカートリッジとケース

どのAV用途でも広く使用されている。なお，これらのカートリッジケースはDVD-RAMディスクに限らずDVD-RW/R等でも使用が可能であるが，コストの面からDVD-RW/Rディスクでは実際にはほとんど使われていない。

6. 2 DVD-RWディスクの規格[6~11)]

DVD-RW（DVD Re-recordable disc）の物理仕様書は，DVDフォーラムで策定され1999年11月にDVD-RW Part.1 version 1.0として発行された。ディスク容量はDVD-RW 120mmで4.7GB/面及び80mmで1.46GB/面がある。その後ディスクの1回複製可能などのコピー管理情報への対応仕様が追加され，2000年9月にDVD-RW Part.1 version 1.1の物理仕様書が発行された。

2002年8月に2倍速記録のオプション仕様書が追加され2倍速記録が可能となった。2003年には4倍速記録の仕様が検討されており，DVD-RWディスクでもDVD-RAMディスクと同様に高速記録が今後の技術トレンドとなっている。

6. 2. 1 DVD-RW ver.1.1の基本仕様

DVD-RWディスクの特徴は，記録膜に書換え可能な相変化記録膜を使用し，記録されたDVD-RWディスクの再生信号仕様が2層DVD-ROMディスクの第2層目の低い反射率と同じで，それ以外は再生専用ディスクに近い仕様を実現していることである。

相変化記録ではレーザ光のヒートモードを用いて記録を行うため，記録膜で光が吸収されるようにどうしても反射率が低くなる。

DVD-RWディスクのレイアウトは，ディスク内周側から記録情報管理領域，リードイン領域，データ領域及びリードアウト領域から構成されている。このうち記録情報管理領域を除いたリードイン領域，データ領域及びリードアウト領域の3領域を情報記録領域といい，この情報記録領域のレイアウトがDVD-ROM（Video）ディスクと同じとなっている。記録情報管理領域は，パワー校正領域（PCA）と記録管理情報領域（RMA）からなりDVD-RW/Rディスクで記録動作の

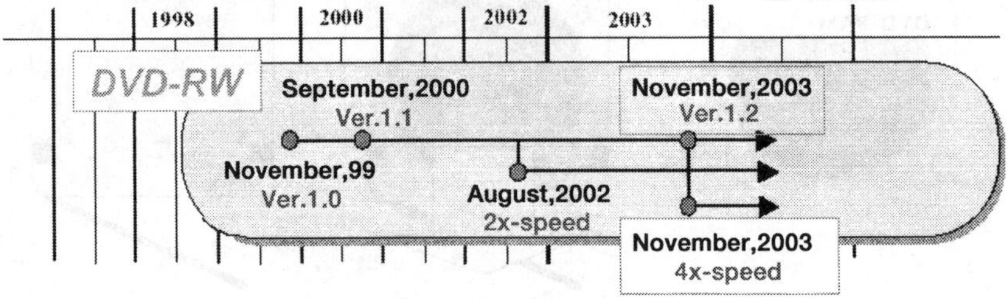

図6 DVD-RWの規格

表2　DVD-RWの主な仕様

仕様	DVD-RW（Ver. 1.1）	DVD-R for General（Ver. 2.0）	DVD-ROM
記録容量	→	→	4.7GB/side
光波長＆NA	→	→	650nm，0.6
記録方式	相変化記録	有機色素膜記録	Embossed pits
トラックフォーマット	Wobbled Groove		A series of pits
トラックピッチ	→	→	0.74 μm
データビット長（min）	0.267 μm	0.267 μm	（1層）0.267 μm （2層）0.293 μm
セクタ容量	→	→	2048bytes
変調方式	→	→	8 to 16， RLL（2，10）
エラー訂正方式	→	→	Reed-Solomon product code
記録フォーマット	→	→	CLV
反射率	18-30%	45-85%	（1層）45-85% （2層）18-30%
記録速度	→	3.49m/s（1X）	（ReadOnly）

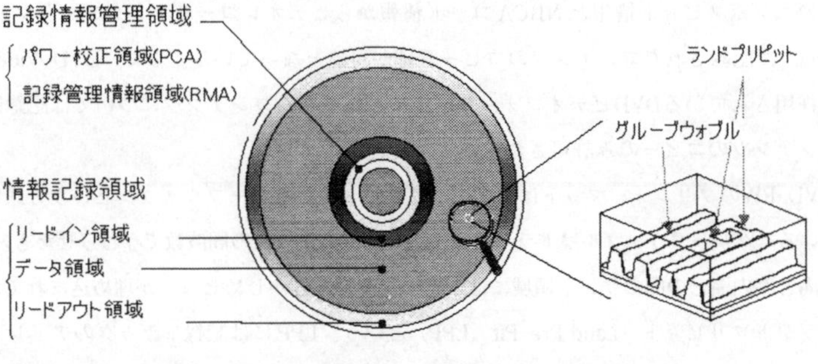

図7　DVD-RWディスクのレイアウト

ときに独自に使用される領域である。

DVD-RWディスクでは記録トラックの案内溝に記録を行うグルーブ記録方式が採用されている。情報記録領域のレイアウトがDVD-ROM（Video）ディスクと同じなのでDVD-ROM（Video）ディスクの著作権保護のため，DVD-RWディスクは最初のver.1.0の仕様のときはリードイン領域の一部を読み出しできないエンボスピットで形成していた。DVD-RW ver.1.1の仕様ではディスクのコピー管理方式のCPRMに対応してデジタルコンテンツのコピー管理ができるようにエンボスピットが読み出せるようになった。

DVD-RW ver.1.0のディスクのエンボスピットは，グルーブの深さとエンボスピットの深さが

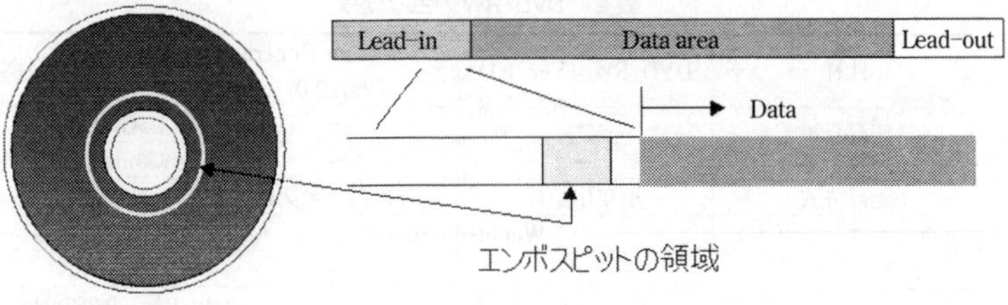

図8　エンボスピットの領域

同じため，エンボスピットからの再生信号が小さくなり読み出せない信号となっていた。DVD–RW ver.1.1のディスクではエンボスピットからの再生信号が読み出せるようにグルーブとエンボスピットの深さを変える技術が用いられている。

CPRMではさらにディスク固有の情報としてディスクの製造番号に相当する情報をディスクに記録する必要がある。そのためにリードイン領域の一部にバーコード状の信号としてNBCA（Narrow Burst Cutting Area）がオプションで設けられている。

このエンボスピット情報とNBCAコード情報からビデオレコーディングフォーマット（VR Format）で記録されたコンテンツのコピー管理が可能となっている。なお，DVD–Videoディスクで採用されているDVDビデオフォーマットで記録されたコンテンツについては記録制限なしのコンテンツのコピーのみ許可されている。

DVD–RWのプリフォーマットは，ランドプリピットとグルーブウォブルという方式が採用されている。グルーブウォブルはトラッキング用の案内溝を一定の周波数でうねらせたものである。案内溝と案内溝との間のランド領域には一定の規則であらかじめピットが埋め込まれており，これをランドプリピット（Land Pre–Pit，LPP）という。LPPには記録トラックのアドレス情報やその他記録に必要な情報が記録されている。

データ記録のときにはLPPのアドレス情報とグルーブウォブルの周波数からLPPアドレスに精度よく合わせてデータ記録を行う。

これらのプリフォーマット信号はディスクからのプッシュプル信号の一部として検出される。グルーブウォブル周波数は，記録するデータセクタの同期フレーム周波数の8倍の正弦波形信号となっており，LPP信号はこの二つの同期フレーム毎にグルーブウォブルの最初の3頂点に位置するように配置されている。これらの3ビットのプリピットを規則に従った配置とすることで1ECCブロック単位毎に1ECCブロックのアドレス情報やその他記録に必要な情報を埋め込んでいる。

LPPの変調方式は，フレーム同期信号の最初の1ビット目には必ずランドプリピットが存在

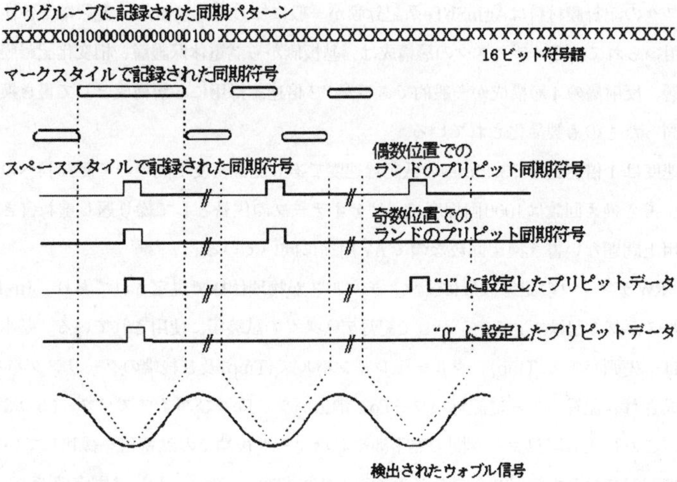

図9　DVD-RWのプリフォーマット（ウォブルグルーブとランドプリピット）

し，2ビット目はフレーム同期信号であるかLPPデータであるかの識別で使用され，3ビット目は2ビット目が"1"のときはフレーム同期信号が偶数位置か奇数位置であるかを示し，2ビット目が"0"のときはLPPデータが"0"か"1"を示す。

つまりLPPデータの"0"はLPP変調テーブルの[100]で与えられ，"1"は[101]で与えられる。

LPPの位置を偶数位置と奇数位置で選べるようにしている理由はLPPがトラックで隣接するとLPPからの信号の記録データへのクロストークの影響が大きくなるためLPPが隣接しないようにずらして配置できるようにしているためである。

DVD-RWディスクでは，記録膜に相変化記録膜が用いられグルーブ記録方式が採用されている。

反射率は18から30％で信号極性は記録マークで反射率が低くなるHigh to Lowとなっている。

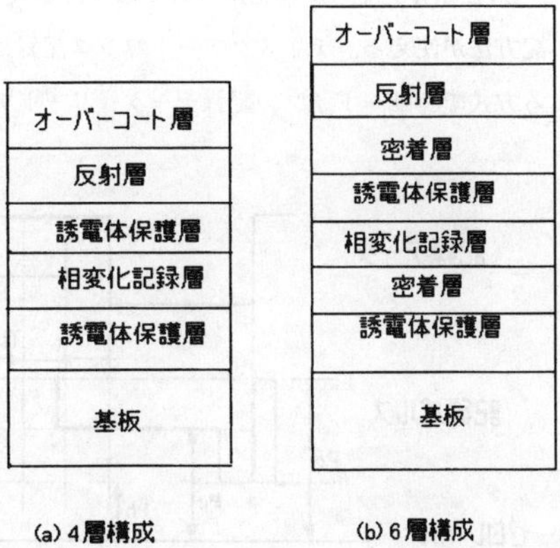

図10　DVD-RWディスクの層構成

ディスクの記録膜材料はAgInSbTe系記録膜が一般に知られているが，実際には各社独自の記録膜が用いられている。ディスクの層構成は，基板側から誘電体保護層，相変化記録膜層，誘電体保護層，反射層の4層構成が一般的であるが，2倍速記録用に6層構成として書き換え回数の向上を図ったものも製品化されている。

記録速度は1倍速記録で3.49m/sの低記録速度であり記録密度が高いので記録膜への熱負荷が大きく，書き換え回数は1000回程度で，ビデオテープの代替として繰り返し重ね書きする用途では実用上問題ない書き換え回数なのでAV用途に向いている。

DVD−RWディスクの記録波形は，マルチパルスが物理仕様で規定されており，(n−1) 形のマルチパルスが基本記録ストラテジとして記録ディスクの試験用に使用されている。基本記録ストラテジは，先頭パルス(Ttop)，マルチトレインパルス(Tmp)及び後端のクーリングパルス(Tcl)から構成され，記録パワーは記録パワーPo，消去パワーPe及びバイアスパワーPbの3値となっている。これにより記録マーク間の熱干渉や記録マーク後端での熱蓄積を緩和している。

1倍速記録では基本記録ストラテジの各パルス幅(Ttop，Tmp，Tcl)は固定値であったが，2倍速記録では基本記録ストラテジの基本形は同じであるが，各パルス幅はディスクの製造メーカで指定できるようになった。2倍速記録の仕様では記録互換から1倍速記録もできることが規定されており，1倍速と2倍速の両方の記録速度に対応するため2倍速記録の記録パラメータに幅を持たせている。

記録パワーの上限は1倍速では光波長650nmPUHで14mWであるが，2倍速では17mWに抑えられている。一般に記録速度に対して記録パワーは$\sqrt{\ }$倍で増加するので2倍速で20mWとなるところを，記録ストラテジとディスク構造の改良により2倍速記録で17mWを実現している。

DVD−RWディスクの記録方式ではロスレスリンキング技術とオーバライト記録を利用した追記方法が使える。ディスクアットワンス記録はDVD−ROM (Video) と同じデータ構造で記録する方式で，リードイン，記録データ，リードアウトが記録される。DVD−RWの場合にはオーバ

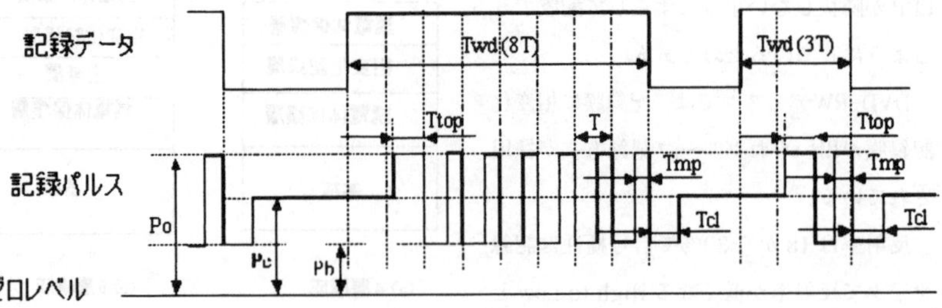

図11　DVD−RWディスクの記録ストラテジ

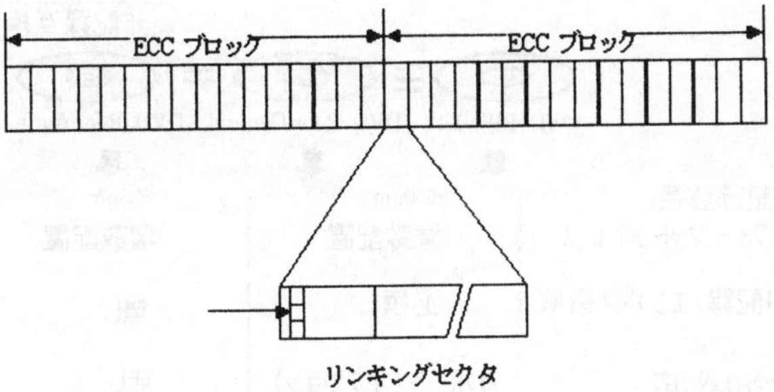

図12　DVD−RWのロスレスリンキング技術

ライトができるのでロスレスリンキング技術と組み合わせてリードアウトを上書き消去して新しい記録データを追記し，リードアウトとリードインを更新する記録方式が広く使われる。この追記の方式だと追記後もDVD−ROM (Video) と同じデータ構造が保たれるのでDVDプレーヤ，ドライブでの再生互換が取りやすいという特徴がある。ロスレスリンキング技術はデータの継ぎ目で不連続領域を生じないリンキング方法である。

6.3　DVD−Rディスクの規格

DVD−Rディスクの物理仕様書はDVDフォーラムで策定され，1997年７月に記録容量3.95GBのDVD−R ver.1.0として発行された。1998年から2000年にかけて記録容量を4.7GBとしたDVD−R ver.2.0の物理仕様書が検討され，このときにDVD−RディスクはDVDビデオのプリマスター盤作成などのオーサリング用途向けのDVD−R for Authoring ver.2.0（2000年２月発行）と，民生用のDVDレコーダやDVDドライブで記録できるDVD−R for General ver.2.0（2000年５月発行）の２種類の物理仕様書が発行された。

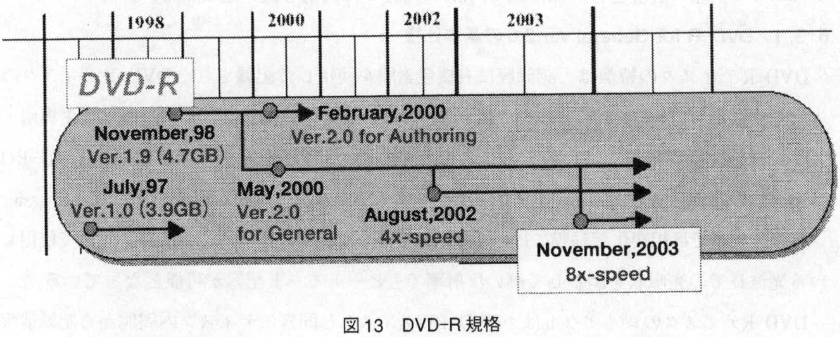

図13　DVD−R規格

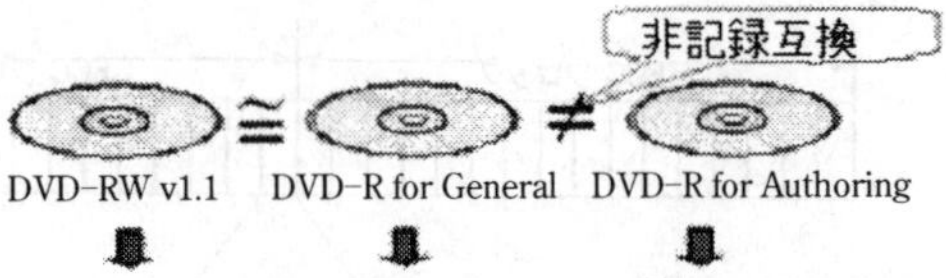

	DVD-R for General	DVD-R for Authoring
記録波長	650nm	635nm
プリフォーマットアドレス	減数配置	増数配置
プリ記録/エンボス領域	必須	無し
CPRM対応	サポート（オプション）	無し

図14　DVD-R for General と for Authoring の比較

2002年8月に記録速度を4倍速としたDVD-R for Generalのオプション仕様書が発行された。2003年に記録速度を8倍速としたDVD-R for Generalのオプション仕様の策定が検討されている。また2004年度に向けて記録速度を16倍速としたDVD-Rディスクの提案も出てきておりDVD-Rについても高速記録が今後の技術の流れとなっている。

DVD-R for Authoringのディスクは民生用のDVDレコーダやDVDドライブでは記録ができず，DVD-R for Authoringに対応したドライブでしか記録ができない。DVD-Rディスクは反射率がDVD-ROM（Video）の第1層と同じ45から85%となり，ディスクのレイアウト構造もDVD-ROM（Video）とほとんど同じ構造が可能となるため，DVDディスクの不正なコピーや海賊版への転用を防止するためDVD-R for AuthoringとDVD-R for Generalでは記録互換がない。両者ではディスク上の記録用アドレスの配置や記録用のレーザ波長が異なる。

民生用のDVD-R for Generalのディスクについては著作権保護のため，リードイン領域の一部にDVD-ROM（Video）ディスクとは異なるディスクの識別情報がプリ記録される。DVD-Rでは1回記録されるとデータの改ざんが不可能なので，プリ記録が有効となっている。またディスクのコピー情報の管理を行うためにCPRMに対応した技術も盛り込まれている。

6.3.1　DVD-R for General ver.2.0 の基本仕様

DVD-Rディスクの特徴は，記録膜に有機色素膜を使用し，記録されたDVD-Rディスクの再生信号仕様がDVD-ROMディスクの第1層目の高い反射率と同じで，それ以外は再生専用ディスクに近い仕様を実現していることである。そのためDVD-RWディスクよりもDVD-ROM（Video）の物理仕様に近くDVDプレーヤやドライブでの再生互換が取りやすくなっている。

有機色素膜では相変化記録膜に比べて熱伝導度が小さく熱が逃げにくいため，記録で使用している光波長での光吸収を調整して高い反射率でもヒートモード記録が可能となっている。

DVD-Rディスクのレイアウトは，DVD-RWディスクと同様にディスク内周側から記録情報管

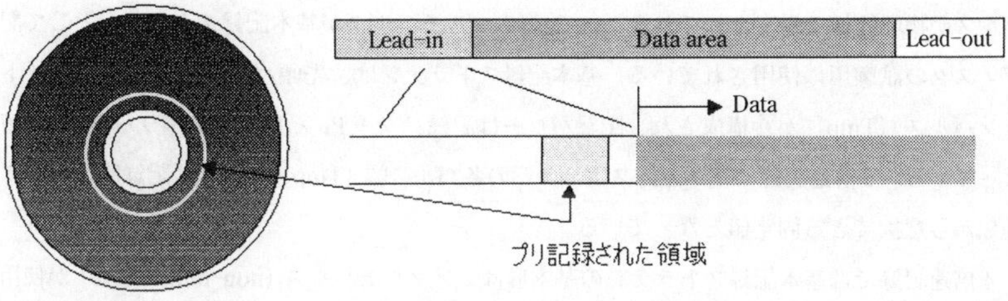

図15　DVD-Rディスクのプリ記録領域

理領域，リードイン領域，データ領域及びリードアウト領域から構成されている。リードイン領域，データ領域及びリードアウト領域からなる情報記録領域のレイアウトがDVD-ROM(Video)ディスクと同じとなっている。パワー校正領域（PCA）と記録管理情報領域（RMA）からなる記録情報管理領域もDVD-RWディスクと同様に記録動作のときに独自に使用される領域である。

DVD-RディスクではDVD-RWと同じく記録トラックの案内溝に記録を行うグルーブ記録方式が採用されている。情報記録領域のレイアウトがDVD-ROM（Video）ディスクと同じなので著作権保護のためDVD-Rディスクはリードイン領域の一部がプリ記録されている。

またCPRM対応でリードイン領域の一部にバーコード状の信号としてNBCAコードエリアがオプションで設けられている。

このプリ記録情報とNBCAコード情報からDVD-R for General ver.2.0のディスクではDVDビデオフォーマットで記録された記録制限なしのコンテンツについては録画が可能とされている。

DVD-R for Generalのプリフォーマットは，DVD-RWディスクと同じランドプリピット(LPP)とグルーブウォブルという方式が採用されている。

DVD-Rディスクでは，記録膜に有機色素膜が用いられグルーブ記録方式が採用されている。

反射率は45から85%で信号極性は記録マークで反射率が低くなるHigh to Lowとなっている。

ディスクの記録膜材料はアゾ系，シアニン系等の有機色素膜が一般に知られている。ディスクの層構成は，基板側から有機色素記録膜層，反射層の2層構成が一般的である。

記録速度は1倍速記録で3.49m/sで1回記録可能で記録データの書き換えはできない。4倍速記録ではこの記録速度の4倍となるので，記録に必要な時間はほぼ1/4になる。

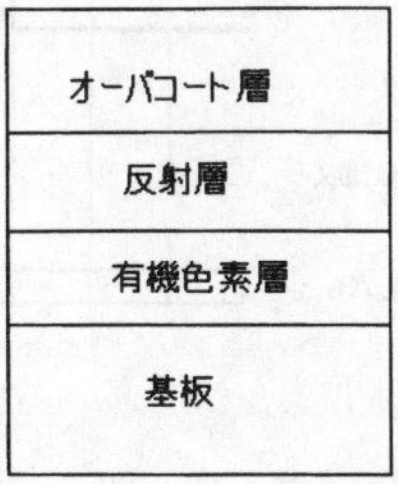

図16　DVD-Rディスクの層構成

DVD-Rディスクの記録波形は，1倍速記録ではマルチパルスが物理仕様で規定されており，(n-2)形のマルチパルスが基本記録ストラテジとして記録ディスクの試験用に使用されている。基本記録ストラテジは，先頭パルス（Ttop），マルチトレインパルス（Tmp）から構成され，記録パワーは記録パワーPoとバイアスパワーPbの2値となっている。1倍速記録の基本記録ストラテジの各パルス幅（Ttop，Tmp）は記録膜に応じて3種類から選択できる固定値となっている。

4倍速記録では基本記録ストラテジの基本形はノンマルチパルス（non-multi pulse）が使用されている。3Tと4Tの記録パルスは方形波のシングルパルスで，5Tから11Tと14Tは凹形のノンマルチパルスの記録パルスが使われる。記録パワーは記録パワーPo，中間パワーのPmとバイアスパワーのPbの3値で制御される。4倍速記録では1倍速記録の4倍の記録クロックとなるため，マルチパルスだと光学ヘッドからの出射光がなまり所定のマルチパルスにならないという問題がある。そのためノンマルチパルスとしてパルス幅を長くし実質的なクロックを下げることで，記録パルスを精度よく制御することが可能となっている。また記録パルスを凹型とすることによってヒートモード記録で記録マーク形状が涙形となることを防止し，良好な記録再生信号としている。

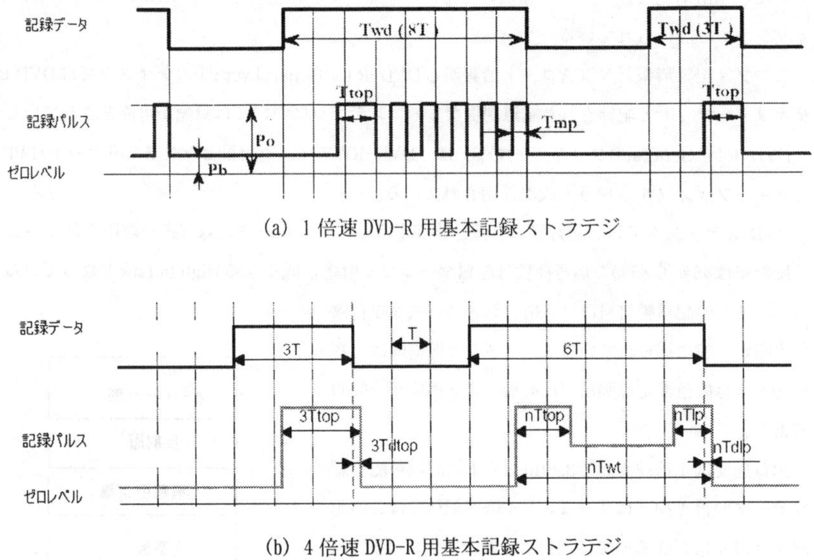

(a) 1倍速DVD-R用基本記録ストラテジ

(b) 4倍速DVD-R用基本記録ストラテジ

図17　DVD-Rディスクの記録ストラテジ

DVD−Rの４倍速記録ディスクの基本記録ストラテジの各パルス幅はディスクの製造メーカにて指定されている。４倍速記録の仕様では記録互換から１倍速記録もできることが規定されており，４倍速で記録されたディスクは１倍速で記録されたディスクと同じ再生信号特性となっている。

記録パワーの上限は１倍速では光波長650nmPUHで13mWであるが，４倍速では20mWとなっている。

DVD−Rディスクの記録方式は，ディスクアットワンス記録(Disk at once writing)，インクリメンタルライト記録（Incremental writing）及びパケットライト記録（Packet writing）の３方式が使える。

ディスクアットワンス記録はDVD−ROM（Video）と同じデータ構造で記録する方式で，リードイン，記録データ，リードアウトが記録される。リードアウトが記録されてファイナライズされるので追記ができなくなる。

インクリメンタルライト記録はボーダ(border)を使った記録方式で，リードイン，記録データ，ボーダアウト(border−out)で記録される。さらに追記するときはボーダアウトの後ろにボーダイン(border−in)，記録データ，ボーダアウトが追記される。記録データの追記を完了するときは最後のボーダアウトの後ろにリードアウトが記録されてファイナライズされる。ボーダアウトとボーダインを合わせてボーダ領域といい，ボーダ領域が２個以上記録されるときマルチボーダ（multi border）と呼ぶ。

図18　ディスクアットワンス記録

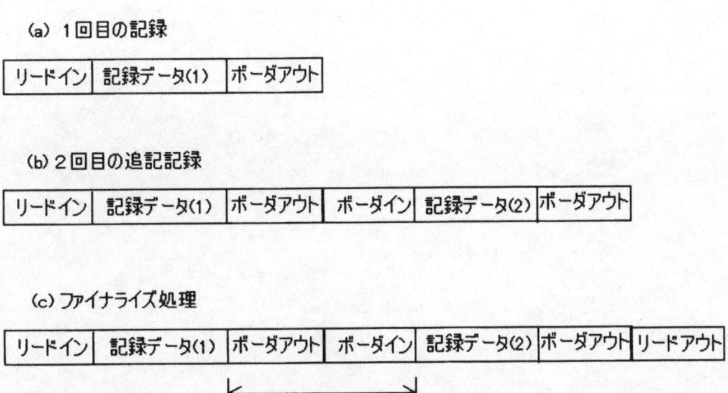

図19　インクリメンタルライト記録

パケットライト記録は前述のインクリメンタルライト記録のボーダ領域の記録を略した記録方式で小さなファイルの記録を効率よくできる特徴があるが，この記録を利用するにはパケットライト記録用の専用ソフトが必要になる。

文　　献

1） ECMA, Standard ECMA-330, "80mm (1.46Gbytes per side) and 120mm (4.70Gbytes per side) DVD-Rewritable disk (DVD-RAM)" (2002)
2） 宮本治一，"DVD-RAM"，映像情報メディア学会誌，Vol.56, No.4, pp.526-528 (2002)
3） DVD-RAM Seminar 資料 Dec. 08, 2000
4） ECMA, Standard ECMA-331, "Case for 80mm and 120mm DVD-RAM disks" (2002)
5） 三村英紀，"DVD ビデオ"，映像情報メディア学会誌，Vol.56, No.4, pp.535-537 (2002)
6） ECMA, Standard ECMA-338, "80mm (1.46Gbytes per side) and 120mm (4.70Gbytes per side) DVD-Re-recordable disk (DVD-RW)" (2002)
7） 谷口昭史，入江満，井上章賢，"DVD-R/RW"，映像情報メディア学会誌，Vol.56, No.4, pp.529-531 (2002)
8） 館林誠, 加藤拓, "DVD著作権保護技術", 映像情報メディア学会誌, Vol.56, No.4, pp.550-551 (2002)
9） DVD Forum, DVD Conference 資料 2002
10） DVD Forum, DVD Conference 資料 2003
11） 徳丸春樹，横川文彦，入江満，図解 DVD 読本，pp.127-172, オーム社 (2003)

7　相変化光ディスクの各方式（DVD＋RW）

影山喜之*

7.1　はじめに

1980年代後半からさまざまな記録型の光ディスクが登場したが，その中でCD-R/RWが，最も普及を果たしたことは，多くの人が認めるところであろう。成功の原動力となったものは，過去10年以上にわたり普及してきた民生用音楽CDプレーヤー，PC用CD-ROMドライブによってこれらCD-R/RWメディアが再生できるという“互換性”であった。また，大きな再生機市場により，部品，生産インフラのコストが下がっており，記録型製品自体のコストが低減できたこと，記録媒体の価格も大きく低下したことがその要因であろう。

再生専用のDVDが登場して5年が経ち，再生機（DVD-Player，DVD-ROM）の年間出荷台数が約2億台となり，この再生インフラに互換性を持つ記録型DVDを提供することは，ユーザーにとっても最も好ましいものであろう。

本稿では，DVD＋RWフォーマットの特徴を述べるとともに，その特徴を実現するために重要な役割を果たしたメディア技術について説明する。

7.2　DVD＋RWフォーマットの特徴

DVD＋RWフォーマットは，先に述べたCD-R/RWの良さを受け継ぎながら，さらに使い勝手を向上させ，記録容量の面では4.7GBという大容量化を実現した。すなわち，その特徴は以下の通りである。

① 既存のDVD-ROMドライブやDVDビデオプレイヤーとの互換性

② 追記，編集への対応

③ 超大容量フロッピーとしての使いやすさ

④ 編集でき，かつ再生互換のあるビデオ記録の実現

⑤ バックグランドフォーマットによる短時間でのフォーマット（書き込み準備）

7.2.1　DVD-ROMとの物理互換

表1にDVD＋RWの仕様値と，DVD-ROMの仕様値を示す。ほとんどの仕様値がDVD-ROMと同じであり，物理的に互換が保たれることが理解できる。DVD＋RWの反射率は，二層タイプのDVD-ROMと同じ仕様であり，既存のDVD再生装置にとって容易に受け入れられるものとなっている。また，ジッタの値は1％高い仕様となっているが，基板厚み，光学特性の規格値を

* Yoshiyuki Kageyama　㈱リコー　研究開発本部　光メモリー研究所　光メモリ材料研究センター　所長

表１　DVD＋RWの仕様値

Item	DVD+RW	DVD Video/ROM	
		Single Layer	Dual Layer
Wave Length	650nm	650nm	650nm
NA（Reader）	0.6	0.6	0.6
Capacity	4.7GB	4.7GB	8.5GB
Track Pitch	0.74μm	0.74μm	0.74μm
Min Pit Length	0.4μm	0.4μm	0.4μm
Reflectivity	18-30%	45-85%	18-30%
Track cross	＞0.10	＞0.10	＞0.10
Modulation	＞0.6	＞0.6	＞0.6
I3/I14	＞0.15	＞0.15	＞0.15
Asymmetry	−0.05-0.15	−0.05-0.15	−0.05-0.15
DPD	0.5-1.1	0.5-1.1	0.5-1.1
Bottom Jitter	＜９%	＜８%	＜８%
Data Modulation/ECC	8-16/RS-PC	8-16/RS-PC	8-16/RS-PC
Channel bit-rate	26.16MHz	26.16MHz	26.16MHz
Scanning velocity	1x-4x	3.49m/s（1x）	3.84m/s
Thickness	0.58-0.62	0.57-0.63	0.57-0.63
Radial Deviation	0.7deg	0.8deg	0.8deg

狭めることで，システムとしてのマージンを確保している。

7.2.2　ロスレスリンキング（DVD-ROM追記の実現・バックグランドフォーマット）

リンキングとは，記録媒体上でのデータのつなぎ目のことを表す。DVD-ROMのデータ構造は，32KBからなるECCブロックが連続してつながった構造をしている。つまり，データの追記，書き換えなどは，この32KB単位で行われることになる。ここで，すでにデータの記録されたディスクに，新たにデータを書き加えることを考えてみよう。書き加える情報は，すでに記録された情報の終端の部分を正確に狙って書き始めなくてはならない。DVD＋RW規格は，このつなぎ目の位置ずれを±５チャンネルビット以内と定めている。この位置ずれの量はプレーヤー等で再生する際には無視できる量となっている。CD-RWではこの位置精度を出せないため，２KB分のつなぎ目のための緩衝領域を設けていたので，その分，ユーザー記録領域が無駄になっていたが，DVD＋RWでは全く無駄のない“ロスレス”リンクができる（図１）。

このロスレスリンクにより，これまでCD-RやRWで出来なかった新しい使い方が実現できた。その１つは，DVD-ROMデータの追記である。DVD-ROMにはリードアウト領域が必要である。CD-RやRWの場合は，このリードアウトを超えてデータを記録するには，マルチセッションという方式で記録する必要があった。しかし，DVD＋RWでは新たにデータを書き加える場合には，すでに記録されたユーザーデータ領域の最後に合わせて，次のデータを書き込むことができ，その後に再びリードアウトを記録することができる。もちろん，リードインの情報も書き直すことになる。

また，バックグランドフォーマットとは，ブランクメディアを使用する際の記録のために必要なフォーマット時間を最短にして，ユーザーがすぐにメディアの記録が出来るようにするための工夫である。ブランクメディアが挿入された場合は，約1分のフォーマット時間が必要であるが，その後は，PCとは切り離されて，ドライブが勝手にフォーマットを進めていく。この間であっても，ユーザー要求により情報の記録が可能であり，また，記録した情報は読み出すことができる。また，フォーマット途中であってもメディアの取り出しが出来る。このバックグランドフォーマットは規格で規定された機能であり，フォーマット途中のディスクを異なったドライブに挿入しても使用することが可能である。また，残りのフォーマットプロセスも継続して自然に行われる。

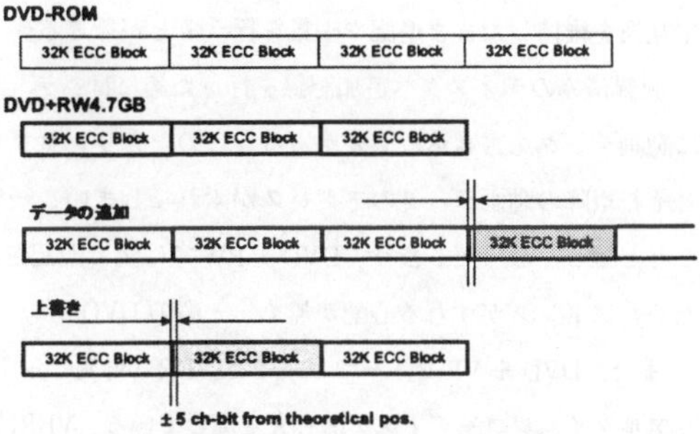

図1　ロスレスリンク概念図

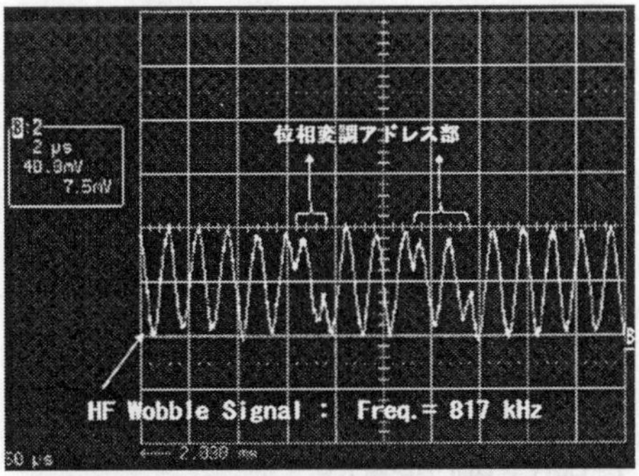

図2　位相反転方式によるアドレスの例

7.2.3　高周波ウォブルと位相反転方式によるアドレス

DVD＋RWメディアの案内溝は，817KHzの周波数で半径方向に振れている（ウォブル）。信号の記録はこのウォブルと同期をとりながら行われるため，精密な位置精度を出すことができる。このウォブル周波数がCD-RWに比べ高くなっているため，前述のような精度の高いリンクが可能となっている。また，アドレスは，ウォブルの周期を変えることなく，振動の位相を逆転することで表されている（図2）。

7.2.4　DVD＋VRフォーマット

DVD＋RW規格では，ビデオ記録の方式としてDVD＋RWビデオレコーディングフォーマット（DVD＋VRフォーマット）が定められている。このフォーマットではDVDプレーヤとの再生互換を維持したまま追記や編集を行うことができる。

記録済みのディスクへ追加記録を行うためには，ディスク上において正確なアドレス(場所)に動画データを書き込む必要がある。このときリンクブロック(データの継ぎ目)が挿入されるとそれ以降の動画データのアドレスがずれてしまい，一般のDVDプレーヤーで正確に再生することが難しくなってしまう。DVD＋RWでは全ての記録は必ず上記ロスレスリンクで行われるため，アドレスがずれる心配が無く，一般のDVDプレーヤーで再生が可能になる。

また，DVD＋VRフォーマットではVBR（可変ビットレート－Variable Bit Rate）を使ったリアルタイムレコーディングにも大変適している。VBRはビデオ素材において動きが複雑なシーンではビットレートを上げて(低圧縮率にして)，逆に比較的動きが少ないシーンではビットレートを下げて(高圧縮率にして)，高画質と長時間録画を両立するが，VBRでリアルタイムレコーディングを行うためには，先のシーンの複雑さをあらかじめ知ることが出来ないため，ある程度のビデオデータを溜めてから適切な圧縮率でエンコードし，ディスク上に領域を割り当てて書き込むことを繰り返すというストップ＆ゴーの断続的な記録が必要となる。このときにももちろんビデオストリームはデータとして連続してかかれていなければならないので，DVD＋RW規格で定められたロスレスリンキングが活用される。一時停止した記録を再開するときにリンクロスができてしまっては，一般のプレーヤーで正しく再生できないディスクとなってしまうからである。

7.3 DVD＋RWの記録方法

7.3.1 記録ストラテジー

DVD＋RW規格書に記載されている記録ストラテジーを図3に模式的に示した[1]。相変化記録材料を用いる書き換え型光ディスクは，一般的に図示したようなレーザーのパルストレインにより記録を行なう。

DVD＋RWの記録ストラテジーの特徴は，マルチパルスの幅が時定数固定の部分とチャンネル周期に比例する部分(パルス中の斜線部)からなることである。図4はパルス幅の設定が線速によってどのように変化するかをグラフにしたものである。単純にドライブでの設定を考えると，図3の記録ストラテジーにおいて時定数固定のFixed Tmpのみ設定することで角速度一定の記録を行えば，ドライブはメディアの案内溝にあらかじめ入力されているウォブルからクロックを分周して，基準クロックを決定することによって自動的にパルス幅のデューティ比を変えながら記録できることになるため，簡便な方法であると考えられる。図4に示すWithout dTmpの直線がこれにあたる。しかし，この記録ストラテジーの設定では，低線速側でのパルス幅が短くなりすぎてパワー不足をきたし，記録特性が思わしくなくなってしまうことが実験により確かめられ

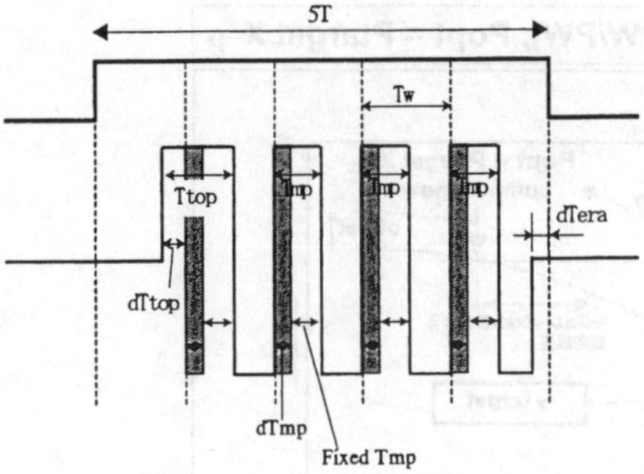

図３　DVD＋RWの記録ストラテジー

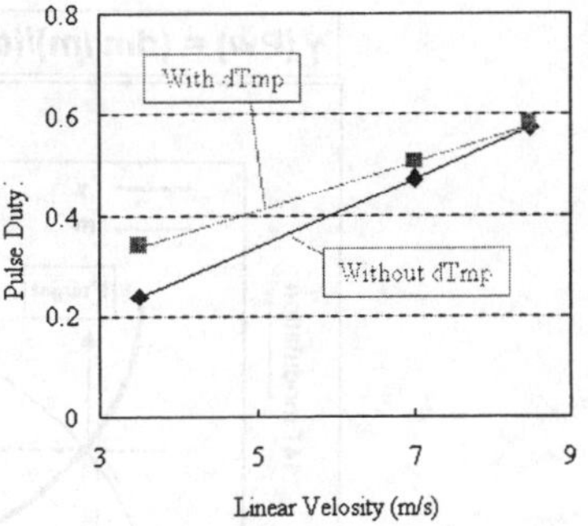

図４　マルチパルス部のデューティ比の記録速度依存性

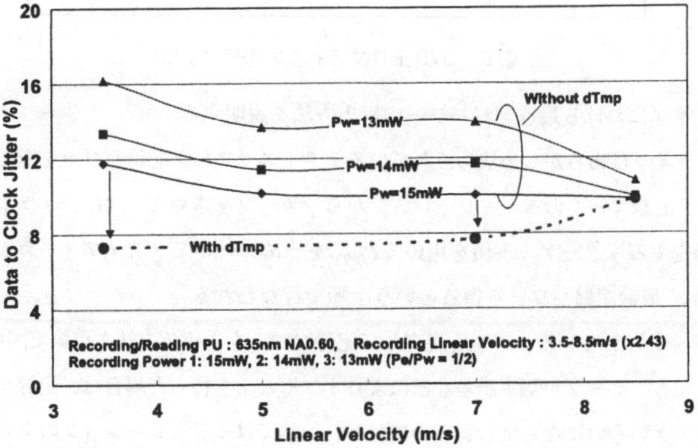

図５　dT_{mp}有無の記録ストラテジー条件におけるジッターの記録速度依存性の評価例

ている。図５がその実験結果である。dT_{mp}の記録周波数に比例した部分を追加した記録ストラテジー設定を用いることによって，図４のように低速側でのパルス幅の減少を抑えることが可能となり，記録特性が向上する。

7.3.2　OPC（Optimum Write Power Control）

次に，DVD＋RWにおけるドライブのパワーを決定するためのOPC技術について説明する。DVD＋RWシステムではOPCを用いることでドライブの違い，メディアの違いあるいは環境の違いによらず精度の良い記録を行えるようにしている。CD-RWと同様にDVD＋RWにおいても，γ法を用いたOPCが規格書に記載されている。図６にγ法の手法の解説図を示した。このOPC手法は，記録信号振幅のγカーブをドライブのパワー決定手段に用いる方法である。図に

$$\gamma(Pw) = (dm/m)/(dPW/PW), \quad Popt = Ptarget \times \rho$$

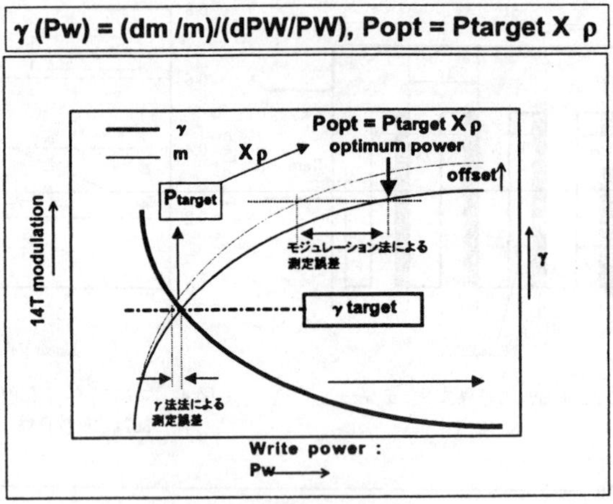

図6　DVD＋RWディスクOPC（γ法）

従ってドライブにおける最適記録パワーの算出方法を説明する。

　まず，ドライブはあらかじめ決められているテストエリアに，記録パワーを変えながら試し書きを行ない，記録マークのモジュレーションからγカーブを求める。次に，ドライブはメディアメーカが指定するγターゲット値を用いてP_{target}を求め，続いてメディアメーカが指定するρとP_{target}の積から最適記録パワーを得るという手順で行なわれる。

　単にモジュレーションのレベルを規定して記録パワーを求める方法を点線で図中に示したが，モジュレーションカーブが測定誤差などによりオフセットを持った場合は，記録パワー近傍の誤差はかなり大きいものになってしまうのに対し，γ法ではモジュレーションの立ち上がる部分のターゲット値を用いるため，最適パワーの精度は著しく向上する。

　また，DVD＋RW規格書では，このγ法をベースにリニアフィットOPC法を推奨している。手法の概略図を図7に図示する。リニアフィット法は，モジュレーションの飽和点とモジュレー

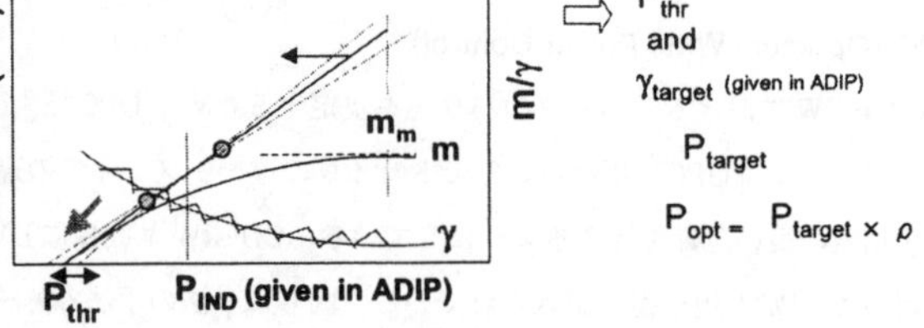

図7　DVD＋RWディスクOPC（リニアフィット法）

ションの立ち上がりパワーである P_{th} の間における近似式からスタートし，下記のモジュレーションと記録パワーの積の直線近似式が成り立つことを前提としており，この直線近似式を用いてOPCを行なう手法である。

$m(P_w)=m_{max}\times(1-P_{thr}/P_w)$ …… (Start of linear fit approximation)

ここで，$\gamma(P_w)$ との関係は

$\gamma(P_w)=P_{thr}/(P_w-P_{thr})$

$P_{target}=P_{thr}\times(1+1/\gamma_{target})$

$P_w\times m(P_w)=m_{max}\times(1-P_{thr}/P_w)$ …… (linear fit equation)

実際の手法は，まずメディアメーカが指定する P_{IND} の値前後±15％のパワーでモジュレーションを測定する。直線近似式から P_{thr} が簡単に算出できるので，メディアメーカ指定の γ_{target} を用いて P_{target} を計算し，P_{target} と ρ の積から最適パワーを求める。

さらに規格書では，これを何回か行ない，収束した値を用いるようにしている。測定の誤差などにより，モジュレーションカーブにノイズが生じ，それに伴ない γ カーブも凹凸を有する場合に効果的な手法である。

7.4　DVD＋RWメディア

DVD＋RWメディアはAg-In-Sb-Te系の材料を用いた相変化記録媒体である。このAg-In-Sb-Te系記録層はリコーにより材料開発され[2]，1997年にはこの材料系を用いて世界最初のCD-RWメディアが製品化されている。この材料系は冷却速度のコントロールによりマーク長を制御しやすく，前述の記録ストラテジーとの組み合わせにより広い記録線速範囲で精度の良い記録を行うことができる。

DVD＋RW規格に定められた記録線速は1X～4X（3.49m/s～14m/s）である。DVD＋RWメディアは，全面にわたり，この線速領域での記録が可能である。すなわち，全記録領域にわたり，4XのCLV記録も可能であり，また，内周1.65X，外周4XのCAV記録にも対応できるメディアとなっている。

7.4.1　メディアの構造

DVD＋RWメディア（片面タイプ）の層構成は，厚さ0.6mmの案内溝付きポリカーボネート基板の上に，無機薄膜層（誘電層，相変化記録層，誘電層，反射層），オーバーコート層を順に積層し，この上に接着層を形成して0.6mm厚のポリカーボネート基板を貼り合せて，更にその上に印刷層を形成した構造をとっている（図8）。

DVD＋RWメディアの開発にあたってはCD-RWメディアの開発で培った高速記録材料設計のノウハウを展開し，DVD＋RWメディアの記録密度，記録速度に合わせて，材料組成，無機

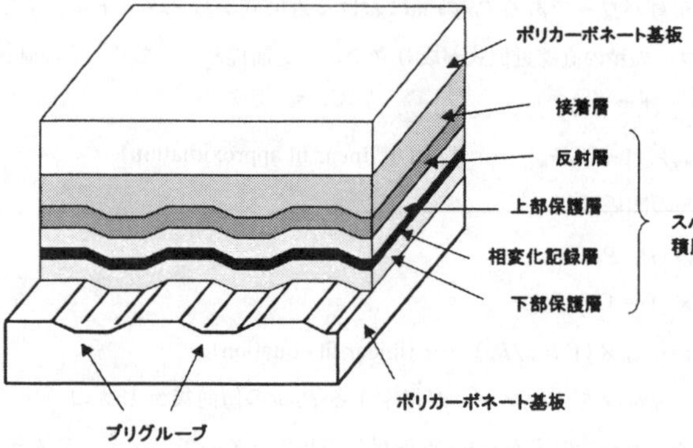

図8　DVD＋RW メディアの層構成

薄膜の膜構成の最適化を行っている。

7. 4. 2　記録層材料

DVD＋RW メディアには

・微小マーク（最小マーク長：0.4 μm）の形成が可能

・幅広い線速度領域（1X：3.49m/s～4X：14m/s）での記録・消去が可能

であることが要求される。Ag-In-Sb-Te 系の相変化記録材料は前述のようにCD-RW でも実績あるもので，記録マーク（アモルファス相）の周辺部に粗大結晶粒が出来ないため，マークの境界部がシャープになるという特徴をもっており，DVD＋RW用の材料として最適なものである。図9にDVD＋RWメディアの記録マークのTEM像を示す。結晶とアモルファスの境界が明瞭になっていることがわかる。

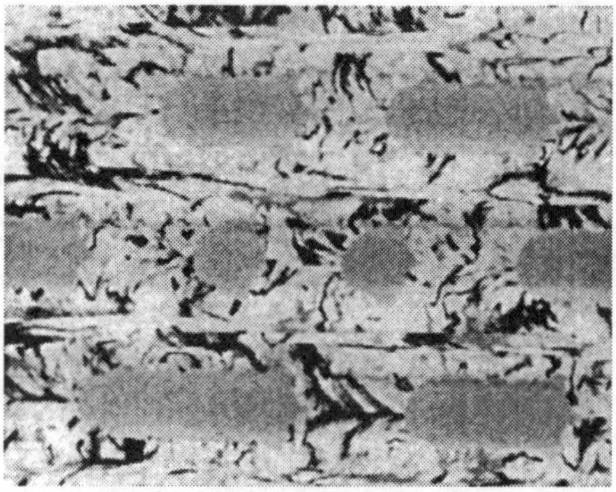

図9　DVD＋RW メディアの記録マーク TEM 像

このようなAg-In-Sb-Te系材料の特徴はその結晶成長機構によるところが大きい。一般に物質の結晶化機構は，①核形成，②結晶成長のステップからなる。しかし，Ag-In-Sb-Te系材料では核形成確率が小さいため，結晶・アモルファス界面からの結晶成長が主となる（不均一核形成）。そのため膜の冷却速度をうまくコントロールすることにより精度良く結晶成長を制御することが可能となる。

7. 4. 3　DVD＋RWメディアの記録特性

①　記録パワーマージン

図10にDVD＋RW 4Xメディアのジッターの記録パワー依存性を示す[3]。各記録線速度(1X，2.4X，4X)でジッターの仕様値である９％以下を達成している。また，1X，2.4X条件では記録パワー15mW以下でマージンを持って記録できている。これは記録パワーの最大が15mWである従来のドライブでの記録が可能であることを示している（下位互換性)。

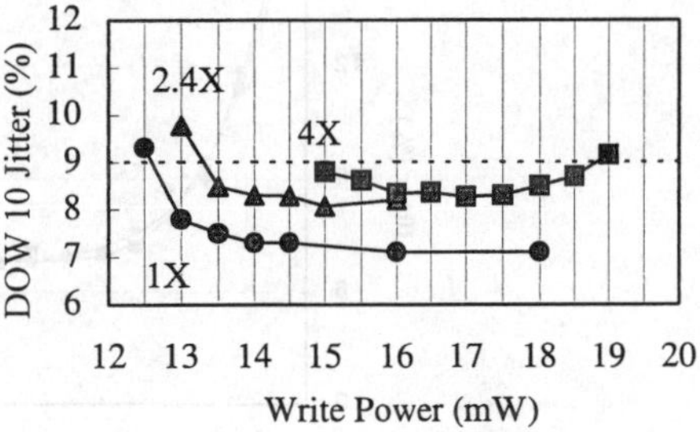

図10　DVD＋RWメディアの記録パワーマージン

②　ディスクチルトとジッター

DVD＋RWディスクのチルト仕様値は，タンジェンシャル方向（周方向）が絶対値0.3°，ラジアル方向（径方向）は，絶対値0.7°と決められている。図11は，DVD＋RWと市販のDVD−ROMディスクをDVD−ROMテスタによりピックアップをチルトさせてジッターを評価した例である。

再生チルトはジッターが15%となるチルト角で規定される。この例ではDVD＋RWディスクのチルト限界値はROMディスクと同等であり，さらにジッターの最小値に関しては，ROMディスクより高い９％程度のジッターのものであっても，ROMのチルト仕様値を満足することが分かる。

一方，記録時のチルトに関しては，波長660nm，NA＝0.65のDVD＋RWテスタにより記録時にピックアップをチルトして，ROMテスタによりジッターを評価した例を，図12に示す。再

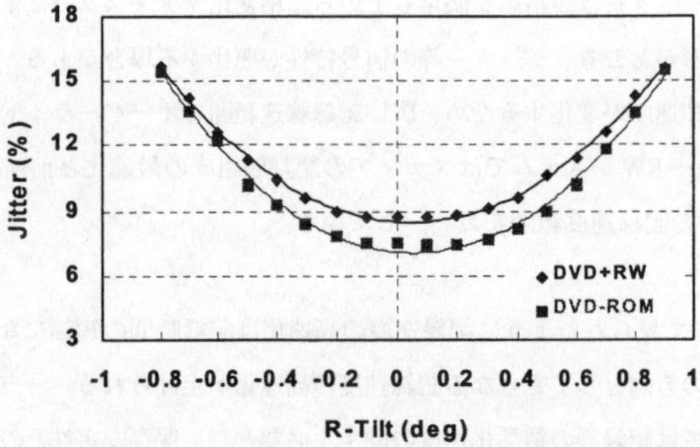

図11　DVD＋RW，DVD−ROMディスクの再生チルト評価例

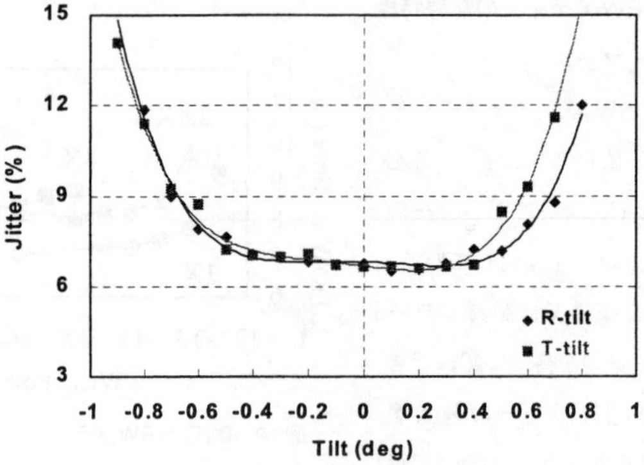

図12　DVD＋RWディスクの記録チルト評価例

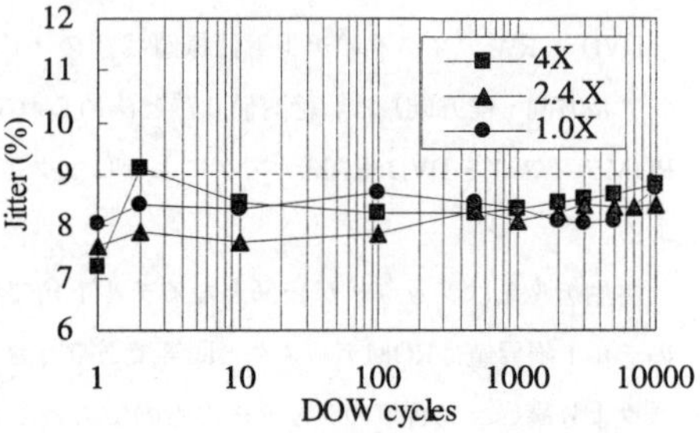

図13　DVD＋RWディスクのオーバーライト特性

生チルトを考慮すると，記録時のジッターはチルトしても9％以下であることが必要であるが，この場合0.7°でジッターが仕様値内であることがわかる。これは，ディスクが反った場合と同じであるので，ディスクは記録時においてチルトマージンを確保するため，チルト角など機械特性を制御する必要がある。

③　オーバーライト特性

図13に各記録線速度（1X，2.4X，4X）でのオーバーライト特性を示す[3]。1000回以上のオーバーライトでもジッターは規格値を満足している。相変化光ディスクではオーバーライトにより記録マークの変形がおこり，ジッター等の信号特性が悪化する場合がある。特に記録線速が変わると記録層の冷却速度が変化するため，広い記録線速範囲でオーバーライト特性を維持することは難しい。DVD＋RWシステムではメディアの記録層組成の最適化と前述の記録ストラテジーの工夫で1X-4Xの記録速度範囲をカバーしている。

④　高速化

CD-RWにおいて見られたように記録速度の高速化は記録時間の短縮になるため，DVD＋RWメディアの今後の方向としてさらなる記録速度の高速化が上げられる。一方，記録速度の高速化はメディアとしては記録層の結晶化速度の向上を必要とし，保存安定性との両立が重要な技術課題となる。現在，8X-10X記録の可能なメディアの開発が進められており[4]，早ければ2004年前半に発売される見通しである。また，さらに高速の16X記録（56m/s）あたりまでは開発が進められると考えられる。

7.5　おわりに

DVD＋RWフォーマットは，既存の再生インフラとの互換を最重要視した，ユーザーにとって利便性の高いものである。また，家電用のビデオレコーダーと，PC用の情報記録装置を融合させるものである。

DVD＋RWは徹底した互換性と高速性，さらに使い勝手の良さを兼ね備え，用途を限定することなく，幅広いニーズを満たすことが可能である。

DVD＋RW規格は，CD-R/RWを推進してきた各社を含む，ソニー株式会社，米デルコンピュータ社，仏トムソン・マルティメディア社，米ヒューレット・パッカード社，蘭フィリップス社，三菱化学株式会社，ヤマハ株式会社，リコーの８社を中心として構成される「DVD＋RW Alliance」が推進しており，現在70社を超える業界のサポートが得られている。そのため，CD-R/RWの使い勝手（既存ドライブ／プレーヤーとの再生互換性やPCでデータストレージとして使用される場合に重要なランダムアクセスに強い構造など）をそのまま受け継ぎ，DVDの大容量を提供することができた。その実現には相変化光ディスク技術，特に記録層材料設計技術が重要な役割を果たしている。

文　献

1）DVD＋RW 4.7 Gbytes Basic Format Specifications version 1.1, basically disclosed under confidential agreement with the DVD＋RW/＋R Alliance, but write strategy can be seen some literatures.

2）H. Iwasaki, Y. Kageyama, M. Harigaya and Y. Ide, *Jpn. J. Appl. Phys.* **31**, p.461 (1992)

3）M. Abe, H. Miura, E. Suzuki, H. Deguchi, M. Harigaya, H. Yuzurihara, K. Ito, Proc. 14th Symposium on Phase Change Recording, p.26 (2002)

4）H. Tashiro, M. Harigaya, K. Ito, M. Shinkai, K. Tani, N. Yiwata, A. Watada, K. Makita, K. Kato, A. Kitano, Proc. 14th Symposium on Phase Change Recording, p.11 (2002)

第2章　相変化電子メモリーの開発

1　ECD社における相変化電子メモリーの開発動向

太田威夫*

1.1　はじめに

アモルファスという言葉が身近になったのは，1968年にオブシンスキーがアモルファス半導体スイッチの現象を発表したときであった[1]。半導体の原理は原子の周期的配列とそれに伴うバンド構造と不純物原子にかかわっている。つまり，周期的配列の結晶構造に対して電子波がブラッグ反射し，この波動方程式の解が存在しないエネルギー領域が禁制エネルギーバンドとしてあらわれる。したがって，結晶であることが半導体の性質を数理的にうまくあらわすことができるが，必ずしも結晶であることが必要条件とはかぎらないことが後の議論を呼ぶことになる[2]。結晶の構造敏感な性質（ppmオーダーの不純物添加）が電気伝導度を大きく変化させる。これらの背景に対してアモルファス半導体の提案は多くの議論を呼ぶものであった。

オブシンスキーはこのとき，アモルファス半導体スイッチと秩序ー無秩序（order-disorder）相変化メモリーの提案を行ったのである。これは後述するようにOvonic Threshold Switching（OTS）とOvonic Memory Switching（OMS）として知られている。

その後1977年，N. F. Mott，P. W. Andersonが「不規則系の電子論」でノーベル物理学賞を受賞するに至り，アモルファス半導体理論が物性物理の科学分野として認知されるようになった[3]。

ここに至るまで，アモルファス材料の研究は東欧にその源泉を持つものが多く，1960年にサンクトペテルスブルグのB. T. Kolomiets，A. F. Ioffe，A. R. Regel（Ioffe研究所）らは固体の電子物性は原子の短距離秩序（最隣接配位数）によると提案している[4]。さらに現在Ioffe研究所出身のA. Kovolovはつくばの AIST（Advanced Industrial Science and Technology）アモルファス材料の研究で活躍中である[5]。

またルーマニアのR. GrigoroviciらはTe，Seなどの結晶構造[6]およびアモルファスGeと結晶Geの構造敏感性の差異を明らかにしている[7]。

Grigorovici先生は筆者が2001年Romania Bucharestで開催されたANC（Amorphous and

---

*　Takeo　Ohta　Energy Conversion Devices, Inc., Optical and Electronic Memories　Vice President

nanostructure chalcogenide）シンポジウムで招待講演したときお会いしたが，90歳を超えていて現役のリーダーであることに感心したものである。この分野，アモルファスの先輩研究者の方々はオブシンスキー博士はもちろんのこと，不思議と年を感じさせない，活力を持った方々が多い。

アモルファス半導体に関して1969年M. H. Cohen，H. Fritzshe，S. R. Ovshinskyらによっての易動度ギャップ（CFOモデル）の提案があり，アモルファスのエネルギーギャップへの知見を与えている[8]。また1971年，J. Feinleibによるレーザー相変化光メモリーの発表が行われた[9]。

1971年春季応用物理学会（千葉大学）においてFritzsche先生（当時シカゴ大学，現在ECD社）からアモルファス半導体のCFOモデルの特別講演が行われた。この講演を聴講した筆者は，アモルファス相変化メモリーのプロジェクトを松下電器中央研究所で提案，この講演が筆者の（当時松下電器，2002年からECD社）松下電器における，相変化光ディスク開発の長い苦難の，そして多くの技術ブレークスルーに挑戦できた実りある研究・開発・製品化の出発点になったわけである。

そして1971年の夏，借り物の蒸着装置を使って筆者が発見したのは非晶質ー結晶の相変化材料TeOx sub-oxide光メモリー薄膜であった[10]。これはその後，TeOx-Pd添加材料に発展し，1985年IBMのWrite-Onceデータファイル光ディスクModel3363として商品化に至った[11, 12]。

書き換え型相変化光ディスクは1989年100万サイクルオーバライトのブレークスルー[13]を経て1990年初めて商品化に成功した。1990年に発足した相変化記録シンポジウム（PCOS）[14]および，1992年に発足した相変化記録ワークショップ[15]の努力により，薄型0.6mmディスク基板の技術が確立し[16, 17]，この相変化光ディスク技術が1995年ISOとして国際標準に認定されるに至りDVDの基本技術になった[18]。相変化光ディスクはその後CD互換のPD，CD-RWとして発展し，現在書き換え型DVDレコーダーとしてVTRに置き換わる大型商品としてそのマーケットが急拡大している（600万台2003）。

一方，現在半導体メモリーがFlash memory cardなどとしてデジタルカメラはもとより，音楽用のMP3-player，mobile phoneおよびTV-setなど広く普及しはじめている（2000万ユニット，2002）。その容量も8MBから128MBさらに大容量化をめざす開発はもとより，新しい技術，本章で紹介するOUM（Ovonic unified memory）はもとより，MRAM（Magnetic random access memory），FeRAM（Ferro-electric random access memory），RRAM（Resistance random access memory）などの開発がしのぎを削っている。

1990年の高速データレート（＞10Mbps）の書き換え型相変化光ディスクの商品化を機にECD社では相変化電気メモリーの研究が再度加速された。既に1972年にECD社では1024bitのRMM（Read mostly memory）LSIを商品化していたが，光ディスクと同系列の高速応答材料を適用することにより，OUM（Ovonic unified memory）の開発が加速された。

本章ではECD社Dr. S. Ovshinskyそして Dr. Tyler Lowreyとの合弁会社OvonyxとIntelのOUM提案，開発の現状と将来展望について述べる。

1.2 アモルファス材料のオボニックスイッチングおよびメモリー現象[1, 19~21]

オボニックスイッチには二つの効果が発見されている。これは，電圧による閾値スイッチング（OTS，Ovonic threshold switch）とメモリースイッチング（OMS，Ovonic memory switch）である。図1は，オボニック素子の電圧ー電流特性を模式的に描いたものである。素子はカルコゲナイド（周期律表第6族の元素の化合物）薄膜を電極でサンドイッチした構造である。Ovonic Threshold Switch（OTS）は素子への印加電圧を上げてゆくと，閾値電圧Vthにおいて素子の抵抗値が急速に低下し絶縁体から導体にスイッチする効果であり，（図の矢印OTS）印加電圧を下げて，電流値をホールド電流以下（<Ih）にすると抵抗値は再び増大してもとの絶縁体にもどる。これに対してオボニックメモリースイッチングはアモルファスの高抵抗状態（OFF状態）に印加電圧を閾値Vth以上にしてパルス幅を選ぶことにより印加し，まず最初に閾値スイッチング過程，その後電流をホールド電流Ih以上流すとメモリー過程が生じ（矢印のOMS），低抵抗状態（ON状態）になり，これは電圧を取り去っても記憶している不揮発性メモリー状態になる。

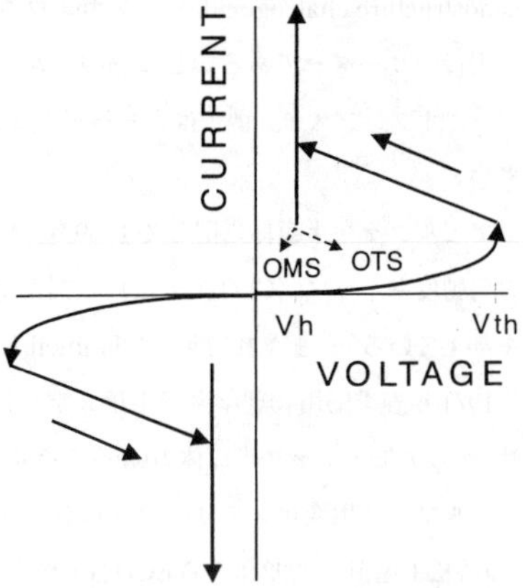

図1　オボニックスイッチの電圧ー電流（I-V）特性

OTS（オボニック閾値スイッチ）：閾値電圧Vthで低抵抗ON，維持電圧以下Vhで高抵抗になるOFF状態になる。

OMS（オボニックメモリースイッチ）：閾値電圧Vthで低抵抗ON，電流を維持すると低抵抗メモリー状態になる。

ここで重要なことは，OTSではアモルファスの構造変化をともなわず，高速応答するということであり，OMSでは構造変化が伴うことである。現在この構造変化はアモルファス膜の結晶化フィラメントのパーコレーションを伴うと考えられている。このOUM素子の駆動には電圧パルス幅が重要であり，現在の材料では，例えばON状態へのメモリースイッチには20ns～50ns，逆にON状態からOFF状態には短い20ns以下のパルス幅の組み合わせがある。

1.3　オボニックスイッチング材料[22, 23]

オボニックスイッチ効果を有する母体材料は図２に示すように，周期律表の第Ⅳ族（Ge，Si，etc.）と第Ｖ族（Sb，As，etc.）とカルコゲン元素第Ⅵ族（Te，Se，etc.）からなる三角ダイアグラムの組成である。これらのカルコゲナイド組成体の結合には大きく分けて二種類存在する。ひとつは鎖状に結合するChain like structureでTeの結晶構造に見られる，他はChain間をクロスして結合する構造，Cross-linking structureがある。図２の母材料に第Ⅲ族の（B，In，etc.）や第Ⅳ族の（Si，C，etc.）を添加するとより強い結合のCross-linking三次元的結合構造が現れやすい。

これら共有結合体では結合にあずかる電子軌道はｓ軌道とｐ軌道からなり，１つのｓ軌道と３つのｐ軌道合わせて４つの軌道に電子スピン対が入って構成される。化学結合の手は一つの軌道に１個の電子が入った状態であるから，周期律表のＮ族は価電子をＮ個もっていることになる。結合の基本法則は，化学結合の手の数は，Ｎ＜＝4のとき，Ｎ本，Ｎ＞4のとき，8-Ｎ本になる。例えば第Ⅳ族元素では価電子が４で，４つの軌道にそれぞれ電子が１個ずつ入って４配位のテトラヘドラル構造をとり，すべての電子が結合に寄与する。これに対してカルコゲン第Ⅵ族の元素

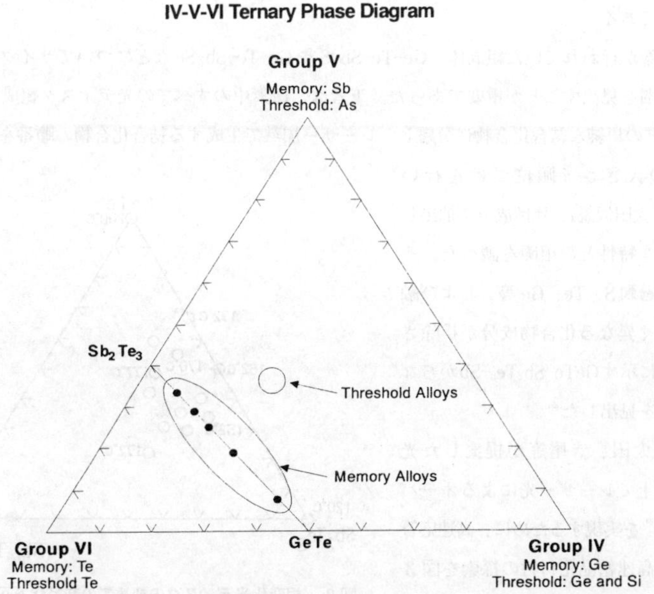

図２　周期律表第Ⅳ-Ⅴ-Ⅵ元素からなるオボニックスイッチ材料三角ダイアグラム
第Ⅳ族：Ge，Si etc.，第Ｖ族：Sb, As etc.，第Ⅵ族：Te，Se etc.

では価電子が6で，8-6＝2で2本の手が出来，2配位で結合する。この結果，結合にあずからない電子対が存在し，これを孤立電子対とよぶ。この孤立電子対の存在が化学的，光学的，電気的応答に対して自由度をもたらし，色々な機能をもたらすと考えられている[24]。

これらの結合の差異から，オボニックスイッチ現象で，構造変化を伴わない閾値スイッチOTSでは，Cross-linking構造の組成体が適し，構造変化を伴うメモリースイッチOMSでは，Chain-like構造が優先する組成体が適している。

いずれにしても，対象デバイスによって，Cross-linkingの成分を制御すればよい。閾値スイッチング現象は純粋に電子的応答であり，これはアモルファス高抵抗状態への電圧印加により，キャリアが発生衝突電離し，一種のプラズモン状態からキャリアの増大そして電極界面における電界集中が行われ，キャリアのダブル注入が生じ，低抵抗状態をもたらすと考えられている[25]。印加電圧を下げるとダブル注入が中止し，ふたたび高抵抗状態に復帰する。

1.4　相変化光ディスク材料

相変化光メモリー材料の開発は相変化光ディスク固有の目的でその組成を実現してきている。第一の課題は記録消去のサイクル特性の開発であった。第二の課題はオーバライト高速結晶化材料の開発である。

当初提案が行われていた組成体，Ge-Te-Sb-SやGe-Te-Sb-Seなどについてサイクル特性と組成の相関を見出すことが重要であった。筆者は，探索中のすべての光ディスク組成をGeTe，Sb_2Te_3などの単純な結合化合物に分離し，レーザー加熱で生成する結合化合物の順番を結合エネルギーの大きさで順位づけを行い(1987年，太田仮説)，残留成分を抽出してサイクル特性との相関を調べた。その結果，過剰S，Te，Ge等，および融点が大きく異なる化合物成分が排除され，図3に示すGeTe-Sb_2Te_3-Sbからなる組成系を見出した[26]。

つぎに太田，寺尾等が提案した光ディスク上でレーザー光によるオーバライト[27, 28]を実現するために，高速応答つまり，高速結晶化材料の探索を図3のダイアグラムの中で行った。

ここで材料パラメータをg＝GeTe/

図3　相変化光ディスクの初めての商品化を可能にした組成 GeTe-Sb_2Te_3-Sb の三角ダイアグラム（GSTと呼ぶ）

Sb_2Te_3，b＝＋Sb/Sb_2Te_3 とおくことにより，3元系材料が2個のパラメーターで記述できるようになる。その結果，① g値は結晶化温度を支配することが見出された。② b値で結晶化の粒径の微細化と結晶化温度および結晶化速度を支配する。この材料研究の過程では特に結晶構造についての限定は行っていない。当時竹永等は2つのレーザー光源を用いたオーバライト（丸スポット，長スポット）相変化光ディスクの開発を行っていた[29]。これに適用する材料については，山田等がGe–Te–Sb–（Se，Au etc. 添加）系を探索し，GeTeAuなどCubic構造材料の提案を行っている。結果として$GeTe–Sb_2Te_3$組成系に至り，全く異なるアプローチである太田仮説から導かれた材料系に至っているのは興味深い。

これらの基本的なアプローチで現在の（GeSbTe）系組成の$GeTe–Sb_2Te_3–Sb$が初めて書き換え型相変化光ディスク商品を実現した[30]。これらは，核形成型（Nucleation dominant material）として現在の書き換え型DVD–RAM組成のベースになっている。結晶化速度と構成元素との関係については，奥田らの提案がある[31]。その後，堀江等の研究の結果，図3で$Sb_{69}Te_{31}$組成体が高速結晶化材料FGM（Fast growth material）として，（Growth dominant material）の提案が行われている[32, 33]。

以上のサイクル特性，高速応答特性は相変化電気メモリーについても共通の目標であり，共通の組成体が母材料になっている。

さらに，相変化光ディスクの最初の商品化にあたり，筆者等はGeSbTe組成に窒素N_2添加することが，サイクル，温度特性，熱伝導率，光学特性に大きい効果を有することを見出し，この技術を最初の商品（1990年）から導入している[30, 34]。現在サムソンで開発中のカルコゲナイド膜は窒素N_2添加でその電気特性を飛躍的に向上させている[35]ことも，相変化光ディスクメモリーと相変化電気メモリーが共通の材料特性を目標としていることを支持するものである。

表1に相変化光メモリーと相変化電気メモリーの特性比較とその差異を示す。ここで，サイク

表1　相変化光ディスクメモリーと電気メモリーの基本性能の比較

項目	相変化光メモリー	相変化電気メモリー	差異の理由
サイクル特性	開発：＞10E＋6 商品：＞10E＋5	開発：＞10E＋13	電気メモリーは静止 光ディスクは回転
温度特性	＞50Y，32C環境	＞10Y，120C環境	LSI温度対応
メモリー密度	商品：＞18Gbit/in2 開発：＞50Gbit/in2	$4F^2$ （F＝デザインルール）	光ディスクはλ/NA 回折限界
メモリー容量	商品：25GB/BD	開発：＞1GB	光ディスク面積
記録エネルギー	1nJ/ mark	0.6pJ/ell	部分相変化
応答速度	結晶化：10～50ns 製品：36Mbps 研究：120femto sec	Set：20～50ns Reset：20ns ＞5.7MHz	結晶化は同速度

ル特性はあきらかに電気メモリーの方が優れた特性を有することがわかる。これは，光ディスクは回転する基板上でのレーザー照射，マークの記録，消去のダイナミック特性であるのに対して電気メモリーはスタティックな特性であることに起因する。さらに注目すべきことは記録エネルギーは光メモリーでは 1 nJ/mark であるのに対して電気メモリーのほうが極めて微小で，1 pJ/cell 程度であることである。

1.5　Intel–Ovonyx が開発した 180nm デザインルール OUM 4 Mbit デバイス[36, 37)]

1.5.1　デバイスの構造と駆動

図 4 は相変化電気メモリー素子の断面模式図である。上下に電極層を設けその間にカルコゲナイド相変化材料層がある。このメモリースイッチにはパルス的な電流で加熱する過程があり，熱の制御が消費電力，隣接デバイスの温度制御に重要である。下に見える Heater 電極はこの熱制御の役割をはたしている。スイッチするところは，カルコゲン層のごく一部であり，図で Programmable Volume と示す部分である。ここは OFF 状態ではアモルファス，ON 状態では結晶パーコレーションを生じさせる部分である。実際のデバイスは 180 nm デザインルールで作成したもので，セルの大きさは 50 nm × 180 nm と微小であり，容積は小さく，熱定数は小さく，高速応答で，ON パルス幅は t2 = 50nsec，で OFF パルスの急冷速度は t1 = 1 ns レベルである。

図 5 はこの素子構造の駆動パルスにおける素子の温度変化をシミュレーションしたものであ

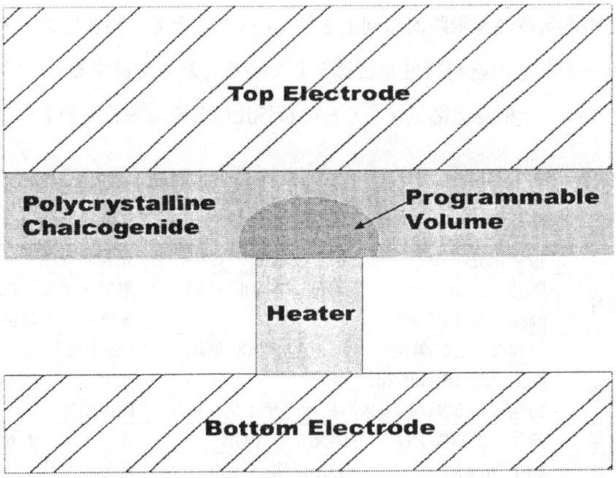

図 4　Intel–Ovonyx 社が開発した相変化電気メモリー（OUM）素子の断面模式図
（180nm デザインルール）
電極層：TiW，熱制御層：TiAlN，絶縁層：SiO_2

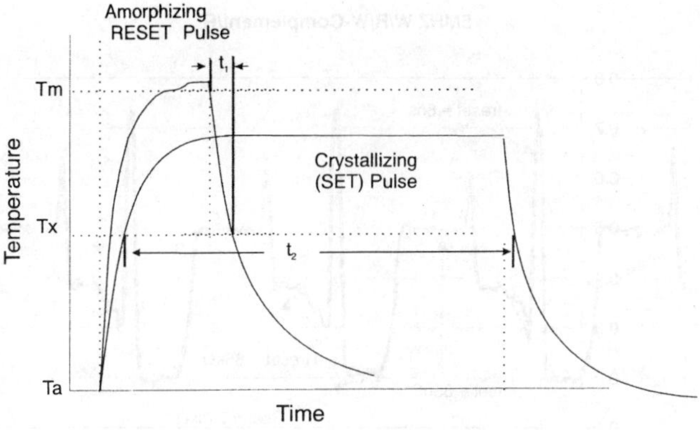

図5　短いRESETパルスおよび，長いSETのパルスを印加した場合の素子の相変化膜層の温度変化のシミュレーション結果
RESET（OFF）パルス幅＝20nsで急冷，SET（ON）パルス幅＝50ns

る。高電圧の短いパルスでカルコゲナイド層の一部programmable Volumeは溶融し，急冷過程を経てアモルファスOFF状態になる。低い電圧の長いパルスで素子は加熱，結晶化パーコレーションが微小なProgrammable Volumeで発生する。これらの駆動パルスの実際を図6のオッシロ波形で説明する。図6は記録／読み出し／消去／読み出しの印加電圧とそれに伴う読み出し電圧の変化を示したものである。駆動は5 MHzで1周期200nsec，Resetは電圧0.8Vでt（reset）＝8 ns，Setは電圧閾値Vth，0.6Vで（tset＝86ns）のパルス印加である。読み出しはset ON状態では2.0KΩ，0.2V，reset OFF状態では85KΩで0.5Vを示す。この図はOUM素子のサイクル特性の測定における条件で，＞10E＋13の安定性を示している。

図7はOUM素子のプログラム電圧－電流特性である。

図で高抵抗のOFF状態（Reset状態）に閾値電圧Vthを印加すると，高速に抵抗値が低下して電流は図の黒マークに従う変化を示す。このとき電流がSet状態の条件でこのSet電流領域でON（Set状態）はメモリーされる。これに対して低抵抗のON，（Set状態）に電圧を印加すると，電流は白マークにしたがって変化し，電流がReset電流領域に入ると溶融急冷アモルファス化してOFF（Reset）状態になる。これらの駆動は短いRest pulse（～20ns），長いSet pulse～80nsecなどの印加で行われる。これら閾値電圧Vth0.5V～0.8V，programming current 100μA～1 mAなどのパラメーターはデバイス設計で選ぶことができる。

図8は＞10E＋13のサイクル特性の測定例を示す。Resetパルス30nsec，Setパルス50nsecの組み合わせで測定している。

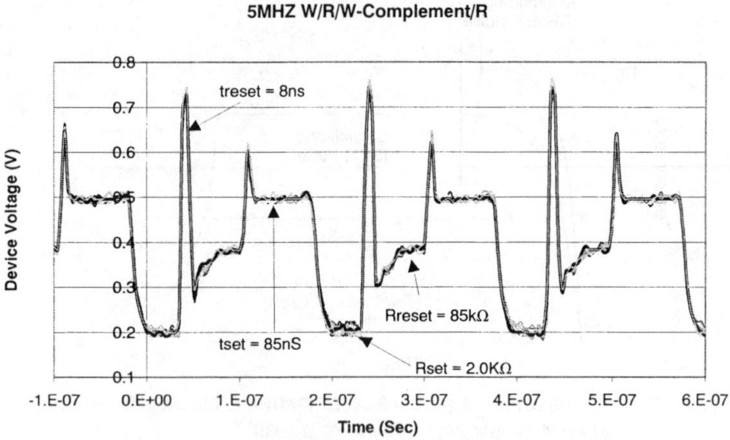

図6　オボニックメモリー素子へのRESETパルス印加，読み出し，SETパルス印加，読み出しのオッシロ波形（5MHz駆動サイクル測定）
RESET：V＝0.8V，t＝8nsパルス
SET：V＝0.6V，t＝86nsパルス

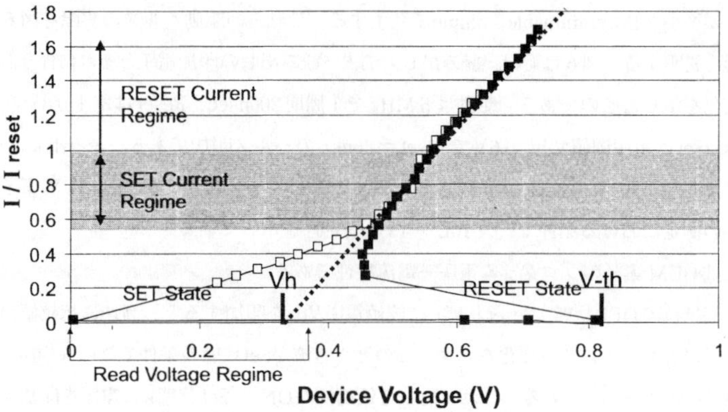

図7　オボニック素子のプログラム電圧ー電流特性
SET過程：電圧印加＞Vth，電流は黒いマークに示す変化，SET電流で低抵抗メモリー状態
RESET過程：電圧印加に従い，電流は白いマークに示す変化，RESET電流で高抵抗状態
いずれもそれぞれ長いパルス幅（SET），短いパルス幅（RESET）を選んで駆動する。

つぎに，現在の相変化電気メモリーOUMの温度特性を図9に示す。これは素子を高温チャンバーにいれてその抵抗変化からSet状態になる時間を測定して120Cのデバイス駆動環境での保

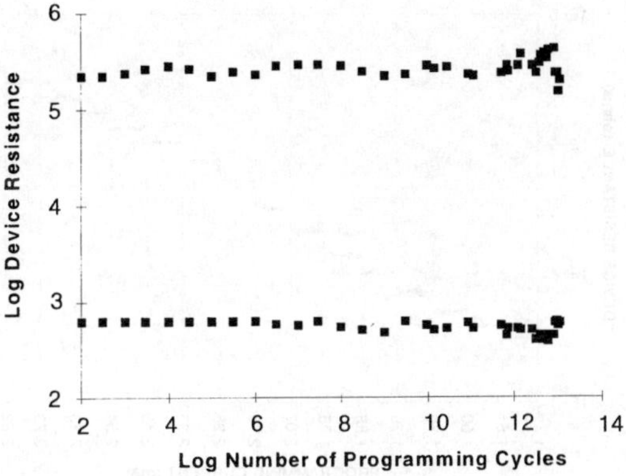

図８　オボニック素子の記録 SET（ON），消去 RESET（OFF）の 10E＋13 サイクル測定結果
駆動条件：繰り返し 5.7MHz，RESET パルス 30ns，SET パルス 50ns

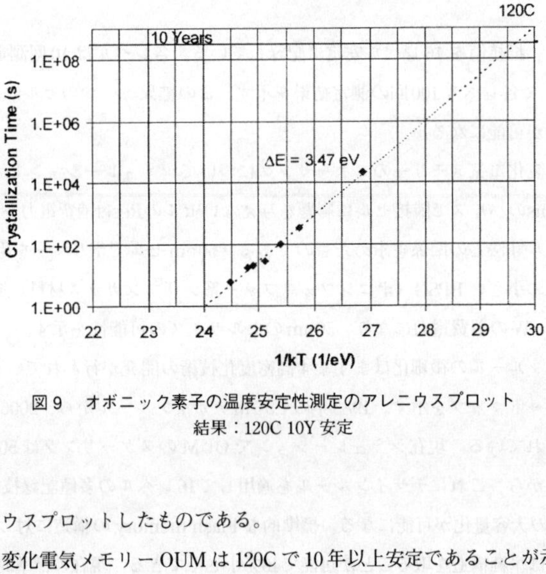

図９　オボニック素子の温度安定性測定のアレニウスプロット
結果：120C 10Y 安定

持時間をアレニウスプロットしたものである。

これから，相変化電気メモリー OUM は 120C で 10 年以上安定であることが示される。

1.6　今後の相変化不揮発性メモリー OUM の開発方向

相変化メモリーには 1997 年オブシンスキー等が提案した多値記録の性質がある[38]。これは光学的にも電気的にも確認が行われている。図10に16レベルの記録特性を示す。印加電圧をかえ

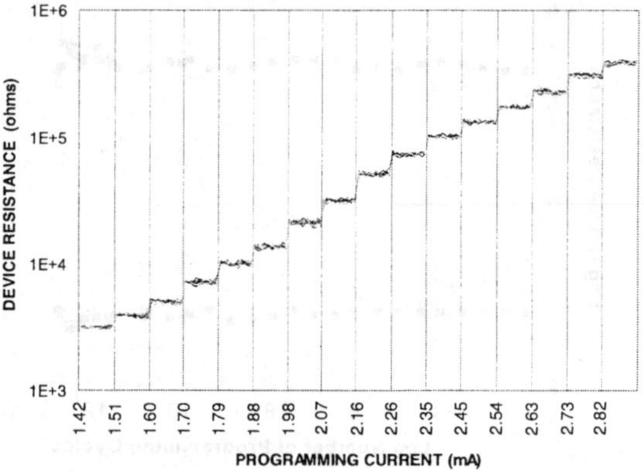

図10　相変化オボニックメモリーの16-level 多値記録結果
低抵抗状態：5 KΩ
高抵抗状態：500KΩ

ることにより，抵抗値を16レベル安定に記録している。各レベルは10回測定，これを16レベル10回駆動して各レベル100回の測定結果を示す。この結果，一つのセルは$\log 16 = \log 2^4 = 4$ビットの記録が可能になる。

つぎに，相変化電気メモリーのスケーリングについてシミュレーションした結果を図11に示す。これは5 nsのパルスで隣接セルに影響を与えないセルのReset消費電力を各種絶縁体を適用した場合のセル寸法との関係を求めたものである。50nmセルでポリマーを用いると100μW以下，熱伝導率の小さいBPSG（ボロンフォスファー系シリコンガラス材料）でも200μW程度，SiO_2では600μWの消費電力になり，50nmのセルサイズの可能性を示す。

一方デザインルールの微細化はますます高密度化技術の開発が行われている。図12にデザインルールのロードマップを示す。1983年の1.5μmデザインルールから，2006年には65nmの微細化が予測されている。現在シミュレーションでOUMのスケーリングは50nmの可能性を示していることから，これにデザインルールを適用して16レベルの多値記録技術を導入することにより，4倍の大容量化が可能になる。標準的なFlash memoryの構造に対して，OUMではそのセルサイズは単純構造を取ることが可能で40%小さくできる。現在の標準的なFlash memory，128MBを180nmデザインルールを採用していると考えれば，2006年65nmルールでOUMは4.7GB DVDカードメモリーの実現が予測される。

さらにオブシンスキーはMRS2003 Fallにおいて，相変化電気デバイスの新しい機能の発見提案を行っている。これはCognitive Computer Deviceという機能で，OUMの発展した構成でそ

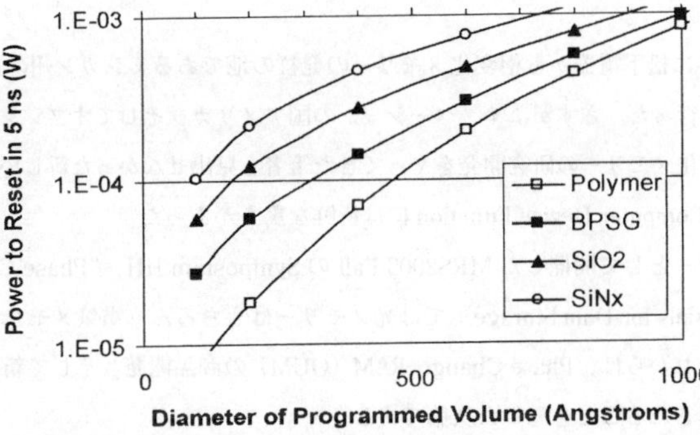

図11　オボニック素子のスケーリングシミュレーション結果
条件：RESET 条件を 5 ns パルス印加で隣接セルに温度の影響を与えないセルの絶縁体材料と消費電力。

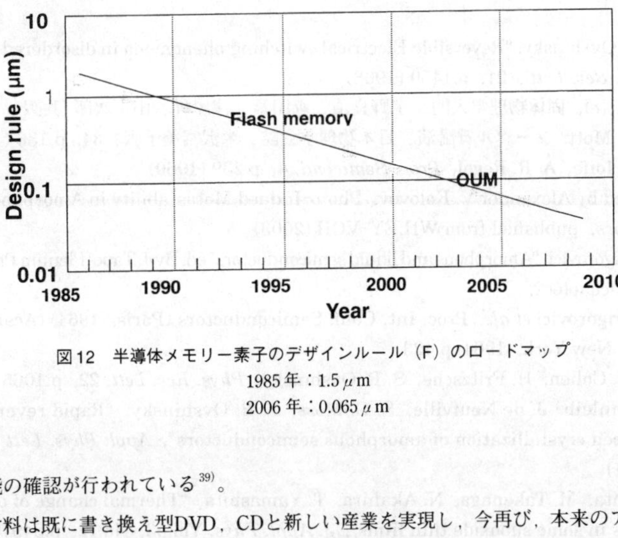

図12　半導体メモリー素子のデザインルール（F）のロードマップ
1985 年：1.5 μm
2006 年：0.065 μm

の基本機能の確認が行われている[39]。

相変化材料は既に書き換え型DVD，CDと新しい産業を実現し，今再び，本来のアモルファス半導体としての不揮発性メモリー，そしてDRAM置き換え可能なOUM（Ovonic Unified Mempory）としての開発，オーバライト可能なDVDカードメモリーなど益々研究開発が楽しみな分野といえる。

1.7 おわりに

筆者は2002年に松下電器から相変化メモリーの発祥の地であるミシガン州のECD社に転職するという冒険を行った。さすがにイノベーションの国アメリカ，そしてオブシンスキー社長の新提案，長年相変化メモリーの研究開発をやってきた筆者も見出せなかった新しい機能，相変化材料のCognitive Computer Device Functionには新鮮な驚きがあった。

オーガナイザーとして開催したMRS2003 FallのSymposium HH，"Phase Change and Non Magnetic Materials for Data Storage" では光メモリーはもちろん，電気メモリーの発表も多数あり，まさにこれからは，Phase Change-RAM（OUM）の商品開発，そして新しいデバイスの研究開発が加速されることを感じた次第である。

文　　献

1） S. R. Ovshinsky, "Reversible Electrical switching phenomena in disordered structures", *Phys. Rev. Lett.*, **21**, p.1450 (1968)

2） C. Kittel, 固体物理学入門，宇野良清，森田章，津屋昇，山下次郎 (共訳)，丸善

3） N. F. Mott, ノーベル賞講演，日本物理学会誌，米沢富美子訳，34, p.136 (1979)

4） A. F. Ioffe, A. R. Regel, *Prog. Semicond.* **4**, p.239 (1960)

5） Edited by Alexander V. Kolovov, Photo-Indued Metastability in Amorphous Semiconductors, published from WILEY-VCH (2003)

6） R. Grigorovici, "Amorphous and liquid semiconductors" ed. By J. Tauc (Plenum Press, London) (1974) chapter 2.

7） R. Grigorovici *et al.*, Proc. Int. Conf. Semiconductors (Paris, 1964) (Academic Press Inc., New York, 1964) p.423

8） M. H. Cohen, H. Fritzsche, S. R. Ovshinsky, *Phys. Rev. Lett.* **22**, p.1065 (1969)

9） J. Feinleib, J. de Neufville, S. C. Moss, S. R. Ovshinsky, "Rapid reversible light-induced crystallization of amorphous semiconductors", *Appl. Phys. Lett.*, **18**, p.254 (1971)

10） T. Ohta, M. Takenaga, N. Akahira, T. Yamashita, "Thermal change of optical properties in some suboxide thin films", *J. Appl. Phys.* Vol.53, No.12, p.8497 (1982)

11） T. Yoshida, T. Ohta, S. Ohara, "Optical video recorder using tellurium suboxide thin film disk", *Proc. SPIE*, Vol. 329, p.40 (1982)

12） T. Ohta, K. Kotera, K. Kimura, N. Akahira, M. Takenaga, New write-once media based on Te-TeO_2 for optial dusks, *Proc. SPIE*, Vol. 695, p.2 (1986)

13） T. Ohta, M. Uchida, K. Yoshioka, K. Inoue, T. Akiyama, S. Furukawa, K. Kotera, S. Nakamura, "Million cycle overwritable phse change optical disk media", *Proc. SPIE*,

Vol.1078, p.27 (1989)
14) PCOS, Prof. M. Okuda, Okuda Technology Office, 2-27 Nakamozu Ume-Cho, Da-Capo, Sakai City 5900000 Japan (e-mail：okudaxma@skyblue.ocn.ne.jp)
15) PCWS, Prof. T. Kubo, Kubo Technology Office, 3-8-1 Higasi Nada-Ku, Okamoto, Kobe City, Hyogo 6580072 Japan (e-mail：haru.k@smile.ocn.ne.jp)
16) T. Ohta, K. Inoue, T. Ishida, Y. Gotoh and I. Satoh, "Thin Injection-Molded Substrate for High Density Recording Phase-Change Rewritable Optical Disk", *Jpn. J. Appl. Phys.* Vol.32, p.5214 (1993)
17) T. Sugaya, T. Taguchi, K. Shimura, K. Taiara, Y. Honguh, H. Satoh, "Performance of a 600 Mbyte 90 mm Phase-change Optical Disk against Disk Tilt", *Jpn. J. Appl. Phys.*, Vol.32, p.5402 (1993)
18) "1.3GB 90mm Phase-change optical disk", ISO/IEC JTC, Project 1.23.14760 (1995)
19) S. R. Ovshinsky, H. Fritzche, "Reversible Structural Transformations in Amorphous Semiconductors for Memory and Logic", *Metallurgical Transactions*, Vol.2, p.641, March (1971)
20) S. R. Ovshinsky, P. H. Klose, "Imaging in Amorphous Materials by Structural Alteration", *J. Non-Cryst. Solids*, **8-10**, p.892 (1972)
21) M. H. Cohen, H. Fritzsche, S. R. Ovshinsky, "Simple Band Model for Amorphous Semiconducting Alloys", *Physical Rev. Lett.* Vol.22, No.20 May 19, p.1065 (1969)
22) S. R. Ovshinsky, "Symmetrical current controlling device", USP 3,271,591
23) S. R. Ovshinsky, "Method and apparatus storing and retrieving information", USP 3,530,441
24) D. Adler, "Theory of Amorphous semiconductor", Scientific American, p.44, May (1977)
25) 菊地誠，田中一宣，森垣和夫，丸山英一，清水立生，米沢富美子，広瀬全孝，「アモルファス半導体の基礎」，オーム社 (1982)
26) 小寺宏一，太田威夫，第49回応用物理学会予稿集，第3分冊，p.869 (1988)
27) T. Ohta, T. Nakamura, N. Akahira, T. Yamasita, "The method of overwrite Optical disk media", Japanese patent No.1668522 (1985)
28) M. Terao, N. Nishida, Y. Miyauchi, S. Horigome, T. Kaku, N. Ohta, "In-Se based phase change reversible optical recording film", *Proc. SPIE,* **695**, p.105 (1986)
29) N. Yamada, E. Ohno, N. Akahira, M. Takenaga, M. Takao, *Pro. Int. Symp. on Optial Memory*, p.61 (1987)
30) Panasonic Catalog, "Mutlifunction rewitable optical disk" LF-7110 (1990)
31) M. Okuda, H. Naito, T. Matsushita, "Discussion on the Mechanism of Reversible Phase Change Optical Recording", JJAP series 6, *Proc. Int. Symp. On Optical Memory*, p.73 (1991)
32) G. F. Zhou, H. J. Borg, J.C.N. Rijpers, M. H. R. Lankhorst, J. J. L. Horikx, "Crystallisation behaviour of phase change materials, Comparison between nucleation – and growth – dominant crystallization", *Proc. SPIE*, Vol. 4090, p.108 (2000)
33) M. Horie, T. Ohno, N. Nobukuni, K. Kiyono, T. Hashizume, M. Mizuno, "Material

Characterization and Application of Eutectic SbTe Based Phase–change optical recording media", *Proc. SPIE*, 4342, p.77 (2001)
34) T. Ohta, Erasable Phase change media, Optical Data Storage Technical Digest, p.84 (1991)
35) S. O. Park, J. H. Yi, Y. H. Ha, B. J. Ku, H. Hori, Y. N. Hwang, S. H. Lee, S. J. Ahn, Y. T. Kim, K. H. Lee, U–In. Chung, J. T. Moon, Investigation of Nitrogen doped Ge2Sb2Te5 thin film for Phase change random access memory, MRS2003 Fall, Symp. HH, paper HH2.3 Abstract, p.795 (2003)
36) S. Lai, T. Lowrey, "OUM–A 180nm Nonvolatile Memory Cell Element Technology For Stand alone and Embedded applications", *IEDM* (2001)
37) M. Gill, T. Lowrey, J. Park, "Ovonic Unified Memory–A high–performance Nonvolatile Memory Technology for Stand alone Memory and embedded applications", *ISSCC*, (2002)
38) S. R. Ovshinsky, "Ovonic Phase Change Memory making possible New Optical and Electrical Devices". *Proc. PCOS* (9th Phase Change Optical Information Storage Symmosium) p.44 (1997)
39) S. R. Ovshinsky, "Innovation Providing New Multiple Functions in Phase–Change Materials to Achieve Cognitive Computing", Proc. MRS2003 Fall (December. 2, 2003), Symp. HH, (2003) to be published.

2 Samsung電子における相変化メモリ（PRAM）の開発現況

堀井秀樹[*1]，J. H. Yi[*2]，J. H. Park[*2]，Y. H. Ha[*2]，S. O. Park[*2]，
U-In Chung[*2]，J. T. Moon[*2]

2.1 高速，低消費電力型不揮発性メモリの必要性

カメラ付き携帯電話，デジタルカメラ，MP3プレーヤー，PDAなどのポータブル型の電子機器の市場の急速な拡大に伴いこれらに使用されるメモリ半導体の需要も急速に拡大を続けている。バッテリを用いるポータブル型の電子機器に使用されるメモリ半導体の条件として，低消費電力，不揮発性，高集積度，高信頼性などがある。現在，これらの条件を一部満足するメモリ半導体としては，フラッシュメモリがある。しかし，図1のようにフラッシュメモリは，PC（パーソナルコンピューター）に主に使用される，高速かつ無限大の書き換え可能なDRAMにくらべて速度面（1マイクロ秒）や書き換え可能回数（10万回）で明らかに特性が劣っている。フラッシュメモリの不揮発性，高集積度，高信頼性などの特徴を生かしながら，欠点である低速，少ない書き換え可能回数，高消費電力を改善した高速・低消費電力型不揮発性メモリの出現を市場では待ち望んでいるのである。現在のNOR型フラッシュメモリに比べ書き換え速度が100倍以上，書

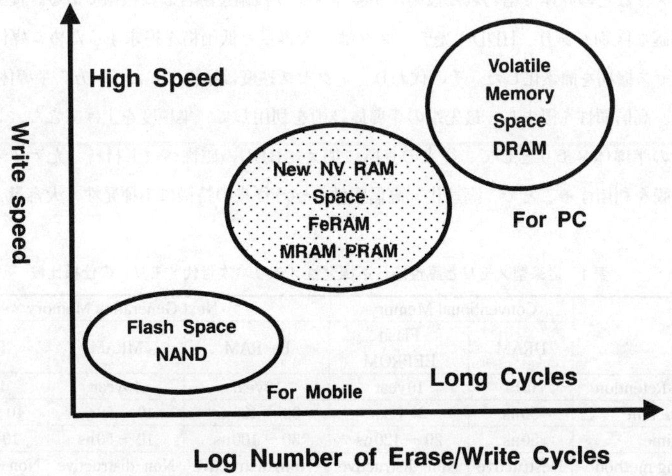

図1 メモリの書き換え速度，書き換え可能回数から見た高性能，不揮発性メモリの必要性

＊1 Hideki Horii Samsung電子㈱ メモリ事業部 半導体研究所 工程開発チーム シニアエンジニア

＊2 Samsung電子㈱ メモリ事業部 半導体研究所 工程開発チーム

き換え可能回数が1万倍以上の高速·低消費電力型不揮発性メモリが開発されれば，カメラ付き携帯電話やデジタルカメラの性能の大幅な向上がはかれると予測される。高速·低消費電力型不揮発性メモリの候補として，注目を集めているメモリとしてPRAM(相変化メモリ)，FRAM(強誘電体メモリ)，MRAM（磁性体メモリ）の3つがあげられる。半導体メーカーは，社運を賭けてこれらの高速·低消費電力型不揮発性メモリの開発にしのぎを削っている。表1に，従来型のメモリと高性能不揮発性メモリの特徴をまとめた。従来型のメモリのなかで不揮発性メモリであるフラッシュメモリは，不揮発性，高密度，高信頼性などの特徴があるが，消費電力，速度，書き換え可能回数では，問題を抱えている。高速，低消費電力型不揮発性メモリとしてMRAMは，速度および，書き換え可能回数など性能面では一番優れた特性を示すが，磁性膜蒸着装置，磁界中熱処理装置など高価装置の新規投資が必要であり製造コスト面では不利である。一方，FRAMは，消費電力では有利であるが，Ptなどの貴金属電極を使用するため加工が難しく集積度を上げるのが難しい。PRAMは，速度や書き換え可能回数などでMRAMよりも劣るが，製造コスト，集積度などでは有利である。

図2に示すようにMRAM，PRAMなど高性能不揮発性メモリは，HDD（ハードディスク），光ディスクなどの媒体で培われた技術に半導体メモリ技術を融合した技術である。従来は，媒体間に明確な区別があり，HDDや光ディスクは，大容量と低価格を追求するため，媒体構造およびアクセス機構を簡素化した。その代わり，アクセス速度は犠牲にした。一方，半導体メモリは，高速化，高信頼性を優先し，最先端の半導体技術を利用して，集積度を上げてきた。しかし，これからの半導体メモリとして，従来の長所に加えてHDDの磁性ヘッド材料，光ディスクの相変化記録膜を利用することで，高速化，高信頼性という従来の特徴に不揮発性，大容量，低コスト

表1　従来型メモリと高性能，不揮発性メモリ（次世代メモリ）の仕様比較

	Conventional Memory		Next Generation Memory		
	DRAM	Flash EEPROM	Fe-RAM	MRAM	PRAM
DATA Retention	0.1s	10year	10year	10year	10year
Rewrite time	50ns	＞1 μs	30～100ns	10～50ns	10～100ns
Read time	50ns	20～120ns	30～100ns	10～50ns	10～50ns
Reading method	Destructive	Non-distructive	(Non) distructive	Non-distructive	Non-distructive
Repeatability	10^{15}	10^{5}	10^{12}～10^{15}	10^{15}	10^{13}
Operation Current	100mA	10～100mA	＞10mA	＞10mA	＞10mA
Standby current	100 μA	＜1 μA	＜1 μA	＜1 μA	＜1 μA
Compatibility with Logic	×	×	◎	◎	◎
Cell Area	6～8F^2	4～10F^2	10～20F^2	8～15F^2	6～12F^2
Scalability	△	△	△	◎	◎

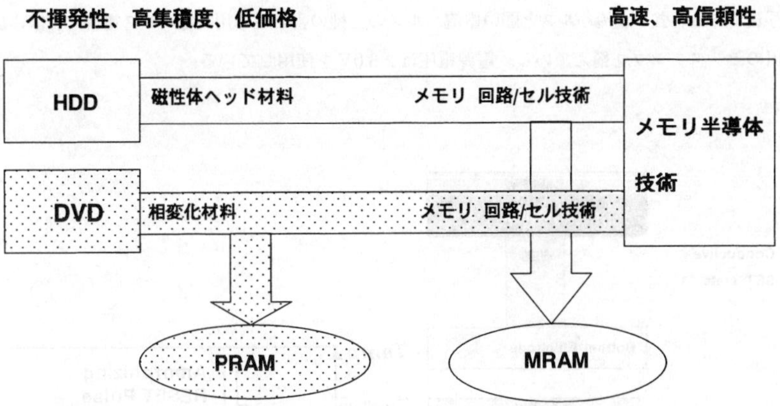

図２　HDDや光ディスクで培われた技術と半導体メモリ技術を融合して生まれたPRAM及び，MRAM不揮発性，高集積度，低価格，高速，高信頼性などの長所を全て備えている。

を両立させたMRAMやPRAMが登場しはじめた。これらは，いわば駆動部のないHDDや光ディスクといえるもので，もしも，半導体メモリが高密度化，低価格化に成功するならば，すべてのストレージを置き換える可能性もある。

2.2　PRAMのメモリ・セルの基本構造と動作原理

PRAMのメモリ・セルの基本構造は，図３のように相変化膜と加熱用の抵抗素子（ヒーター），メモリ･セルの選択に使うトランジスタから成る。セルに電流を流すと相変化膜のうちヒーターに接した部分（プログラム領域）に熱が加わり相変化が生じる。プログラム領域以外の部分は常に抵抗の低い結晶状態を保つ。PRAMの相変化膜として用いるGeSbTe合金の場合，プログラム領域が，結晶状態（低抵抗）からアモルファス状態（高抵抗）に相が変化すると，メモリ・セルの抵抗値が100倍程度に高まる。この原理を利用して１ビットの情報の書き込み，読み出しを行う。メモリ･セルの情報の書き込みには，電流パルスを用いる。図４の様に強い電流パルスを短時間（10－50ns）メモリ・セルに印加すれば，プログラム領域の温度がGeSbTe合金の融点（約630℃）を越え，これを１ns未満で急冷すると，アモルファス状態となる。GeSbTe合金の融点以下の低い温度（約450℃）で50－200ns程度維持してから冷却すると結晶状態になる。メモリ・セルの情報の読み出しは，書き込みが行われない0.2 V程度の低電圧を用い抵抗変化を検出する。PRAMは，メモリ・セルの抵抗変化率が10－45％程度のMRAMに比べ，変化率が５倍以上と大きいので読み出し回路の縮小が可能であり，また，ノイズの影響も受け難く読み出しの精度が高い。図５は，当社で，テスト用に用いているテスト用チップの回路とテスト用チップの写真である。強い電流パルスと弱い電流パルスの二種の書き込み用電流パルス電源と，読み出し用のセンスアンプを備えている。電源電圧は，3.0Vを使用している。

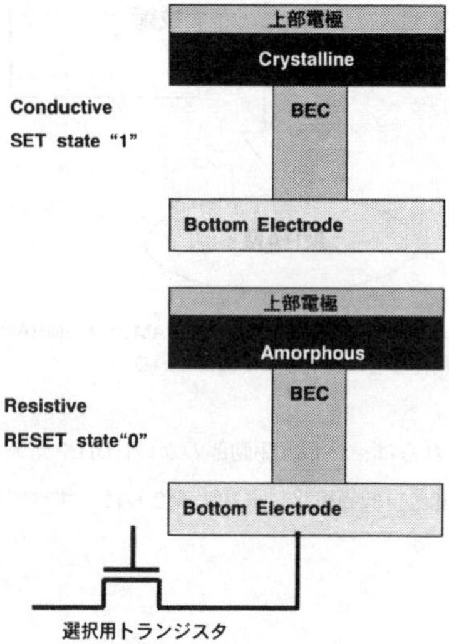

図3　PRAMのメモリセルの基本構造と動作原理

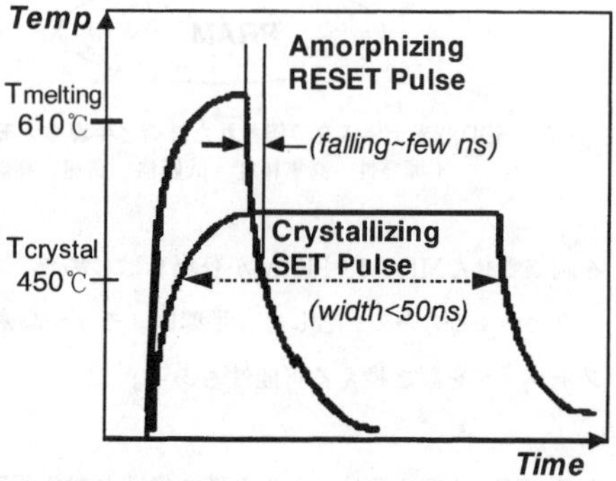

図4　相変化メモリセルにおける，電流パルスの印加時間とプログラム領域の温度との関係

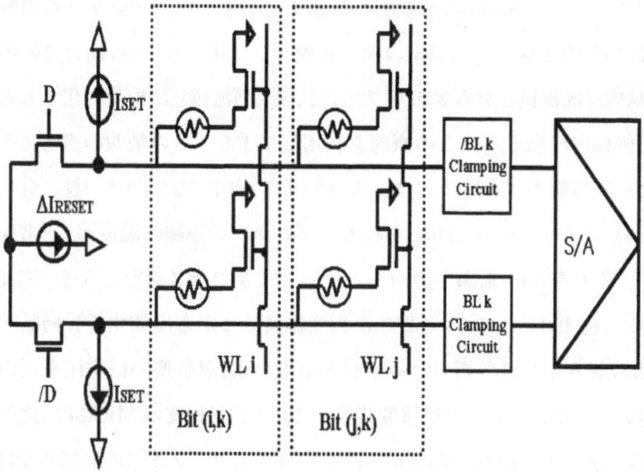

図5　(a)PRAMの書き込み，読み出し回路

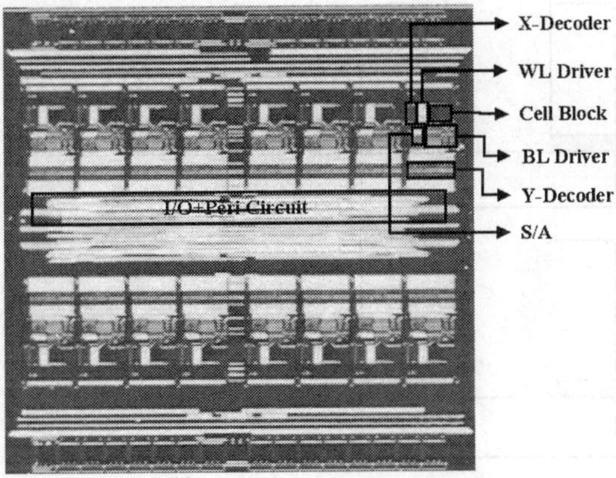

図5　(b)PRAMセルのチップ写真

2.3　PRAMデバイスの試作

図6のように，PRAMは，メモリ･セルの選択に使うトランジスタ(TR)とメモリ･セル(CELL)からなる。PRAMのトランジスタおよび下部電極は，一般的な高性能ロジックプロセス（高電流）を使用している。PRAMのメモリ・セルは，プラグ状ヒーター（BEC：Bottom Electrode contact)およびヒーターに電気的に連結された相変化膜および，上部電極コンタクト(TEC:Top Electrode contact）から構成されている。図7は，PRAMの製作プロセスをあらわしたフローチャートである。ここで重要なプロセスとして，60nm以下の微小プラグ状ヒーター（BEC）形成および，GeSbTe合金蒸着および，微細パタン形成が挙げられる。図8にプラグ状ヒーターの

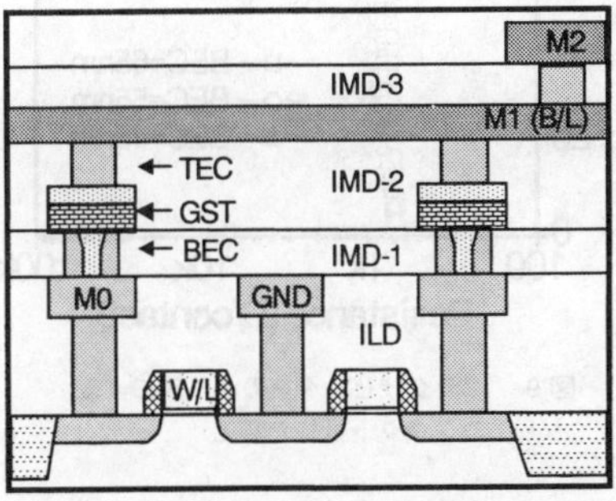

図6　PRAMセルの断面図

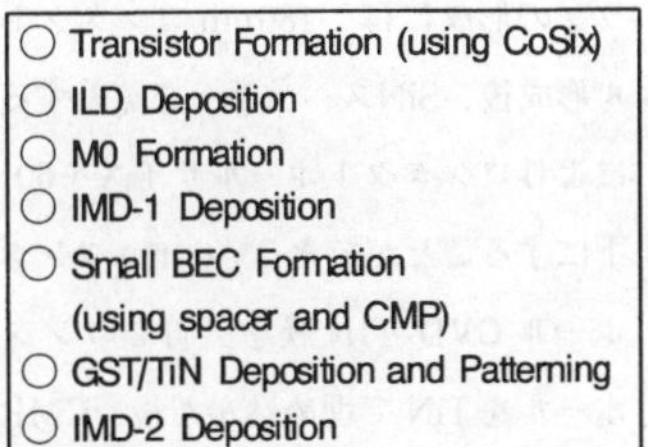

図7　PRAMセルのインテグレーション
プロセスのフローチャート

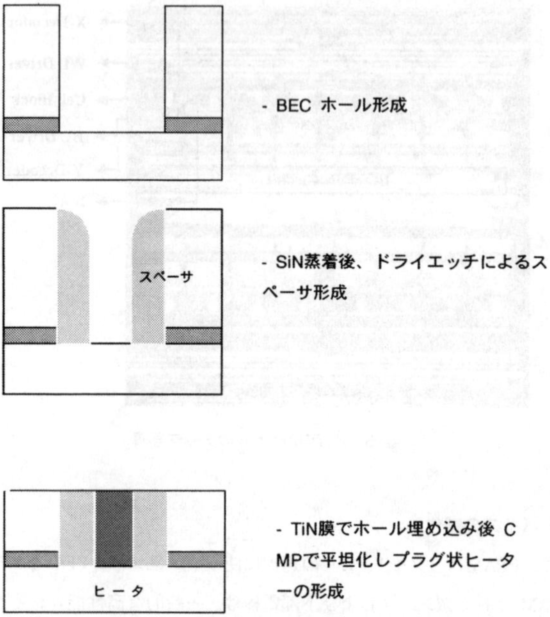

図8　プラグ状ヒーターの形成プロセス

製作プロセスを示した。デザインルール0.24μmでのリソグラフィ工程で形成できるコンタクトホールの最低のサイズは，180nmである。従って60nm以下の微小プラグの形成には，180nmコンタクトホール形成後，SiNスペーサーを蒸着することによりコンタクトホールサイズを60nm以下にすることができる。60nmコンタクトホールCVD TiN膜を蒸着しコンタクトホールをTiNで埋め込んだ後，CMP法でTiN膜を除去すれば60nmプラグ状ヒーターを形成できる。図9にプラグ状ヒーターサイズによるコンタクト抵抗の変化をあらわした。コンタクト抵抗は，プラグ状ヒーターのサイズが，55nm以上であれば安定であるが，45nmになると抵抗の分散が大きくなり信頼性に

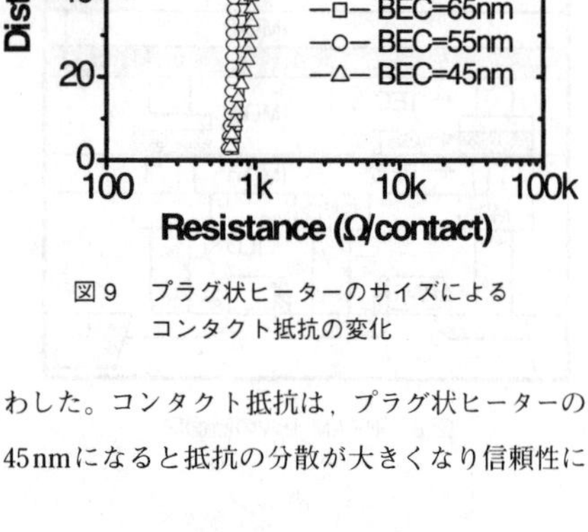

図9　プラグ状ヒーターのサイズによるコンタクト抵抗の変化

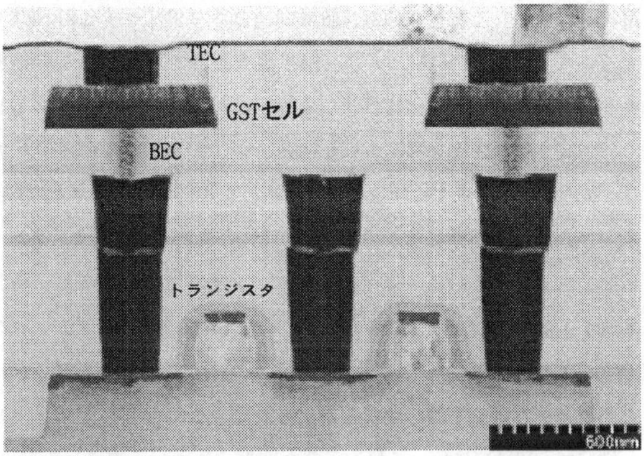

図10　0.24 μm デザインルールで試作したPRAMのTEM写真

問題があることがわかる。GeSbTe合金蒸着は，一般的なDCスパッタによって行うのでコストも安く信頼性の高いGeSbTe膜の形成が可能である。また，反応性ガスを用いたドライエッチを用いGeSbTe膜の微細パタン形成が行われた。以上のようなプロセスを経て完成した，0.24 μm PRAMのTEM像が図10である。ところで，以上のようなプロセスで作られたPRAMの電気的な特性を測定した結果，期待していたよりも書き込み電流が大きいことが判明した。図11は，GeSbTe

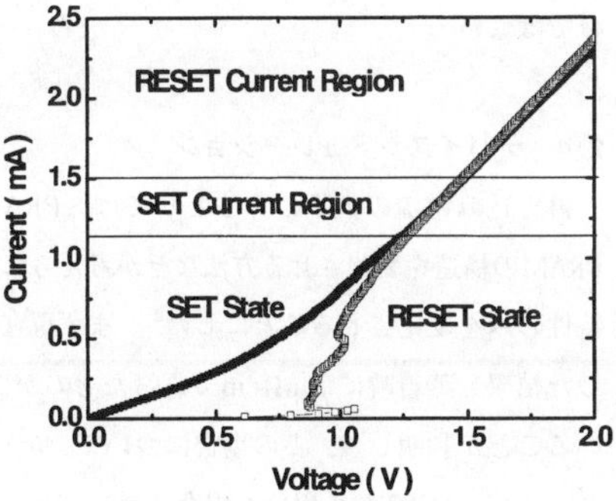

図11　GeSbTe膜を用いて試作したPRAMセルの電流－電圧特性

膜を用いて試作したPRAMセルの電流－電圧特性をテストした結果である。メモリ・セルの情報の読み出しは，書き込みが行われない（セルの抵抗変化のない）0.2V以下の低電圧を用い抵抗変化を検出する。初期のPRAMセルの状態により電流－電圧特性は変化する。初期のセルの状態が，結晶状態（低抵抗＝SET）であれば，電流の増加に伴いほぼ比例して電圧も増加するオーミック特性を示す。しかし，初期のPRAMセルの状態が，アモルファス状態（高抵抗＝RESET)の場合はまるで違う挙動を示す。電流が低いうちは，急激に電圧の上昇が見られ電圧が1.1Vに達した瞬間に急激に電流値が増加する負性抵抗特性を示し，PRAMセルの抵抗値が大幅に低くなる。このとき，負性抵抗特性を示し始める電圧をスイッチ電圧（Vth）と呼び，アモルファス相変化膜の抵抗値が大きいほどスイッチ電圧も比例して大きくなる。初期のセルの状態に関係なく，電流が大きくなるとセルの抵抗値は同一となりSETセルとRESETセルの電流－電圧曲線が一致するようになる。PRAMセルに，SET電流領域である1.0－1.4mAの電流パルスを印加後，抵抗を測定すると低抵抗のSET状態になるが，RESET電流領域である1.8mAの電流パルスを印加後，PRAMセルの抵抗を測定すると100KΩ以上の高抵抗のRESET状態になる。このように，初期のセルの状態に関係なく任意の電流パルスを印加することにより自由に1ビットの情報の書き込み，読み出しを行うことができるのでPRAMは，RAM（ランダム アクセス メモリ）の特性を示すと言える。このように，PRAMは，メモリセルとしては，優れた特性を示すが，書き込み電流が1mAを越えるとセルの選択用トランジスタのサイズが，大きくなりすぎて全体のPRAM単位セルサイズが大幅に増加してしまう。トランジスタのサイズは，必要な電流値に比例するため書き込み電流を減らすことが出来れば，大幅なPRAM単位セルサイズの縮小が可能となる。従って，PRAMに於いて最も重要な開発テーマは，書き込み電流の低下であり，書き込み電流を0.5mA以下に抑えることが出来れば，100M bit以上の高集積度のPRAM開発も夢ではない。

2.4 デバイスシミュレーション

書き込み電流の低下の方法としては，PRAMに用いる相変化膜の特性を変化させる方法やPRAMの構造を変化させる方法などが考えられるが，ここでは，構造を変化させずに相変化膜の特性のみを変化させることにした[2)]。まず現在使われている$Ge_2Sb_2Te_5$(GST)膜の比抵抗を調査した結果，蒸着時に7mΩcmであったものがプロセス中の熱処理により2mΩcmまで減少していることが判明した。この場合について，デバイスシミュレーションを行った。図12のように2mΩcmのGST膜を用いた場合1mA－50nsの電流パルスを印加した時，BEC（プラグ状ヒーター）とGST膜の境界面で温度上昇が見られるが最高温度はわずかに141℃であり，GST膜の溶

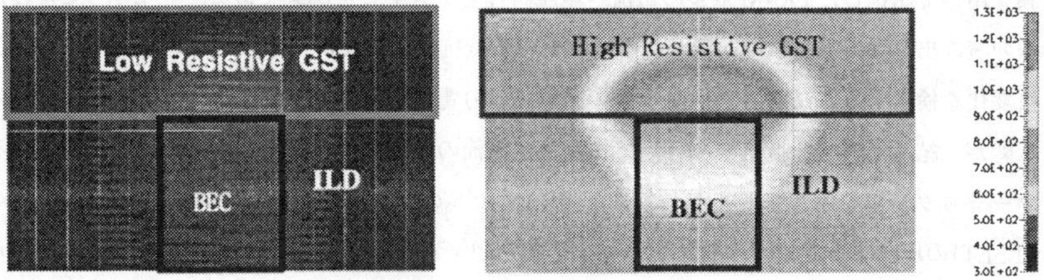

(a)　(b)

図12　1mA-50nsの電流パルスを印加した時のBEC（プラグ状ヒーター）とGST膜の境界面で温度分布のシミュレーション結果
(a)低抵抗（2mΩcm）のGST膜を用いた場合，(b)高抵抗（20mΩcm）のGST膜を用いた場合

融温度である630℃よりも低いため，1 mA－50nsの電流パルスでは，PRAMの書き込みは行えない。一方，何らかの方法で$Ge_2Sb_2Te_5$膜の抵抗を10倍まで増加し20mΩcmとすることが出来れば，同じ1 mA－50nsの電流パルスを印加した場合でも，GST膜の境界面で大幅な温度上昇が見られ最高温度は973℃にまで達する。この場合，GST膜の溶融温度である630℃よりも高いためPRAMのプログラム領域（溶融温度を越えた領域）が，結晶状態からアモルファス状態に相が変化しメモリ・セルの抵抗値が100倍程度に高まる（RESET)。このように，GST膜の抵抗を増加させることが書き込み電流の低下に効果があることがシミュレーションにより示された。

2. 5　高抵抗$Ge_2Sb_2Te_5$膜の開発

$Ge_2Sb_2Te_5$膜の比抵抗を増加させる方法は，あまり知られていない。DVD光ディスクで$Ge_2Sb_2Te_5$膜についていろいろな評価が行われたが比抵抗について研究されたものは殆どない。そこで，$Ge_2Sb_2Te_5$合金ターゲットを窒素ガスと反応させる反応性スパッタを試してみた。窒素含有$Ge_2Sb_2Te_5$（N-doped GST）合金は，結晶サイズを小さくする効果があるとの研究結果[3)]があり，結晶粒界の電子散乱による比抵抗の増加効果が期待された。実際に，反応性スパッタ装置でアルゴンガスに含まれる窒素ガスを変化させてみると，図13のように窒素ガスの比率が増加するに従い$Ge_2Sb_2Te_5$膜の比抵抗が急激に増加する事が分かった。図14のように窒素ガスの比率が増加するに従いN-doped GST膜に含まれる窒素含有量が増加して比抵抗も増加するのである。このように，反応性スパッタ装置での窒素ガスの比率を変化させるだけで$Ge_2Sb_2Te_5$膜の抵抗を要求する抵抗値に調整可能だという意味で，N-doped GST膜は，PRAMの書き込み電流の最適化に非常に重要な意味を持つと言える。図15のように，N-doped GST膜の窒素含有量の増加に

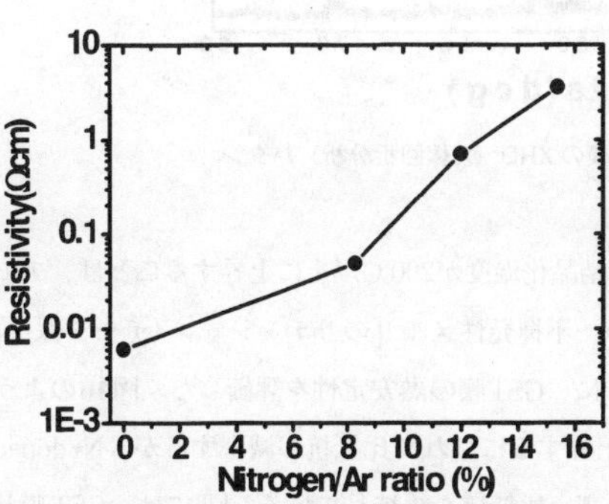

図13　反応性スパッタにおけるアルゴンガス中の窒素ガスの比率による$Ge_2Sb_2Te_5$膜の比抵抗の変化

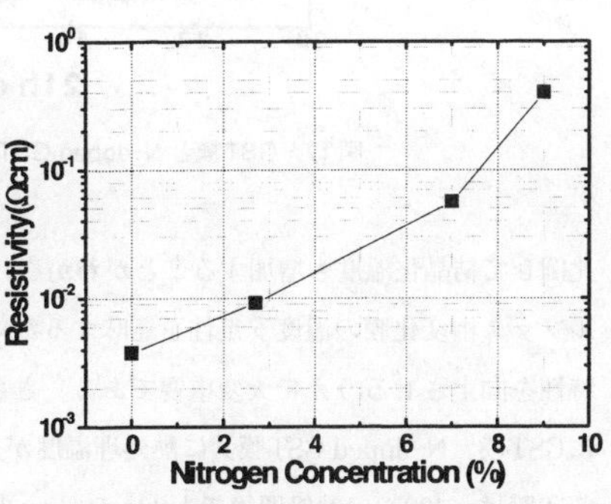

図14　$Ge_2Sb_2Te_5$膜中の窒素含有量による比抵抗の変化

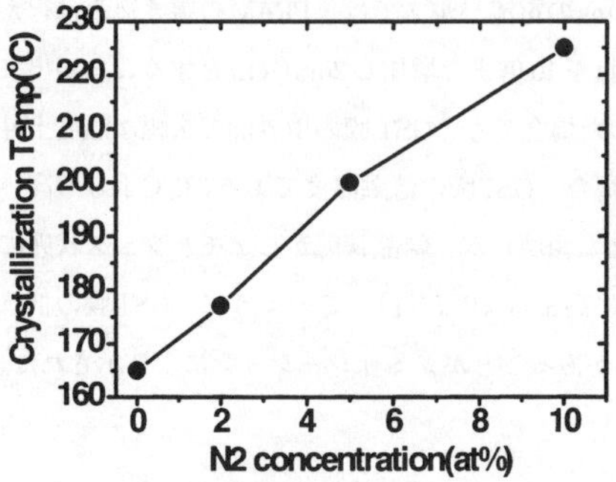

図15　N-doped GST膜の窒素含有量による結晶化温度変化

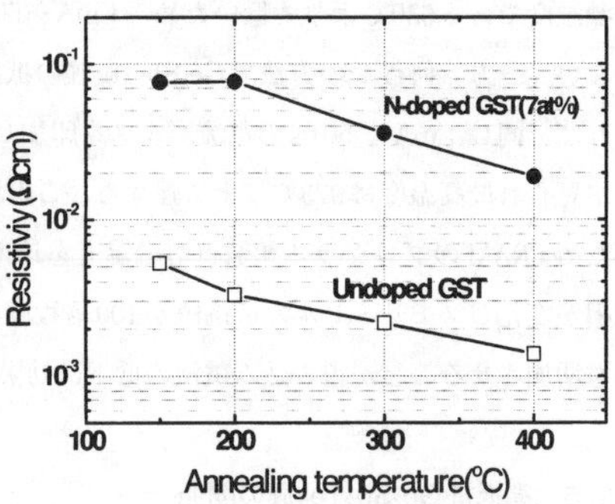

図16　GST膜および，N-doped GST膜の熱処理温度による比抵抗の変化

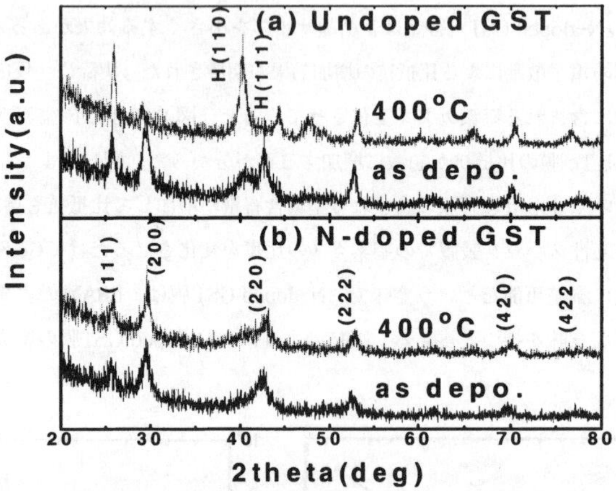

図17　GST膜とN-doped GST膜のXRD（X線回折分析）パタン

比例して結晶化温度も増加することがわかる。結晶化温度が200℃以上に上昇することは，アモルファス相変化膜の温度安定性を意味するため，不揮発性メモリのリテンション（データ保持）特性を向上させるうえで大変重要である。さらに，GST膜の熱安定性を評価した。図16のようにGST膜，N-doped GST膜共に熱処理温度が上昇するにつれて比抵抗が減少するが，N-doped GST膜は，400℃の熱処理後でも20mΩ－cmの高い比抵抗を維持している。図17は，GST膜とN-doped GST膜のXRD（X線回折分析）パタンを示している。GST膜の場合は，GST膜の結晶構造が，熱処理により，FCCからHCPに変化することが分かる。ところが，N-doped GST膜の

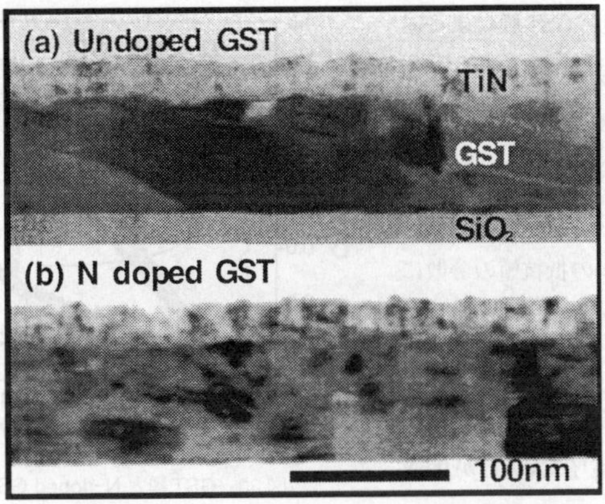

図18　GST膜とN-doped GST膜の500℃熱処理後のTEM像

結晶構造は，熱処理によってもFCCのまま変化しないことが分かる。更に，図18は，GST膜とN-doped GST膜の500℃熱処理後のTEM像を比較したものである。GST膜の結晶サイズが100nm以上であるのに比べ，N-doped GSTの結晶サイズが熱処理にもかかわらず30nm程度と非常に小さい事が分かる。以上のように，N-doped GSTは，GSTに比べ熱的に安定であり，しかも400℃の熱処理後に20mΩ－cmを維持している。従って，N-doped GST膜をPRAMに適用することにより，書き込み電流を１mA以下に抑えることが期待される。

2.6　N-doped GST膜を適用したPRAMの電気特性

次に，N-doped GST膜を適用したPRAMの電気特性を調査した。図19にPRAMのセル抵抗

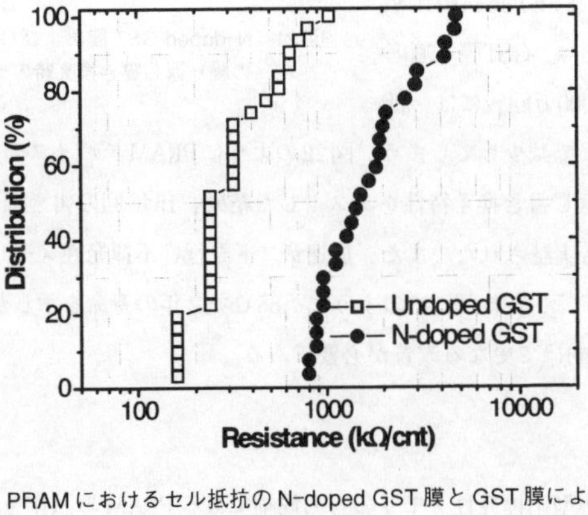

図19　PRAMにおけるセル抵抗のN-doped GST膜とGST膜による違い

のN-doped GST膜とGST膜による違いをあらわした。GST膜を用いた場合のセル抵抗が，300Ωであるのに比べN-doped GST膜を適用することによりセル抵抗が約5倍増加した1500Ωになった。PRAMセルの抵抗値の分散には，大きな違いはなかった。図20は，N-doped GST膜を適用したPRAMセルの電流－電圧特性をテストした結果である。スイッチ電圧（Vth）が0.5Vであり，SET電流領域は，0.4－0.5mAであり，RESET電流領域は，0.6mA以上となる。このように，N-doped GST膜を適用する事によりPRAMセルのRESET電流をGST膜を適用したときの3分の1の0.6mAまで減らす事に成功した。図21は，N-doped GST膜およびGST膜を適用したPRAMの繰り返し書き換え時のセル抵抗の変化を表している。N-doped GST膜を適用したPRAMは，1000万回以上の書き換えでも，RESET抵抗とSET抵抗の比が6以上であるのに比べ，GST膜を適応したPRAMの場合1000万回後には，抵抗の比が2以下にまで減少してしまう。図22のようにPRAMデバイスの書き込み，読み出し回路を用いて，繰り返し書き換え特性をテストした結果，15億回の書き換えにも問題がないことが，実デバイスでも実証された。また，加速テストを行い不揮発性メモリのリテンション(データ保持)特性を測定した結果，図23のように，85℃で2年の寿命を示した。リテンションでは，目標である10年に向けて更なる改善が必要である。

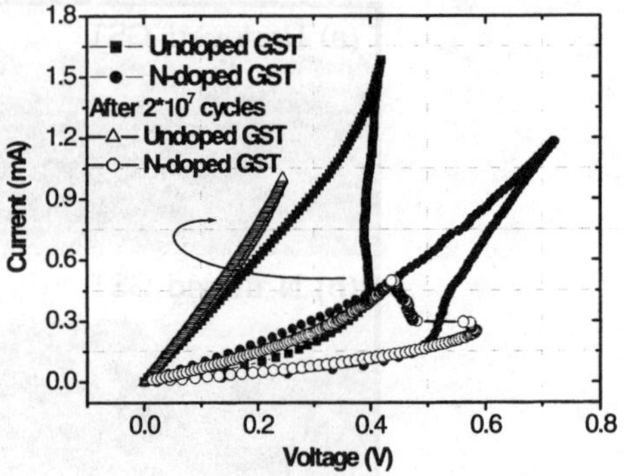

図20　GST膜とN-doped GST膜を適用したPRAMセルの電流―電圧特性

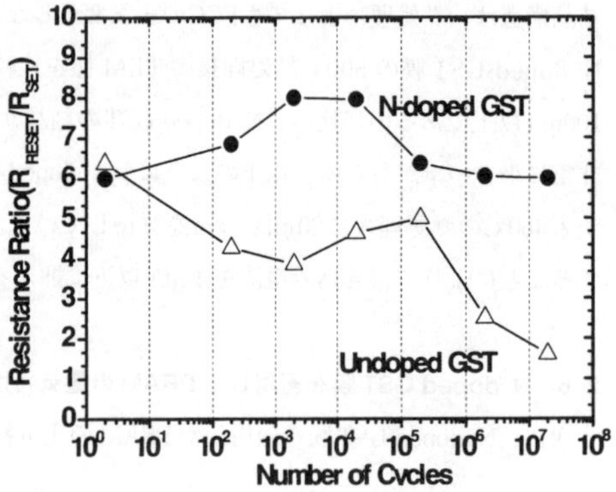

図21　N-doped GST膜およびGST膜を適用したPRAMの繰り返し書き換え時のセル抵抗の変化

2.7　まとめ

高速，低消費電力型不揮発性メモリの有力候補であるPRAMの試作を行い，PRAMの可能性

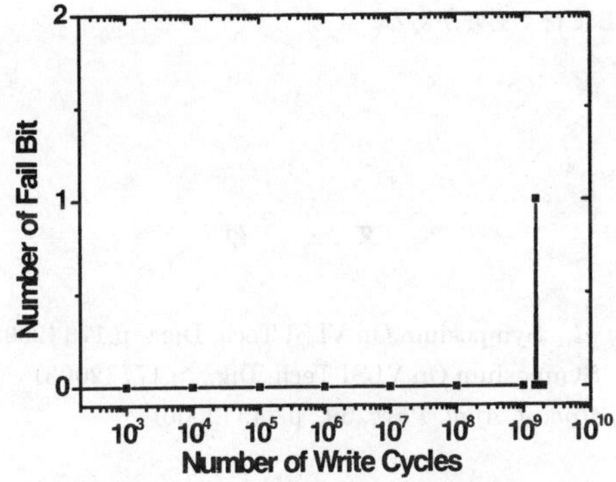

図22　PRAMデバイスの書き込み，読み出し回路を用いて，
繰り返し書き換え特性をテストした結果

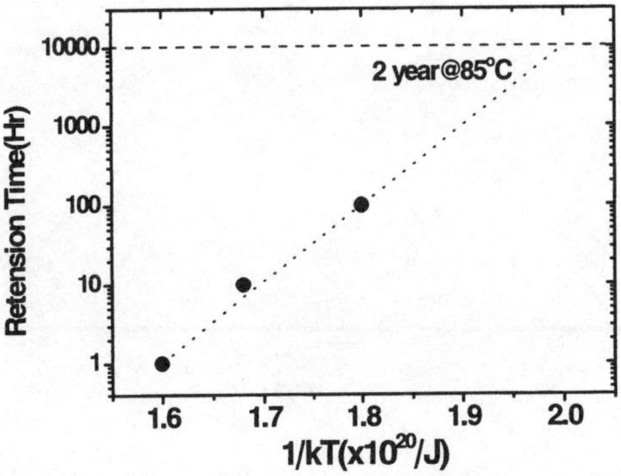

図23　PRAMデバイスのリテンション（データ保持）特性

について調査した結果，デバイスの製作の容易さ，製造コスト，動作特性などでは可能性が高いが，集積度を向上させる為には，一層の動作電流の低下の必要があることが分かった。そこで，相変化膜の比抵抗に注目し，反応性スパッタ法によりGST膜に窒素をドーピングすることにより，相変化膜の比抵抗を向上する方法を開発した。N-doped GST膜を適用したPRAMは，GST膜を適用したPRAMより，優れた特性を示した。N-doped GST膜を適用したPRAMは，動作電流0.6mA，書き換え速度500ns，書き換え可能回数15億回，データ保持特性85度で２年と極めて優れた特性を示しており，高速，低消費電力型不揮発性メモリとしての可能性が高いものと思われる。今後は，メモリ・セル特性の信頼性および再現性の向上，低電力化，データ保持特性向

上などの課題を解決して行く必要がある。

文　献

1） Y. N. Hwang *et al.*, Symposium On VLSI Tech. Dig., p.173 (2003)
2） H. Horii *et al.*, Symposium On VLSI Tech. Dig., p.177 (2003)
3） Hun Seo *et al.*, *Jpn. J. Appl. Phys.* **39**, p.745 (2000)

3 超高密度記録のための相変化チャンネルトランジスタの可能性

ー1つのトランジスタで，メモリ格納とスイッチオンオフ制御ー

保坂純男*

3.1 はじめに

S. Hosakaらは，相変化材料を用いた新しいメモリトランジスタを提案し，超高密度用相変化チャンネルトランジスタメモリセルの可能性を実証した[1]。

高度情報化(IT)社会を支えるストレージ技術はさらなる高密度化が進むものと予測されている。磁気記録では現状約10ギガビット／平方インチが製品化され，今後，年率約60%で成長するものと予測されている。さらに，携帯端末に代表されるユビキタス社会の到来により，超高密度固体素子の要望が極めて大きくなっている。即ち，これからのストレージ研究は，超高密度磁気記録や光記録の実現と共に不揮発メモリ性を有する超高密度固体メモリの実現が切望される。

筆者らは，これまでに相変化材料を使用した近接場光記録技術の研究を行ってきた。近接場光顕微鏡（SNOM，scanning near-field optical microscope）を用いて約100ギガビット／平方インチの超高密度記録の可能性を示してきた[2]。一方，来たるべきユビキタス社会に必要な携帯性，即ち，小型化，省エネルギ化等の課題を満足する高性能なストレージ技術が見出せないでいた。これまでの研究より，次世代のメモリとして，ディスク型メモリより固体素子メモリがこれからのユビキタス情報社会の技術的課題を解決できるものと結論付けるに至った。そこで，その1つの候補技術として，不揮発メモリ性を持つ相変化材料[3,4]に注目し，相変化チャンネルを持つメモリトランジスタを基礎とした固体素子メモリへの応用を提案した[5]。ここでは，この提案の概要と素子試作およびそれを評価した基礎データを示し，新しい固体素子メモリの実現の可能性について述べる。

3.2 現状の固体素子メモリ（1トランジスタ1メモリ素子）

半導体メモリ素子に代表される固体メモリでは，これまでに微細加工の改良や新材料の適応により，超高密度化が図られてきた。図1は，リソグラフィ技術のトレンドを示したものである。コンタクトプリント技術から出発して，g線ステッパ，i線ステッパ，エキシマレーザステッパと微細化が推進されてきた。これにより，記憶容量が飛躍的に増加した。現在では，1チップ当り1Gbitの容量を持つダイナミックランダムアクセスメモリ（DRAM, dynamic random access memory）が開発されている。これからも，電子線描画技術[6]，X線露光技術，極紫外(EUV)露光技術などが研究開発され，微細化が増々進むものと考えられる。しかし，100nm以下の領域

＊ Sumio Hosaka 群馬大学 大学院工学研究科 ナノ材料システム工学専攻 教授

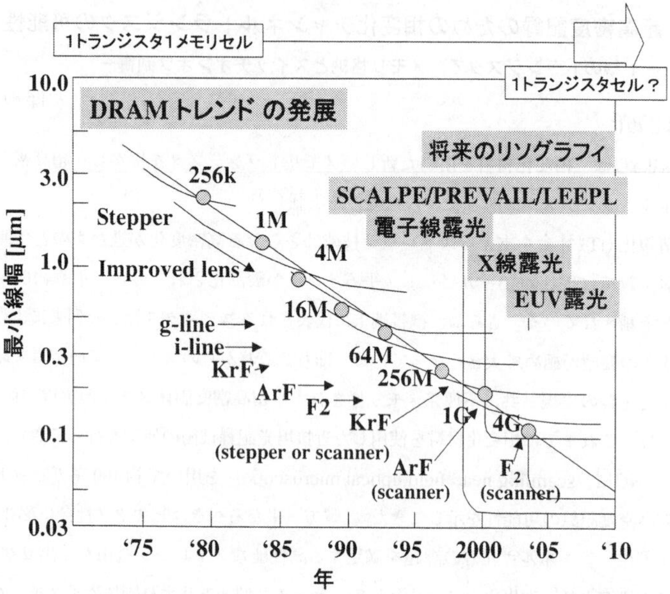

図1　DRAMの最小線幅と容量のトレンド（リソグラフィと回路構成）

のリソグラフィ技術は，これまでと違い，極限的なものになってきている。このため，これからの微細化はこれまでのように順調に進むことは予想できず，リソグラフィ技術に依存できない状態になって来ている。

一方，回路構造は，図2(a)に示すように，最初は双安定(フリップフロップ)回路が採用され，6個のトランジスタで構成されたメモリセルが採用されていた。その後，4個のトランジスタで構成されたメモリセル（SRAM回路，図2(b)），2個のトランジスタと2個のキャパシタで構成されたメモリセル(図2(c))が出現した。その後，現在の1個のトランジスタと1個のキャパシタで構成されたメモリセル（DRAM構成セル，図2(d)）が出現した。この基本形は，1968年にDennardにより提案されている[7]。この回路構成を1トランジスタ1メモリセル（1Tr1Mem）と呼ぶ。このメモリセル構造の基本形は現在も変わらず，磁気抵抗ランダムアクセスメモリ素子(MRAM；Magnetic Random Access Memory)，強誘電体ランダムアクセスメモリ素子(FeRAM；Ferroelectric RAM)，相変化ランダムアクセスメモリ素子（PRAM；Phase-change RAM）[8] で使用されている。図3はDRAMの構造と相変化抵抗素子を使用した不揮発メモリ素子の構造を示す。図3(a)はDRAM構造を示し，電界効果トランジスタとトレンチ型キャパシタで形成されている。図３(b)はDRAM構造のキャパシタの代わりに相変化抵抗を用いた場合を示す。これらの素子の主な研究課題は，次の３つがある。

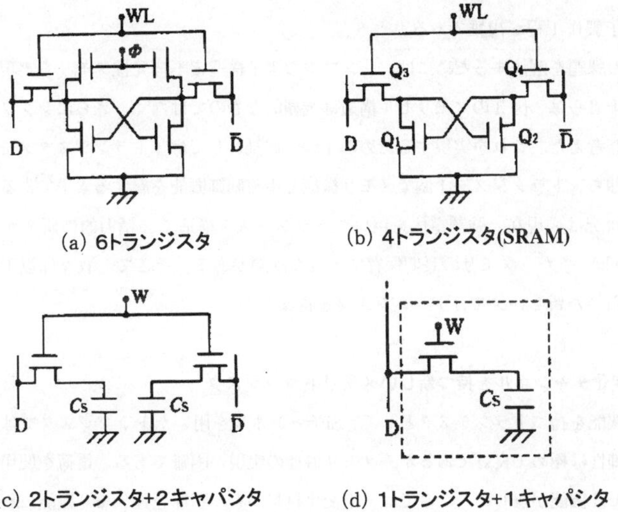

図２　DRAM 回路構成の流れ（１トランジスタ＋１キャパシタに向けて）

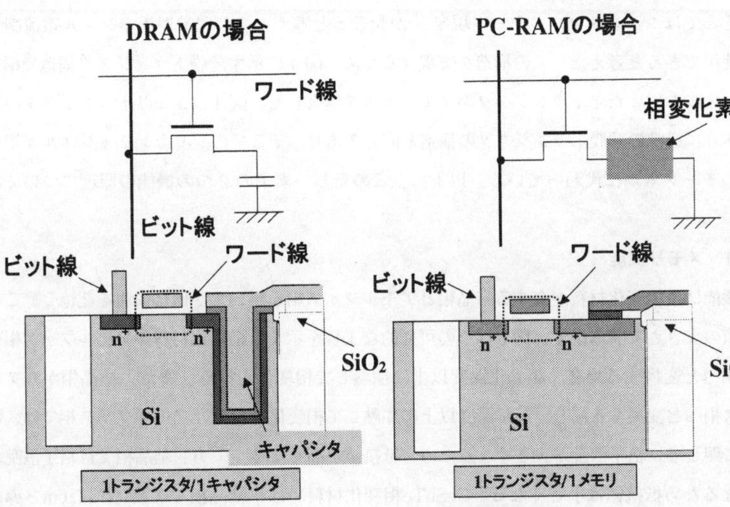

図３　代表的なメモリセル回路構成と構造図

① 素子がトランジスタとキャパシタおよび素子分離用STI（Shallow Trench Isolation）構造があり，1つのメモリセル面積が大きい。
② DRAMは不揮発メモリではない。
③ 素子製作工程が複雑である。

これらの課題を解決するためには，シンプルな素子構造で不揮発性メモリを実現しなければならない。筆者らは，図3のメモリセル構造は究極的なものではなく，さらにシンプルなメモリセルがあると考えた。これを実現するための1つの候補としては1トランジスタメモリセルが考えられた。即ち，トランジスタ1個でメモリ機能と電流制御機能を有する素子である。このトランジスタの研究は，現在，強誘電体を用いたトランジスタ構造で，精力的に研究が進められている[9]。しかし，まだ，メモリの長期保存に大きな課題がある。そこで，我々は以下のような相変化材料を用いた新しいメモリトランジスタを提案した。

3. 3 相変化チャンネルを持つ新しいメモリトランジスタ

2つの機能を持つトランジスタとして，Siチャンネルを用いたトランジスタでは，チャンネル電流の制御性は極めて良好であるが，メモリ機能の実現が困難である。電荷を使用するため，不揮発性メモリ機能が難しい。ここでは，相変化材料がもつ不揮発性メモリ機能に着目して，材料内の電子の移動が制御できないか検討した。検討の結果，相変化材料を構成する微結晶がナノメートルサイズであることに注目した。ナノメートルサイズの微結晶で構成されていると考えると，そこではクーロンブロッケード現象[10]が起こると考え，この現象がチャンネル電流制御として使用できると考えた。この構造を実現するため，図4に示す薄膜トランジスタ構造で相変化チャンネルを用いた1トランジスタのメモリセルを提案した。図4はメモリトランジスタの構造図であり，通常の薄膜トランジスタの構造と同じであり，そこでのシリコンチャンネルが相変化材料のチャンネルに代わっている。以下に，この新しい素子の2つの機能の原理について述べる。

3. 3. 1 メモリ機能

本機能は，相変化材料が有する結晶相とアモルファス相を用いて2値化情報を記憶し，これを抵抗値の大きさで読み出す。図5はその可逆的な工程を示す。相変化材料がアモルファス相から結晶相へと変換する場合，結晶化温度以上に加熱して相変化を行う。また，結晶相からアモルファス相へと変換する場合，溶解温度以上に加熱して相変化を行う。アモルファス相では，電子移動に関して，格子散乱が大きくなるため，抵抗値が高くなる。一方，結晶相では格子散乱が小さくなるため抵抗値は小さくなる。GeSbTe相変化材料では，結晶相では数100$\mu\Omega$cmと導電率は小さく，アモルファス相では数100Ω cmと導電率が大きい。文献によると，アズデポ状態で

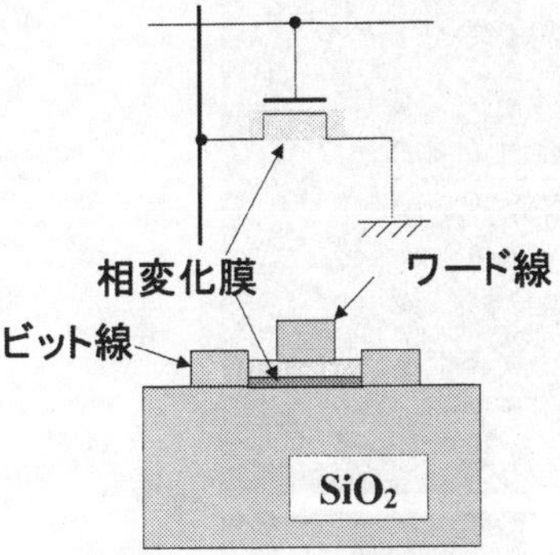

図４　本提案の相変化チャンネルを使用した新しいメモリトランジスタ

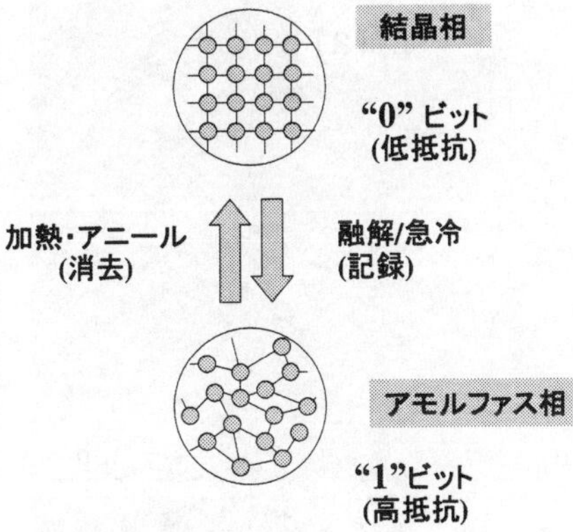

図５　相変化プロセスと抵抗との関係

はアモルファス相になっていて，280Ωcmであると言われている[11]。結晶相では，416μΩcmであり[12]，約５桁の抵抗値変化を示している。ここでは，この原理を使用して情報を記憶する。結晶相とアモルファス相との変換制御は，電流加熱で行う。ソースドレイン間に形成した相変化チャンネルにソースドレイン電流の印加により，相変化材料を加熱する。図６のように，このソースドレイン電流により，結晶相は結晶化温度以上に加熱して形成し，アモルファス相は融点以上に加熱して形成する。GeSbTe材料の結晶化点は，200℃前後で，融点は600℃前後である。

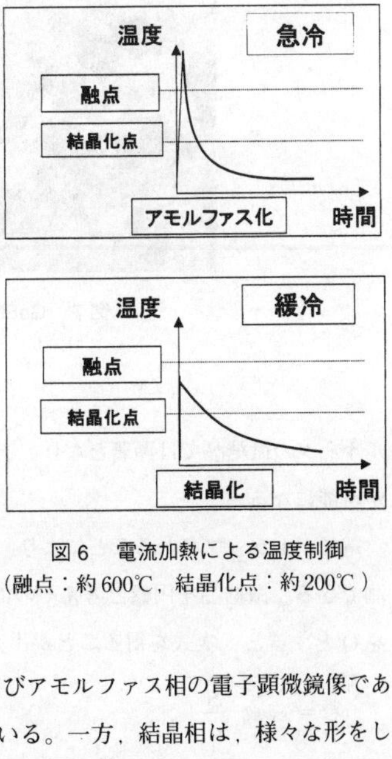

図６　電流加熱による温度制御
（融点：約600℃，結晶化点：約200℃）

3.3.2　チャンネル電流制御機能

チャンネル電流制御機能は，結晶相の微結晶サイズによるクーロンブロッケード作用により電流経路を減少させて行う。図７は透過型電子顕微鏡による結晶相およびアモルファス相の電子顕微鏡像である。アモルファス層は完全に１nm以下の微粒子になっている。一方，結晶相は，様々な形をした微結晶が集まって形成されていることが分かる。この微結晶のサイズは５nmから50nmに分布しており[2]，電子をこれらの微結晶にトラップするとその微結晶のポテンシャルは変化し，電子の流れ込みを抑制することになる。この現象をクロンブロッケードと呼ぶ。特に，ナノメート

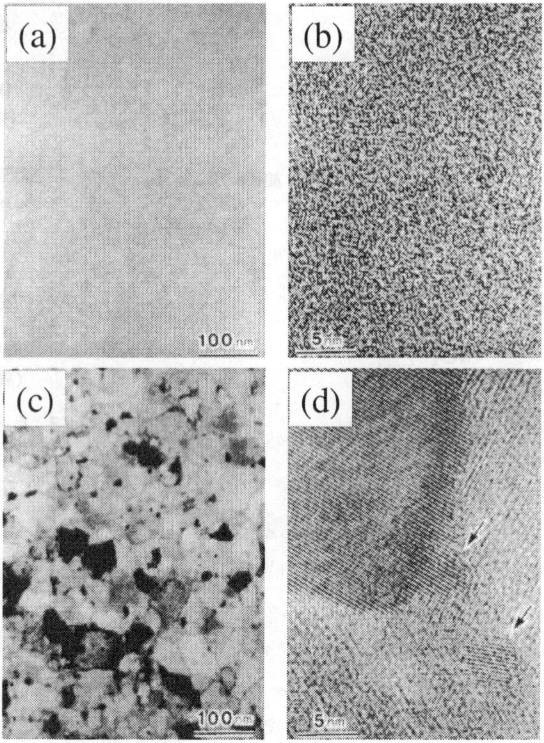

図７　GeSbTe 相変化材料の透過電子顕微鏡像
(a), (b)：アモルファス相，(c), (d)：結晶相

ルオーダの微結晶では顕著となり，チャンネル内の電子流路をクーロンブロッケードにより制御が可能になる。

電子がトラップされることにより，ポテンシャルが変化する量はコンデンサの式を使用して予測できる。微結晶を円盤と考えその面積をS，コンデンサのギャップをｄ，トラップされる電荷をＱとすると，次式を得ることが出来る。

$$C = \varepsilon_s \varepsilon_0 \frac{S}{d} \tag{1}$$

$$Q = CV \tag{2}$$

今，Ｓを100nm^2，ｄを100nm，ε_sを４とすると，ポテンシャルＶは約−5Ｖとなり，電子の流路を抑制するように動作する。微結晶の面積をa^{2}とすると，ポテンシャルＶは式(3)のように表される。

$$V = -\frac{500}{a^2} \quad [\mathrm{V}] \tag{3}$$

ゲートバイアスにより相変化チャンネル内の電子トラップを制御することが出来る。この時の１つの微結晶に対する静電容量は，シリコン酸化膜を約100nm厚で用いた時(上記の条件と同じ)，約3.6×10^{-20} *Frad*　(S：100nm^2) となり，室温でも十分なクーロンブロッケードが起こる。

以上のように，数10nm以下の径を持つ微結晶の場合，電子がトラップされると，電位が負側に深くなり電子の流入を妨げ，さらに，近くを通る電子流にも影響を与える。このことを模式的に書くと，図８のようなチャンネル電流制御の原理図となる。電子トラップがない場合は左図のように多くの電子流路が形成される。しかし，右図のようにゲート電圧に正電圧を印加すると，電子トラップが微結晶内に起こり，その周辺の電流経路は抑制される。これにより，大きな微結晶内を電子が通り，僅かな電子流路のみ存在しない。このため，ソースドレインの電流電圧特性が左下のような特性を示すものと予測される。

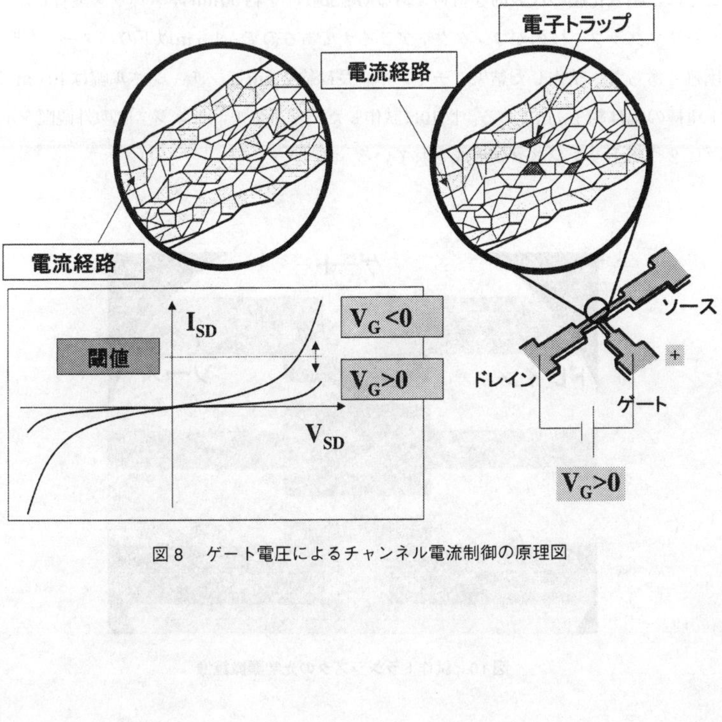

図８　ゲート電圧によるチャンネル電流制御の原理図

3.4 試作相変化チャンネルトランジスタ

上記の原理を用いた相変化チャンネルトランジスタを簡易リソグラフィ技術を用いて試作した。図9は試作したトランジスタの構造図を示す。ゲート電極埋め込み型トランジスタ構造をとっている。また，この構造は，薄膜トランジスタ(TFT)の作製技術でも形成できるものと期待される。主な製作工程は以下の通りである。

① 最初に，シリコンウェーハを酸化する。
② その上にゲート電極を形成する。
③ その上に，酸化膜を約100nmスパッタ蒸着する。
④ さらに，ソース，ドレイン電極を形成する。
⑤ その後，相変化膜をチャンネル部分にスパッタ蒸着する。

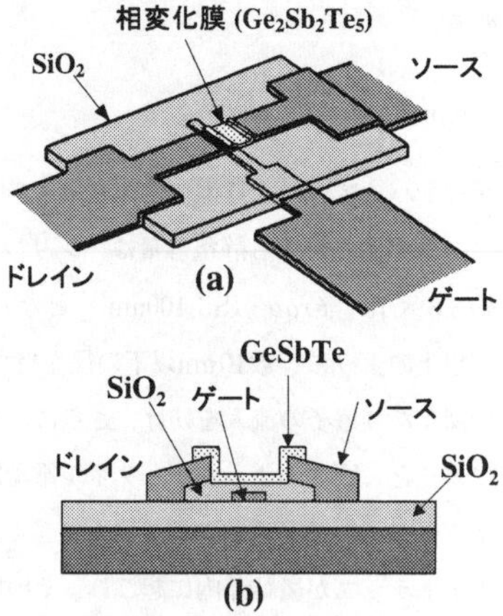

図9　試作トランジスタの概念図
(a) 3D イメージ　(b)断面図

ここでは，相変化膜の代表的な材料である$Ge_2Sb_2Te_5$を約50nm厚スパッタ蒸着した。また，使用したリソグラフィ技術がコンタクトアライナであるので，1μm以下のパターンを形成するのは困難であった。試作した結果，チャンネル長は約2μmで，チャンネル幅は10μmであり，ゲート電極の幅は約1μmである。図10に試作したチャンネルトランジスタの外観図を示す。1チップに2つのトランジスタが形成されている。

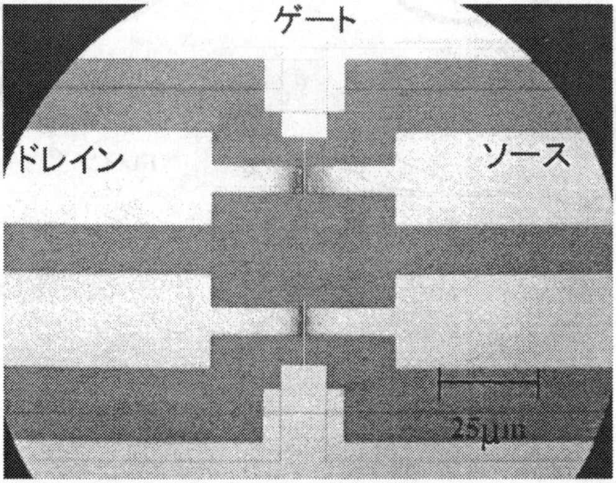

図10　試作トランジスタの光学顕微鏡像

3.5　ソースドレイン電流電圧特性の測定

半導体アナライザを用いて上記の試作チャンネルトランジスタの電流電圧特性を測定した。測定の結果，本試作チャンネルトランジスタが不揮発メモリ機能とチャンネル電流制御機能を有することを見出すことができた。

3.5.1　不揮発メモリ特性

図11は相変化チャンネルをソースドレイン電流加熱により相変化させた実験結果を示す。この場合，初期状態で結晶相である試料を使用した。ここでは，結晶相からアモルファス相への相変化を行った結果を示す。ゲート電圧は0Vとした。最初，電流電圧特性は，ソースドレイン電圧が2Vで約10nA流れている。この試料にソースドレイン電圧3V印加した後，ソースドレイン電流電圧特性を測定すると，図11(b)のようになる。この電圧印加ではアモルファス相に相変化しない。さらに，ソースドレイン電圧4Vを印加すると，ソースドレイン電流電圧特性は，図11(c)のように電流が減少したことが分かる。ソースドレイン電圧2Vで約0.2nAと非常に小さくなった。初期状態より，約50分の1となり，アモルファス相に相変化したことが分かる。また，この状態は，数時間経って測定しても図11(d)のように，変化しないことが分かった。即ち，不揮発メモリ性を示した。この状態は，光ディスクの研究で既に長期に渡り保持されていることが確認されているので，ここでも同様なことが言える。

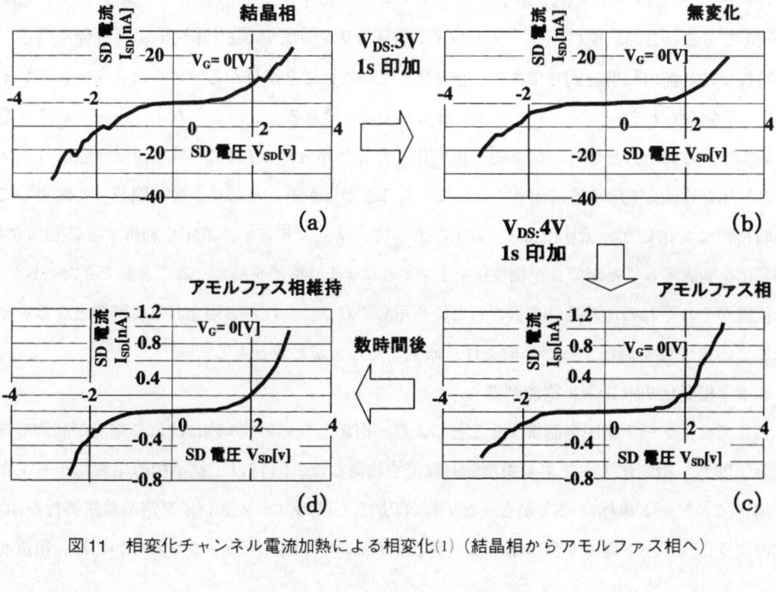

図11　相変化チャンネル電流加熱による相変化(1)（結晶相からアモルファス相へ）

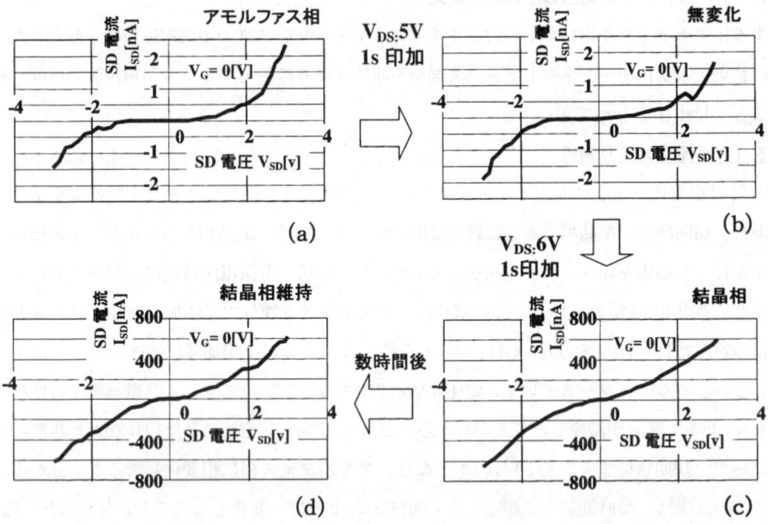

図12　相変化チャンネル電流加熱による相変化[2]（アモルファス相から結晶相へ）

図12は相変化チャンネルをアモルファス相から結晶相へ相変化した時の実験結果を示す。最初の状態はアモルファス相である。ソースドレイン電圧が2Vの時，ソースドレイン電流は0.5nAである。この状態に，ソースドレイン電圧5Vを印加すると，図12(b)の特性を得る。この特性では，前の状態と同じであり，相変化していないことが分かる。さらに，ソースドレイン電圧6Vを印加すると，ソースドレイン電流が大きく流れるようになった。ソースドレイン電圧2Vの時，約400nAとなり，結晶相に相変化したことが分かる（図12(c)）。初期状態より，ソースドレイン電流が約800倍に大きくなっていることが分かる。その後，数時間経って測定してもこの特性は変化しない（図12(d)）。以上のように，ソースドレイン電圧を制御することにより，相変化を制御することができ，相変化チャンネルにメモリ機能を持たせることができた。しかし，電流値がそれぞれの加熱条件で異なった値を示しており，これが実用上非常に問題となる。今後は，この再現性を確保するための条件を研究することが必要となる。

3.5.2　相変化チャンネル電流制御

ここでは，ゲート電圧を制御することにより，相変化チャンネル内に流れる電流が制御できること，即ち，相変化チャンネル電流制御機能を検討した。図13は，結晶相の相変化チャンネルを用いて，ゲート電極に−3Vから＋3Vまで印加した時のソースドレイン電流電圧特性を示す。図のように，ゲート電圧が負の場合は，電子がチャンネル内にトラップされないため，電流が流

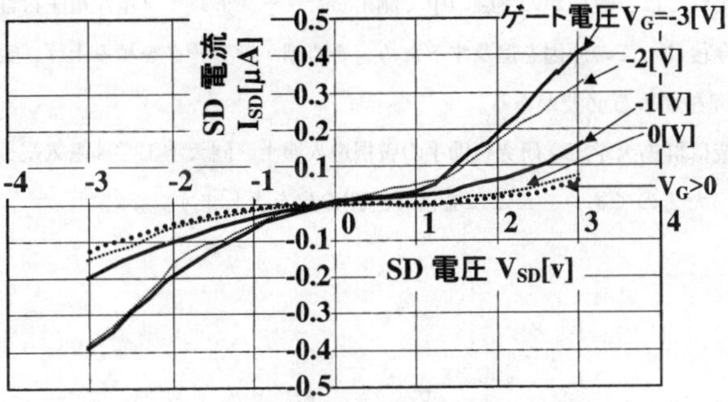

図13　ゲート電圧によるチャンネル電流制御結果

れる。しかし，正の電圧を印加するとチャンネル電流が制限されることが分かる。これは，原理で述べたように正の電圧を印加するとチャンネル内の微結晶に電子がトラップされ，そこに負の電位が発生するため電子の流れが制限されることを示した。ソースドレイン電圧２Ｖの時を比較すると，ゲート電圧が−３Ｖの時，約300nAであるが，ゲート電圧が正の場合は，約10nA以下となり，ゲート電圧制御により約30：１となることが分かる。このように，相変化チャンネル電流制御機能を実証することができた。

3.6　おわりに

以上のように，相変化チャンネルを用いたメモリトランジスタを提案し，１つのトランジスタで，不揮発メモリ機能とチャンネル電流制御機能を持つことを実証した。この２つの機能は，相変化材料が持つ相変化特性とクーロンブロッケード効果によって実現されると考える。これらの実験より，新しいメモリトランジスタの可能性を示すことができ，超高密度のための１トランジスタメモリセルの可能性を示すことができた。このように，本提案のメモリトランジスタは，超高密度メモリとしての新しい形態の素子であると期待される。以上，まとめると，本提案のトランジスタは次のような特長を持つことができる。

①　超高密度不揮発性固体メモリ素子の可能性

②　簡単な構造であること

③　プロセスが簡略化できること

④　素子分離が簡単であること

⑤　省エネ素子であること

⑥　高速書き込み消去が可能性であること

これまでの実験では，幾つかの実験の中で測定したソースドレイン電流電圧特性のバラツキが計測された。今後は，この原因を追及するため，きめ細かいデータを積み上げ，実用的な素子の実現に向け研究を進める必要がある。

なお，本研究は群馬大学工学研究科助手の曽根逸人博士，同大学工学部電気電子学科学生の宮内邦裕氏と行ったものであり，ここに心より感謝の意を表します。

文　献

1） S. Hosaka, K. Miyauchi, T. tamura, Y. Yin, and H. Sone, Proc. 15th Symp. Phase change Optical Information Storage PCOS 2003 (Ed. T. Ide, Atami, Japam, 2003) pp.52–55
2） S. Hosaka, T. Shintani, M. Miyamoto, A. Kikukawa, A. Hirotsune, M. Terao, M. Yoshida, K. Fujita, and S. Kammer, *J. Appl. Phys.* **79**, pp.8082–8086 (1996)
3） K. Nakayama *et al., Jpn. J. Appl. Phys.* **39**, 6157 (2001)
4） N. Yamada, E. Ohno, K. Nishiuchi, N. Akahira, and M. Takao, *J. Appl. Phys.* **69**, 2849 (1991)
5） S. Hosaka, K. Miyauchi, T. Tamura, Y. Yin, and H. Sone, Proc. 15th Symp. Phase Change Optical Information Storage PCOS 2003 (Ed. M. Okuda, Atami (Japan), 2003) pp.52–55
6） S. Hosaka, T. Suzuki, M. Yamaoka, K. Katho, F. Isshiki, M. Miyamoto, Y. Miyauchi, A. Arimoto, and T. Nishida, *Microelectronic Eng. ineering*, **61–62**, 309–316 (2002)
7） R. H. Dennard, “Field Effect Transistor Memory” U. S. Patent 3387286 June 4, 1968
8） M. Gill, T. Lowrey, and J. Park, “Ovonics Unified Memory—A High Performance Nonvolatile Memory Technology for Stand Alone Memory and Embedded Applications” 2002 IEEE International Solid State Circuits Conference, (February 4–6, 2002)
9） H. Ishiwara *et al., Jpn. J. Appl. Phys.* **36**, 1655 (1997)
10） K. Yano *et al., IEEE Tran. –ED*, **41**, 1628 (1994)
11） I. Friedrich and V. Weidenhof, *J. Appl. Phys.* **66**, 4130 (2000)
12） Dae–Hwan Kang, Dong–Ho Ahn, Ki–Bum Kim, J. F. Webb and Kyung–Woo Yi, *J. Appl. Phys.* **94**, 3536 (2003)

第3章　ブルーレーザー光ディスク技術

1　Blu-ray Disc 技術の概要

山上　保*

1.1　はじめに

オーディオ・ビデオのデジタル化にともない，2値化されたデジタル信号をベースバンド記録できる光ディスクは目覚ましい発展をとげてきた。特に1982年に登場したCD（コンパクトディスク）と1996年に登場したDVDはオーディオ・ビデオのデジタル化を具現化したものとして我々の日常生活になくてはならないものとなっている。CDはアナログレコードやコンパクトカセットなどのテープメディアに置換わり，DVDは今まさにビデオテープメディアにとって替わろうとしている。これらはデジタル化されたコンテンツの流通媒体つまりROM（リードオンリーメモリー）として当初普及したが，その後記録型メディアが登場するとコンピュータ用の記録媒体としても重用されるようになり，民生用機器から業務用機器まで幅広い分野で活用されているのも見逃せない点である。

メディアとしての機能形態からいうと再生専用型（Read Only）／書換型（Rewritable）／追記型（Recordable）の3種類のメディアがそれぞれの適した用途に応じて使い分けられているのも光ディスクの特徴である。再生専用ディスクはおもにオーディオ・ビデオあるいはコンピュータデータのコンテンツ配布メディアとして，書換ディスクは繰返し記録や編集用途として，追記ディスクは保存用アーカイブ用の安価なメディアとしてそれぞれの特性をいかしたアプリケーションが確立している。

このように情報およびコンテンツのデジタル化という流れにもっとも適合したメディアとして発展してきた光ディスクであるが，この次にやってくる環境は情報のブロードバンド化，つまり通信，放送，インターネットにおいての情報量と帯域が圧倒的に増加する状況である。この様な状況に適応すべく開発されたものがBlu-ray Discフォーマットである。

Blu-ray Discフォーマットの基本コンセプトはこのようになっている。

① 再生専用型（Read Only：ROM）／書換型（Rewritable：RE）／追記型（Write Once：WO）のすべてに一貫した物理構造を採用する

---

* Tamotsu Yamagami　ソニー㈱　ブロードバンドネットワークカンパニー　オプティカルシステム開発本部　BD開発部門　3部　統括部長

② HDTV放送をそのままの画質・音質で２時間以上録画可能な記録容量

③ 広い分野で活用されるフォーマット：民生用プレーヤ／レコーダー，PC用ドライブ，業務用レコーダー

記録型ディスクとしては相変化記録方式がCDとDVDでも採り入れられ，Blu-ray Discでも採用している。これまで見ても分かるように，大きく普及できる光ディスクの条件はRE/ROM/WOが一貫したフォーマットである事とそれを実現するドライブとディスクの総合技術である。相変化記録膜は比較的シンプルな構造でオーバーライト，高速化および２層以上の多層化が実現でき，なおかつドライブの視点から見ると光学系がROM/WO用と同じ構成が取れることが利点である。本節ではBlu-ray Discで最初に策定されて，すでにメディアもドライブも商品化された，リライタブル（RE）規格の物理フォーマットについて述べる。

1.2 記録密度と容量

図１に次世代光ディスクをとりまく環境を示す。放送はデジタル化され特に高品位画質(High Definition放送）の広帯域の信号が送出され，これをダイレクトにデジタル記録できるメディアが当然要望される。同時に高品位画質映画などのコンテンツも製作され，その配布メディアとしての大容量ROMが期待される。またディスク形態ならではの編集性能の高さからデジタルカムコーダーなどのテープメディアからアーカイビングの要望も高くなる。図２に衛星放送と地上波放送のアナログからデジタルへの転換計画を示す。ここ５年〜10年でほとんどの放送がデジタルになっていく。デジタルのHD放送をそのままの画質･音質で２時間以上録画するには24Mbps

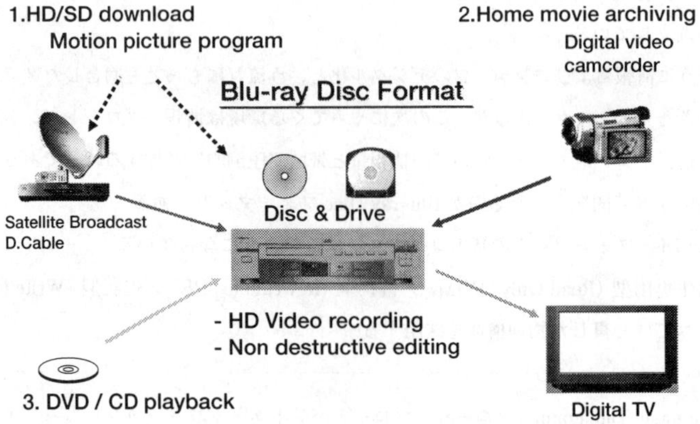

図１ 大容量記録システムの要求

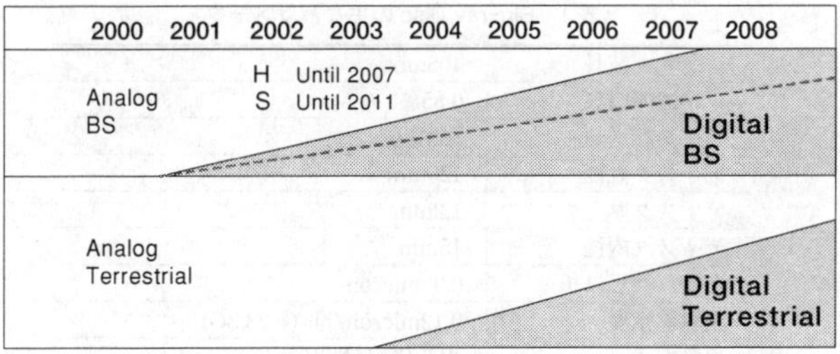

図2　デジタルブロードキャストへの転換

×120分＝21.6ギガバイトの容量が必要になる。BDでは以下のように容量を定めている。

一層ディスク：23.3GB，25GB，27GB

二層ディスク：46.6GB，50GB，54GB

これらはBD-REばかりでなくBD-R，BD-ROMに共通の記録容量となっており，日本のBSデジタル放送では優に4時間以上の録画が可能になっている。またユーザデータの転送レートは

1倍速記録：36Mbps

2倍速記録：72Mbps

としている。2倍速記録は2003年中にすべてのフォーマットで定義される予定である。これにより HDDからの高速転送や一つのディスク上での同時記録再生などが可能になってくる。

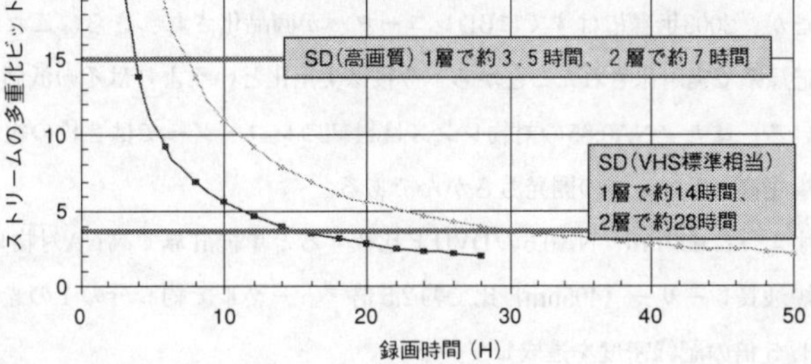

図3　ディスク容量と録画時間

表1　Blu-ray Discの主なパラメータ

レーザー波長	405nm
レンズ開口数	0.85
データ転送レート	36Mbps
ディスク直径	120mm
ディスク厚	1.2mm
ディスク内径	15mm
トラックピッチ	0.32micron
記録線密度	0.12micron/bit (@23.3G)
記録方式	相変化記録
変調方式	1-7PP
誤り訂正方式	64KB LDC＋BIS
トラック形式	グルーブ記録
アドレス方式	ウォーブル方式
映像記録方式	MPEG-2ビデオ
音声記録方式	AC3，MPEG-1-Layer2，Others
映像音声多重化方式	MPEG-2トランスポートストリーム

またすでに160Mbpsから200Mbpsの高速記録膜の開発も報告されており，多層化とともにフォーマットの拡張性に余力を残している。図3に想定されるストリームデータとそれぞれに対する録画時間の関係を一層と二層の場合について示した。

表1にBlu-ray Disc REの主要パラメータを示す。詳細の解説を次項以降で行う。

1.3　高密度記録

1.3.1　高密度化手法

Blu-ray Discでは光源の短波長化と対物レンズの高NA化というこれまで光ディスクが歩んできた高密度化の自然な流れに従い高密度化を進めた。図4にCD，DVDも含めて各システムで使用している光源の波長と対物のNA，それによって記録された相変化マークの写真を示す。

光源のレーザーとしては青紫レーザーを使う。数年前までは実用化を信じられていなかった青紫レーザーだが，2003年春にはすでにBDレコーダーが商品化され，さらにこれがハイパワーを必要とする記録系で実用化されたことから，今後は実用化というよりはその低価格化の道がはっきり見えている。また，NA0.85の対物レンズは最初のレコーダーでは2枚の組レンズで実現したが，各社単玉高NAレンズの開発もさかんである。

図5に示すように650nm，NA0.6のDVDと比較すると単純計算で高NA対物レンズ（0.85）比で約2倍，短波長レーザー（405nm）比で約2.5倍，トータルで約5分の1の光スポット（面積比）を実現し5倍の記録密度を達成している。

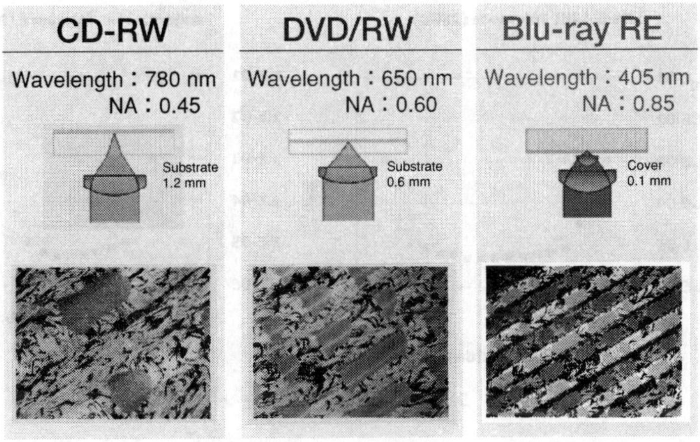

図4　高記録密度化

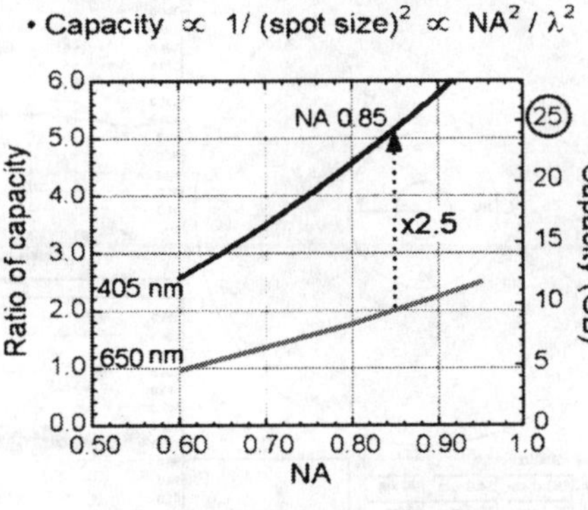

図5　短波長と高NAによる高密度化

1.3.2　カバー層

NA値を上げることは高密度にするための外せない手法であるが，いくつかの項目でマージンの低下要因になる。BDでは0.1mmの薄板カバー層を採用しこれらの問題をクリアしている。チルトマージンは波長λに比例しNAの3乗に反比例するが，同時にカバー層厚みに反比例するので，この厚みを0.1mmとすることにより記録型でも一気にDVD並みのチルトマージンを確保している[1)]。

図6において評価指標をビットエラー率ber＝3×10^{-4}におくとラジアルチルトにして$\pm0.70°$

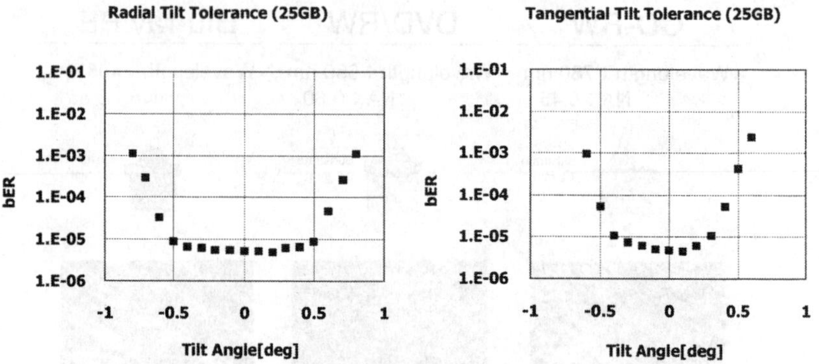

図6　Blu-ray Disc RE におけるチルトマージン

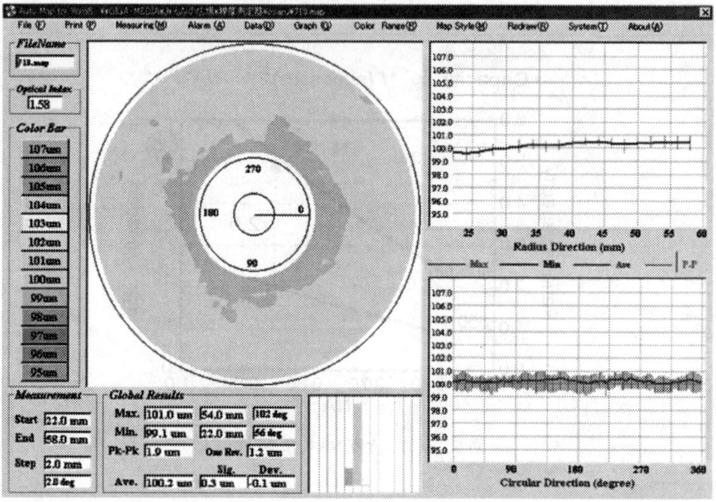

図7　厚みムラ測定（ディスクは0.1t ポリカシートを UV レジンで付着）

近いマージンが確保されている。また，カバー層厚みムラのマージンは波長λに比例しNAの4乗に反比例し非常に小さく押さえ込まなければならないが，実際に0.1mm厚み基板をいくつかの方法で作ってみると薄板化することによって自動的に厚みムラの絶対値も小さく押さえ込めることがわかった。図7に0.1mmカバー層ディスクの厚みムラの測定例を示す。ディスク全面としても2μm以内の厚みムラに押さえ込まれていることがわかる。

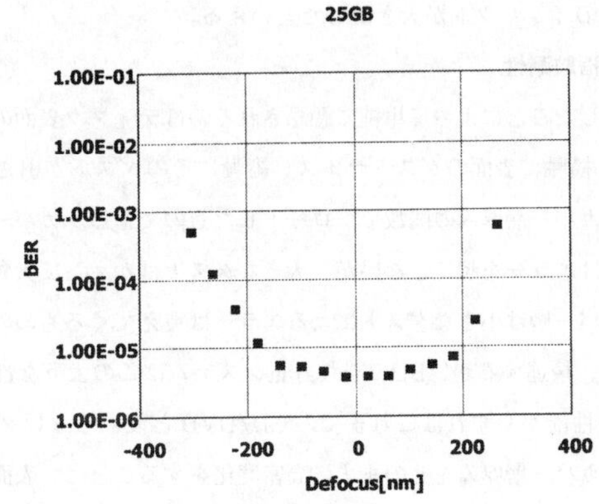

図８　デフォーカスマージン

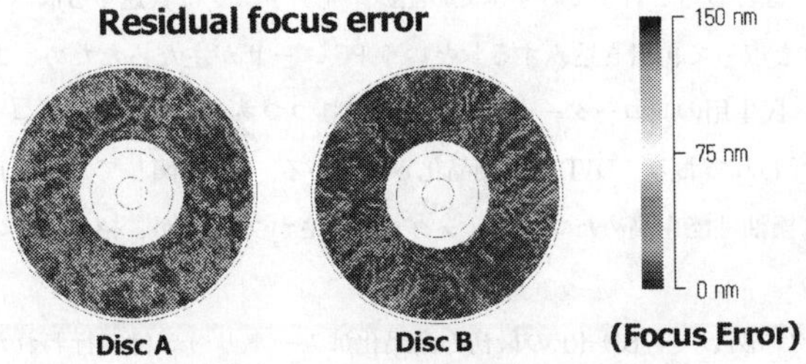

図９　残留フォーカス誤差

フォーカスマージンは波長λに比例しNAの２乗に反比例するので同様に狭くなるが，薄板の効果で上記のように平面性が良く保たれるため，残留フォーカス誤差も非常に小さくなり，ディスク自体がフォーカスマージンを食いつぶすことはないと言ってよい。

デフォーカスマージンは±250nmであり，図９にみられるようにディスク自身が及ぼす残留フォーカス誤差はきわめて小さいものとなっている（BDの残留誤差規定は45nm以下@1.6KHz帯域である）。

このようにBDでは薄板カバー層を導入し，システムが成立している。ではディスクのつくり易さはどうか？　図４をもう一度見るとわかるようにBDはちょうどCDと逆構造になっている。高密度化に伴い細部の精度は高いものを要求しているが，基本的にはCDと逆プロセスで作れるということである。つまりBDもCDやDVDと同等の安いコストでディスク生産ができるポテンシャルを持っているのである。むしろCDからDVDへの基板厚半減（1.2mmから0.6mm）の方が製造インフラへのインパクトが大きかったといえる。

1.3.3 ごみ，傷，指紋耐性

カバー層を薄板化したことによって単純に懸念されるのはディスク表面のごみや傷からくる影響である。図10は，横軸に表面のダストサイズ，縦軸にそのダストが引き起こす記録膜面でのエラー伝播の長さをカバー層厚みの関数でプロットしたものである。カバー層厚みが厚ければ厚いほど小さいダストはエラーを起こさないが，大きなダストはかえって大きなエラー伝播を引き起こす。逆に薄いカバー層は小さなダストによるエラーは見えてくるものの大きなダストによるエラー伝播は小さい。後述するが，BDの誤り訂正システムはこのような性質を十分考慮して構築されており，その性能からすればこれまでのCD/DVDと変わらないダストに対する耐性を持っている。むしろカバー層厚みをそのままに高密度化をすることは，表面スポットサイズは変わらないものの，線記録密度を上げたことにより同サイズのダストに対してエラーバイト数が増えることになり，上記の理由から特にバーストに対して危険になる[2)]。

指紋に関してはむしろこれまでのすべての記録系光ディスクに共通する悩みでありユーザーも「失敗したら拭き取って再書き込みする」というPCユーザが主だったため，あまり問題視されていなかった。民生用のレコーダー市場が立ち上がりつつある現在，ハードコートディスクの開発もさかんに行われており，DVDでも商品化されている。BDに関してすでに良好な開発報告がある[3)]。現在は撥油性能を高めたコーティングも開発されているが，紹介は次のチャンスにさせていただきたい。

ベアディスクに関して，BD-REの最初の商品化はカートリッジ付で行われたが，これはユーザのハンドリングとメディアストックのし易さを考慮したもので，PC用途に対してはもちろんベアディスクでの使用を前提に規格が考えられている。

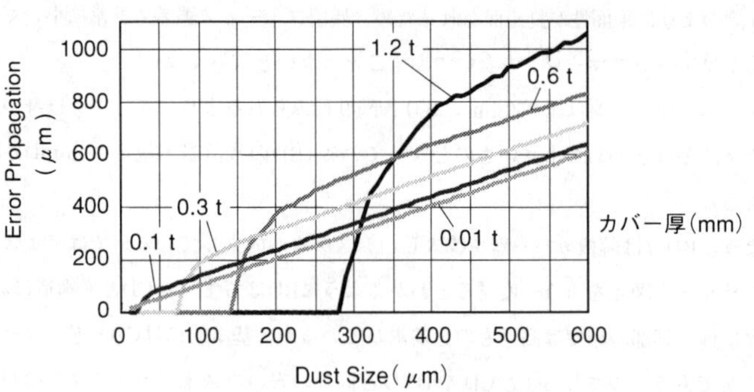

図10 各カバー層厚みにおけるエラー伝播

1.4　記録信号フォーマット

1.4.1　変調方式　17PP

Blu-ray Discは一般的な変調方式のパラメータで言う所のd＝1の（1，7）RLL系統の変調を採用している。実際には光ディスクシステムに向いた特性を持たせた17PP変調方式というものを採用している。図11に記録すべきソースのデータビット列がどのようにして記録波形に変換されるかを示す。

ソースデータ2ビット送信してくる時間に対して変調後は3チャンネルビットのデータ列に変換される。つまり記録に用いる変調後ビットのクロックはソースデータビットのクロックより3/2倍（1.5倍）高くなる。17変調のいわれはこの変調後ビットパターンの“1”と“1”のあいだに“0”の数が1個から7個までに制限されている事を示している。d＝1とはこの“0”の最小個数1個を示している。変調後のビットパターンは“1”の所だけHighレベル，それ以外はLowレベルのNRZ波形にしてNRZI変換器に送られる。NRZI変換器ではNRZ波形のLowからHighへの立ち上がりエッジのみでLowからHigh（あるいはHighからLow）の変化がもたらされ，最終的な記録波形となる。この記録波形のHighの部分が記録膜面でのマークに相当すると考えてよい。d＝1の変調符号はつまり記録面での最短マーク長は2T（2チャンネルクロック）になる。また，実際には常に2ビットのソースデータが変換されるわけではなく，ソースデータのパターンにより4ビットが6チャンネルビット，6ビットが9チャンネルビットという様に可変長で変換が行われる。

CDやDVDは1つのソースビットに対し2つのチャンネルビットを割り当て，なおかつd＝2の変調方式を採っていた。つまりソースビットに対しチャンネルクロックは2倍であり，最短のマーク長は3T（3チャンネルクロック）ということになる。17変調系は相対的にマーク長が短くなり符号間干渉（ISI）の影響を受けやすくなるにもかかわらず，BDで17変調を採用した理由はいくつかある。高線記録密度であるが故に，将来の高転送レート化もにらんでチャンネルクロックが高くなる事を避けたかったのが第一。第二にそのチャンネルクロックで一意的に決まる検出窓幅（時間軸）がクロックの低い17PPの方が広く取れるのでS/N比に対して有利な事で

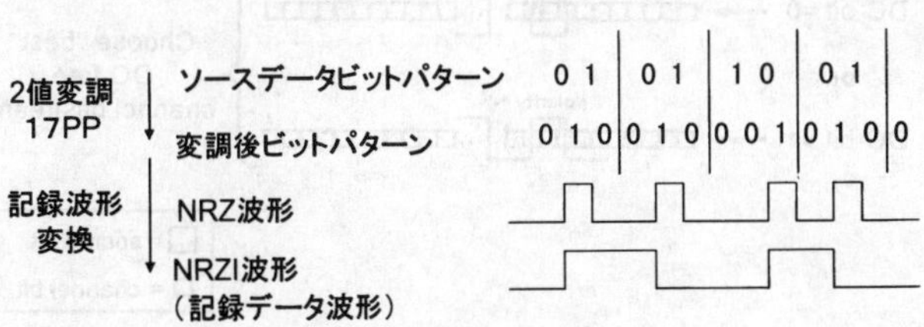

図11　17PP変調方式の概略

ある。ISIの影響と検出窓幅の効果のどちらが優位に働くかをd＝1とd＝2の変調系で実験とシミュレーションで確かめ，結果的にこの密度ではd＝1の17PPがジッター評価でもエラー評価でも上回った。実際HDDの世界でも高密度になるに従い，d＝2からd＝1の変調に移り変わってきた。もっともHDDは最近さらに検出窓幅の広いNRZ系の変調が主流になりつつある。

さて17PP変調の最初の方のPであるが，これはParity Preserveという意味である。17PPの変調規則ではソースデータビットの“1”の個数の遇奇（すなわちParity）とそれに対応する変調後ビットパターンの“1”の個数の遇奇が一致している。前述のように変調後ビットパターンの“1”のところで記録波形が反転するわけで，つまりソースデータビット列の“1”の個数(Parity)次第で記録波形の反転が制御できる。ソースデータビット列にはある特定のビット数ごとに1ビットを挿入するDCコントロールポイントが設けられており，記録波形のHigh/Lowレベルが均等に出現するようにDCコントロールポイントに1か0を挿入することにより，DC成分の抑制をする(図12)。同様のDCコントロールを変調後ビットパターンで行うのが従来の方法であるが，d＝1の拘束が付くため変調後ビットでは最低2チャンネルビットの挿入が必要となる。ソースデータビットの1ビット（1.5チャンネルビットに相当）によりDC制御を行う17PPの方が効率が良いと言われる所以である。

つぎに17PP変調の後ろの方のPであるがProhibit Repeated Minimum Transition Run lengthの頭文字であり，変調波形上で2Tの繰り返しを最大6回までに制限する規則である。最短マークやスペースの繰返しが長く続くと再生信号の取扱いの上で不都合な事が多くなるので制限を加えた[4)]。

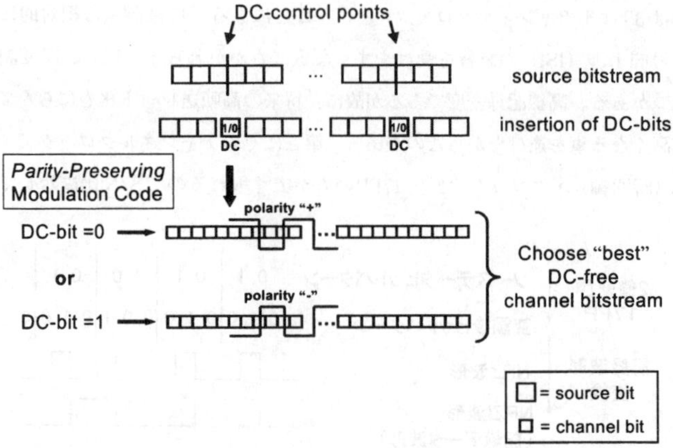

図12　17PP変調　Parity Preserve

1.4.2　誤り訂正方式

BDの誤り訂正符号は高密度ディスク特有の誤り発生を十分に考慮して設計された。BDシステムのエラー分布を詳細に調べたところ，記録線密度の高密度化により従来の光ディスクとは少し異なったエラー発生が観測された。高密度化したこと及び薄いカバー層を採用したことにより従来の１～数バイトのランダムエラーの他にショートバースト的なエラーも見え隠れする。エラー発生の仕方は感覚的には捉えることが出来ても，ディスクの状態，ドライブの状態，またそれらが置かれている環境にもよって刻々と変化をするので，誤り訂正符号を設計する場合エラー発生を定性的にシミュレートするモデルが必要となる。われわれはこのエラー発生状態をHidden Markov Modelを用いて非常に良くシミュレートすることができた[5)]。BDではこのモデルを使って一番効果的な訂正符号の構成を行った。図13に誤り訂正符号の構造を示す。

(1)　ロングディスタンスコード

符号の基本部分は(248，216，33)のリードソロモン符号である。いわゆるロングディスタンスコード（LDC）である。バイトベースとしては拡張まで行わないもので最大に近い符号長を持っている。パリティは32バイトで符号距離は33バイトある。この符号を304列並べ，情報データの容器としては65664バイト分確保されている。実際のユーザデータは65536（64K）バイトである。基本的にユーザデータは入ってきた順番にあるバイト単位のインターリーブを受けながら縦方向に216バイト並べられそれに対して32バイトのパリティが付加される。このLDCを横方向に304並べ，ディスク上への書込みは横方向の順番で行う。横方向の列数が多いため非常に深いインターリーブがかかることになり，誤り訂正符号から見るとかなり長いバーストエラーでさえ数バイトのランダム性のエラーにしか見えないようになっている。

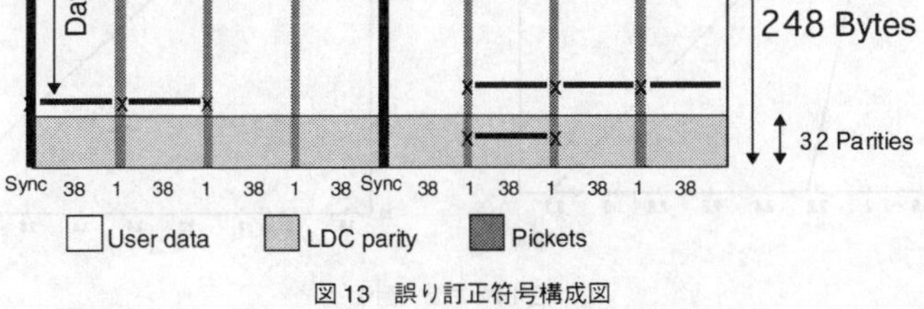

図13　誤り訂正符号構成図

(2) バーストインジケーター

BDではさらに万全を期すためにピケットコード (Picket Code) を導入している。これをバーストインジケータ (BIS：Burst Indicator Subcode) と呼んでいる。図13において横方向38バイトに1バイトPicket code（エラー状況を別コードから掌握するための“杭”の役割）が挿入されている。符号自体は縦列の(62，30，33)のリードソロモン符号であり，ユーザデータのLDCとは独立したものである。符号長のほぼ半分がパリティであるこのコードは強力な検出と訂正能力を持ち，この符号内に起きたエラーの位置を特定することができる。特定されたエラー位置(図中のX点) が書込み方向 (図中の行にあたる) に並んでいる場合はX点ではさまれたLDC側のデータがバーストエラーである確率が高く，そこをLDC側のエラー位置と特定し，イレージャ(消失)訂正をすることができる。LDCにおいて通常の訂正を行った場合1符号内で最大16バイトまで訂正可能だったが，このイレージャ訂正を使えば最大32バイトまでの訂正が可能となる。これは図13でいうと32行分 (32×304バイト) の訂正が可能になるということである。そういう意味でこの符号をバーストインジケータと呼んでいる。もちろんこのような都合のよいバーストエラーは実際には起こりにくく，最大バースト訂正長なる数字の競争をすべきではないが，この符号から得られる情報とLDCの検出訂正符号を組合わせることにより柔軟な訂正行為が可能となる。

(3) 性　能

性能の一例を図14に示す。

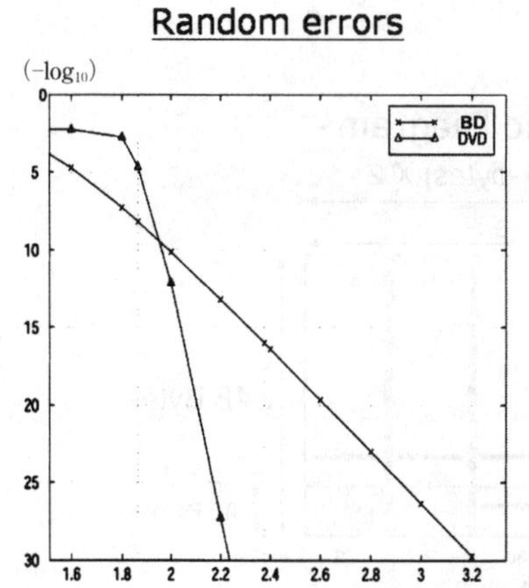

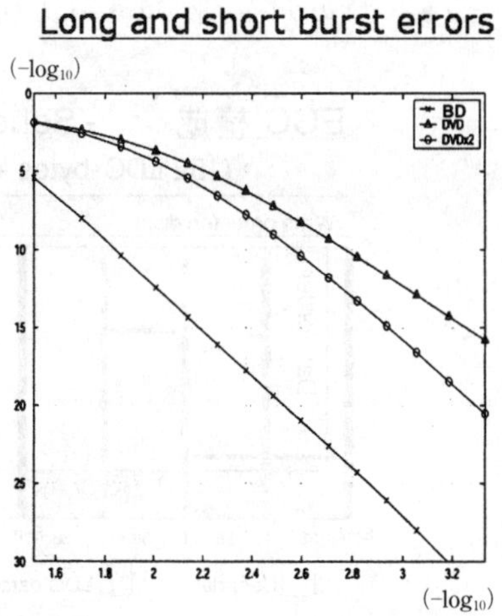

図14　エラー耐性

ランダムエラーのみがディスク上にある場合（図14左）とバーストエラーが混在した場合（図14右）をそれぞれBDとDVDで比較してみる。横軸は生エラー率，縦軸は訂正後エラー率でランダムのみの場合は生エラーが良い状態になるとDVDが訂正後エラー率で上回るものの，バーストエラーが存在した状態では非常にパフォーマンスが落ちてしまう。DVD32Kを2枚並べたものを想定しても同様である。一方BDの訂正能力はエラーの状態によらず常に一定のパフォーマンスを発揮しており，高密度記録に適した能力を持っている。

1.4.3　アドレス方式[6)]

記録型ディスクではあらかじめディスク上にエンボスされているアドレスの方式も物理フォーマットとして重要な部分である。要求される性能は記録中も記録後も含め，「ユーザデータ（記録するRF信号）よりすべてのマージンが広いこと」である。BDのアドレスは信号を書き込むグルーブ（案内溝）がディスクのラジアル方向に蛇行しており（ウォブリングと呼ぶ），このウォブリングの仕方でアドレス情報を持たせている。基本的な考え方はCD−R/RW等のアドレスと同じである。

図15に示すように，グルーブは余弦波でウォブリングされており，その一波長の周期は69チャンネルクロック長である。

具体的なアドレス情報を入れるために，グルーブには2種の変調すなわちMSK（Minimum Shift Keying）とSTW（Saw Tooth Wobbling）が多重されている。MSKは通信でも使用されているS/Nに強いマーク信号であり，STWは基本波に対し微弱な2次高調波を含んだ波形となっている。ウォブルは56波集まってADIP（Address in Pre−groove）ユニットという単位を作っており，その1つのADIPユニットでアドレスデータの“1”あるいは“0”を表している。これを図16に示す。MSKはADIPの前半でマーク位置により1/0を表し，STWは後半の部分に同じ1/0情報を乗せて置かれている。STWの1/0は2次高調波の極性で決まる。

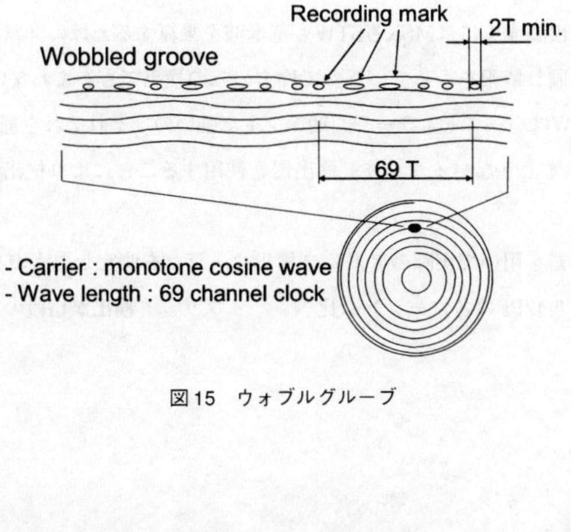

図15　ウォブルグルーブ

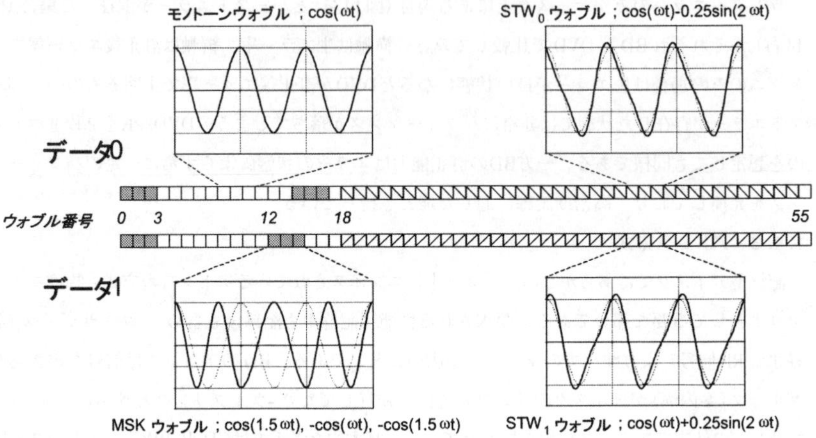

図16　ADIP ユニット

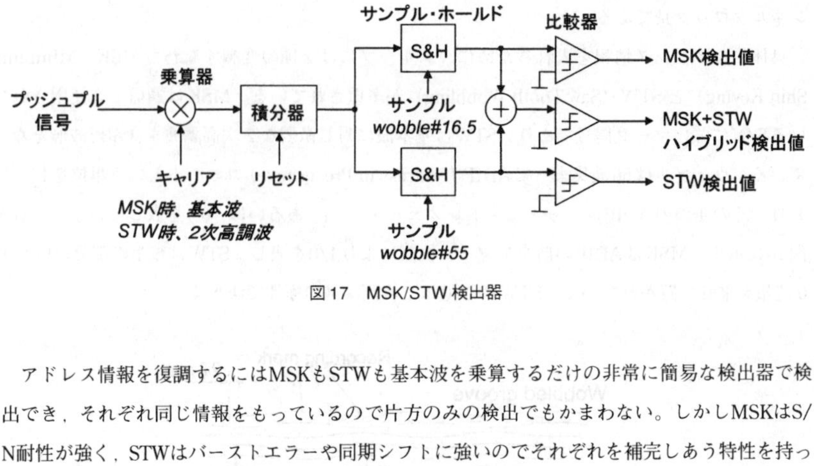

図17　MSK/STW 検出器

アドレス情報を復調するにはMSKもSTWも基本波を乗算するだけの非常に簡易な検出器で検出でき，それぞれ同じ情報をもっているので片方のみの検出でもかまわない。しかしMSKはS/N耐性が強く，STWはバーストエラーや同期シフトに強いのでそれぞれを補完しあう特性を持っている。図17に示すようなハイブリッド検出器を使用することにより検出能力が飛躍的に向上している。

以下，この検出器を用いて実際のアドレス検出マージンを測定したものを図18，19に示す。

データチャンネル17PPの各マージンに比べ，ハイブリッド検出が格段のマージンを持っていることがわかる。

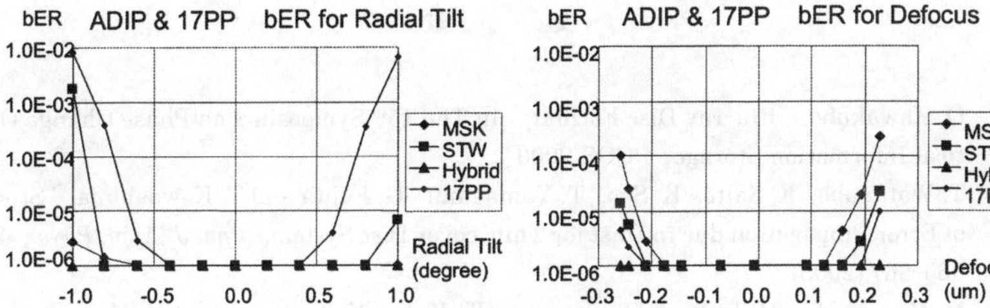

図18　アドレス　ラジアルチルト／デフォーカスマージン

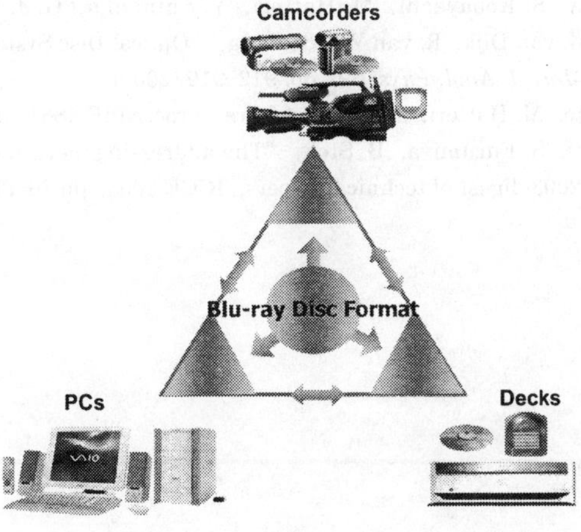

図19　Blu-ray Disc Formatの広がり

1.5　今後の展開

ここまでBDの書換型フォーマットの概要を紹介してきたが，序章でも述べたようにBlu-ray Disc 物理FormatはWOやROMも同一構造を基本として開発されており，なおかつユーザの使用環境に応じてベアディスクおよびカートリッジ付も用意されている。容量と転送レートは光ディスクとして最高峰であり，さらなる高速化と多層による高容量化のロードマップも準備されている。すでに商品化が始まっている民生用機器や業務用カム，さらにPC分野への応用と，我々の生活に密着した媒体として，BDが光ディスクの発展の牽引車となることを期待したい。

文　　献

1) O. Kawakubo, "Blu-ray Disc Format," in The 15th Symposium on Phase Change Optical Information Storage, PCOS 2003
2) T. Watanabe, K. Saito, K. Seo, T. Yamagami, G. Fujita and T. Kawashima, "Study of Error Propagation due to Dust for Thin-cover Disc System," *Jpn. J. Appl. Phys.*, **42**, 965-967 (2003)
3) N. Hayashida, H. Itoh, K. Yoneyama, T. Kato, K. Tanaka, and H. Utsunomiya, "Anti-fingerprint property of the hard-coat for cartridge-free Blu-ray Disc," in Proc., Optical Data Storage 2003, SPIE 5069, pp.361-368 (2003)
4) T. Narahara, S. Kobayashi, M. Hattori, Y. Shinpuku, G. J. van den Enden, J. Kahlman, M. van Dijk, R. van Woudenberg, "Optical Disc System for Digital Video Recording," *Jpn. J. Appl. Phys.* **39**, pp. 912-919 (2000)
5) K. Yamamoto, M. Hattori, and T. Narahara, Proc. SPIE 3864, 339 (1999)
6) S. Kobayashi, S. Furumiya, B. Stek, "The addressing method of the Blu-ray Disc system," in 2003 digest of technical papers, ICCE 2003, pp.76-77

2　HD DVD技術の概要

井出達徳*

2.1　はじめに

CDと同じ直径12cmの光ディスクに2時間強の映像を収められるDVDは，音楽の世界で始まったテープからディスクへの流れを映像の世界においても定着させ，巨大なマーケットを築き上げている。記録型のDVDについても，DVDレコーダの2003年国内出荷台数が10月現在で100万台を越え，9月以降は台数ベースで再生専用機の半数を越える等(出典JEITA)，市場が急激に拡大している。PC用DVD記録型ドライブも，テレビ機能を搭載したPCが人気を集めるなどPC上で映像を扱う流れが定着しつつあることを背景に，大幅な出荷増が続いている。

このようにDVDが普及期を迎える一方で，高精細(HD)映像への要望が高まりつつある。2000年には日本でBSディジタルハイビジョン放送が，米国でDTV放送が開始され，2003年末には日本で地上波ディジタル放送が開始されている。HDディスプレイについてもプラズマディスプレイ等が徐々に普及しつつあると共に，PC用ディスプレイについては垂直方向画素数が1000以上のものが既に広く普及しており，HD映像を受け入れる環境が整いつつある。米国ではHDディスプレイの普及率が2005年にも10%を越えると予想されており，映画コンテンツのHD化が期待されている。

本稿で紹介するHD DVDは，今まさに花開いているDVDの世界を，HD映像の世界へと発展させた次世代DVD規格である。下位互換性，価格（量産性），AV/PC両用途への対応，といったユーザメリットを重視することを基本コンセプトとして検討を行った結果，ディスク構造としては現行DVDと同じ基板厚0.6mmを採用した。基板厚0.6mmで大容量化を実現するため，青紫色LD，PRML（Partial Response Maximum Likelihood）信号処理，ETM（Eight to Twelve Modulation）変調，L-H（Low to High）リライタブル媒体，新アドレス方式等を採用しており，画像圧縮技術の進展と相まってHD映像を2時間以上格納することが可能となっている。今回はHD DVD技術の概要についてリライタブル媒体を中心に解説する。

HD DVD-ROM（再生専用）及びリライタブルの主な仕様を表1に示す。ROMは片面単層で15GB，片面二層で30GBのユーザデータ容量を実現しており，最新の画像圧縮技術を採用することにより，片面単層でもHD映像を2時間以上格納することが出来る。両面二層では60GBもの大容量が得られる。一方，リライタブルの容量については，ディジタル放送のトランスポート・ストリームを直接記録したいという要望に応えるため，HD DVDの基本コンセプトの範囲で可能な限り大容量化を目指し，片面単層でディジタル放送が約2時間記録可能な20GB容量を

---

*　Tatsunori Ide　NEC　メディア情報研究所　主任研究員

表1　HD DVDの基本パラメータ

パラメータ	ROM	リライタブル
容量	15GB/片面単層 30GB/片面二層	20GB/片面単層
波長	405nm	
対物レンズのNA	0.65	
ディスク外径	120mm	
ディスク厚さ	0.6mm × 2	
トラックフォーマット	—	ランドグルーブ ダブルスパイラル
物理アドレス	—	ウォブル
データビット長	0.153μm	0.130～0.140μm
最短マーク長	0.204μm	0.173μm
トラックピッチ	0.40μm	0.34μm
転送速度	36.55Mbps	
信号検出	PRML	

実現した。現行DVDと同じ基板厚0.6mmのディスク構造を採用した結果，ベアディスク（カートリッジレス），同一ヘッドでの下位互換，ドライブの薄型化，ノートPCへの展開が可能な仕様となっている。また，装置や媒体等の製造設備についてもフォームファクターが同じであるため既存の製造設備を流用することが可能であり，量産技術も確立していることから，低価格化が実現できるものと期待される。二層媒体についても現行の片面二層DVDであるDVD 9と同じプロセスで製造可能である。

規格化に関しては，2002年8月にDVDフォーラムに提案され，ROMとリライタブルについて技術審議及びラウンドロビンテストと呼ばれる記録再生特性の相互評価，規格仕様値の確認テストが終了しており，2003年11月にはROMの仕様案（version 0.9）が正式に承認された。追記媒体についても既に技術審議が開始されており，近々，ROM，追記，リライタブルの3種類の規格が出揃う予定である。

2.2　HD DVDで採用された大容量化技術

HD DVDでは，先に述べたように，ディスク構造としては現行DVDと同じ基板厚0.6mmのままで大容量化を図るため，青紫色LDを光源に用いると共に，PRML信号処理やETM変調を採用した。リライタブル媒体については，さらに，L/G(Land and Groove)記録，L–H媒体，新アドレス方式を採用することで大容量化を実現した。なお，画像圧縮技術については，現行DVD等で広く普及しているMPEG–2が規格成立後，既に10年が過ぎ，その後，より圧縮効率の高い符号化方式が開発されていることから，H.264等の新たな圧縮技術の採用が検討されている。

基板厚については，より大容量化に適した0.1mmカバー層方式についても検討したが，指紋やゴミの影響が大きくベアディスク化困難であること，WD（ヘッド一媒体間の距離）が狭いため信頼性の点で懸念があると共に現行CD，DVDとの下位互換が困難であること，新規な製造技術，製造設備の導入が必要であること，二層ディスクの製造が困難であることから採用を見送った[1]。

以下，HD DVDで大容量化のためにROM／リライタブルに共通して採用した技術であるPRML信号処理とETM変調について簡単に説明する。

PRML信号処理とは，再生波形に対して意図的に符号間干渉を持たせるPR等化と，意図的に与えたデータ間の相関を考慮して最も確からしいデータ系列を検出するML復号を組み合わせた方式であり，符号間干渉が発生する高密度記録再生条件において有効である。HD DVDでは記録再生に用いるレーザ光のビーム径と記録密度の関係からPR(1，2，2，2，1)MLを採用した[2]。また，HD DVDのような高密度条件では従来の評価指標であるジッタは有効な指標として機能しないことから，新たにPRSNR（Partial Response Signal to Noise Ratio）及びSbER（Simulated bit Error Rate）という二つの指標を導入した。PRSNRは，線形な符号間干渉に対して最も性能を発揮するPRML信号処理に対して波形の線形性とPRML信号処理系におけるSNRを評価する指標である[3]。SbERはPRML信号処理系において誤検出を生じやすい複数の特定パターンに対して理想波形と実際の波形を比較することでbERを推定する指標である[4]。

ETM変調は，現行DVDで用いられているEFM Plusよりも符号化率の高い（1,7)RLLをもとに開発された符号化方式である。符号化率を高めることで大容量化に寄与すると共に，最短マーク／スペースである2T信号の連続を5回までに制限することによって記録再生マージンの拡大とPRML信号処理での誤検出確率の低減を実現し，かつ現行DVD並に直流成分を抑圧特性することによって信号再生の安定性を高めている[5]。ETM変調では，ETMという名前の通り8ビットのユーザデータを12ビットの符号語に変換しており，符号化率については(1,7)RLLと同様に2/3である。現行DVDのEFM Plusでは8ビットのユーザデータを16ビットの符号語に変換しており，符号化率は1/2と低い。

リライタブル媒体で採用したL-H媒体，新アドレス方式等については後で詳述する。

2.3　HD DVD-ROM

はじめにROMについて紹介する。HD DVD-ROMの最短ピット長及びトラックピッチを，現行DVD-ROM/Videoの値及び，現行DVDの値を波長比及び対物レンズのNA比で換算した値と共に表2に示す。HD DVD-ROMでは容量が現行DVDの波長，NA比換算よりも若干大きいこと及び，2/3変換系であるETM変調を採用したためにEFM Plusに対して同じユーザデータ線

表2　HD DVD-ROMの最短ピット長とトラックピッチ

パラメータ	HD DVD	DVDの波長，NA比換算	DVD
波長	405	405	650
対物レンズのNA	0.65	0.65	0.6
容量	15GB	14.2GB	4.7GB
最短ピット長	0.206μm	0.230μm	0.400μm
トラックピッチ	0.40μm	0.426μm	0.74μm

密度を実現するための最短ピット長が8/9と短くなることから，最短ピット長及びトラックピットの両方を波長，NA比換算よりも短くする必要がある。そこで，現行DVDの製造に広く用いられている波長351nmの紫外（UV）光源を用いたマスタライタ（原盤露光機）での量産性を考慮して検討した結果，最短マークは0.204μm，トラックピッチは0.40μmと割り振られた。波長260nm前後のDeep UV光源や電子ビーム露光といった新規なマスタライタを導入する必要はない。基板厚0.6mmというディスク構造が同じことから，マスタリングだけでなくディスク製造プロセス全体についても現行DVDと同じ工程，装置で製造できる。

波長及び対物レンズのNAが小さくなることから，いくつかの規定値については現行DVDよりも狭くなるが，現行量産装置において製造パラメータを最適化することで実現可能な範囲となっている。例えば基板厚み誤差は±30μmから±13μmに，複屈折はダブルパスで100nmから60nmへと低減されているが，いずれも現行の量産装置で実現可能であることを確認している[6)]。

機械特性に関する仕様については，ラジアルチルトは±0.8度以内，タンジェンシャルチルトは±0.3度以内と絶対値は現行DVDと同じ規格とした。その上で，DCラジアルチルトサーボの使用を前提に，ラジアルチルトのディスク1周における変動を0.5度以内とする規定を新たに設けた。絶対値については現行DVDと同じ規格であるため，現行の製造装置（基板成型機，貼り合わせ装置）で規格を満たせることは言うまでもないが，ラジアルチルトの周内変動についても現行の製造装置で実現可能であることは確認済みである。

片面単層ROM媒体についてエラー率のチルト依存を測定して，ラジアルチルトで±0.6度，タンジェンシャルチルトで±0.65度のマージンが確保出来ていることが報告されている[6)]。

HD DVD-ROMの特徴の一つは，片面二層媒体が現行の片面二層DVDであるDVD 9と同じプロセスで製造できることである。0.1mmカバー層方式ではカバー層側にピットを形成することが非常に困難であるため，中間層上にピットを形成する新しい製造技術の導入が必要となる。二層の貼り合わせに用いる樹脂については，従来のDVD 9に用いられている樹脂では青紫色の波長域で吸収が大きいため，吸収の小さい樹脂が既に開発されている。また中間層の膜厚規定についても，波長及び対物レンズのNAの変更に対応して，球面収差の影響や他の層からの信号レベルの干渉，基板厚及び中間層厚の製造マージンを考慮して見直しを行っている。中間層膜厚はDVD 9では55 μm ± 15 μmであったが，HD DVD-ROMでは20 μm ± 5 μmと規定されている。この中間層膜厚についても，現行のDVD 9に広く採用されている紫外線硬化樹脂のスピンコート法による量産向け貼り合わせ装置を用いて，ディスク全面での厚さムラを4 μm p-p程度に，各半径でのディスク1周での厚さムラを2 μm p-p程度に抑えることが可能である[6)]。

こうして作製された片面二層ROM媒体についても，ラジアルチルトで±0.5度以上，タンジェンシャルチルトで± 0.6度以上のマージンが得られている[6)]。

両面二層媒体についても，既に実用化されている現行の両面二層DVDであるDVD 17と全く同じ製造プロセスを用いることが出来るため，容易に実現でき，その容量は60GBにも及ぶ。

2.4　HD DVDリライタブル

次に，本稿の主題であるHD DVDリライタブルで採用されている大容量化技術について紹介する。既に述べたように，ROMの容量は量産性を重視し，DVD用に広く普及しているUV光源で露光できること及び大きく進展している画像圧縮技術を考慮してHDコンテンツが2時間以上格納できる15GBとしたが，リライタブルの容量はディジタル放送2時間録画への要求に答えるため，HD DVDの基本コンセプトの範囲で可能な限り大容量化を目指した。そのため，

・ランドグルーブ（L/G）記録
・記録に伴い反射率が高くなる，従来と逆転した信号極性のL-H（Low-to-high）媒体
・青紫色対応記録膜
・WAP（Wobble Address in Periodic Position）アドレス方式
・PRML（Partial Response Maximum Likelihood）信号処理

を採用し片面単層で20GBを達成している。

L/G記録を採用しているため，このような大容量でも溝ピッチは0.68 μmとDVD-RWとほぼ同等であるため基板の原盤作製が現行のUV光源で露光可能であり，新規な原盤露光装置の導入は不要である。

L/G記録で大容量化を実現するため，記録を行っても隣接トラックの記録データが消去されにくく狭トラックピッチ化に有利なL-H媒体を採用している。

WAPアドレス方式は，L/G記録において高いフォーマット効率を実現するとともに，ROMとのデータフォーマット親和性を高めるために新たに開発されたウォブルを用いたアドレス方式である。

PRML信号処理については，一部の光ディスクやハードディスクで既に実用化されており，符

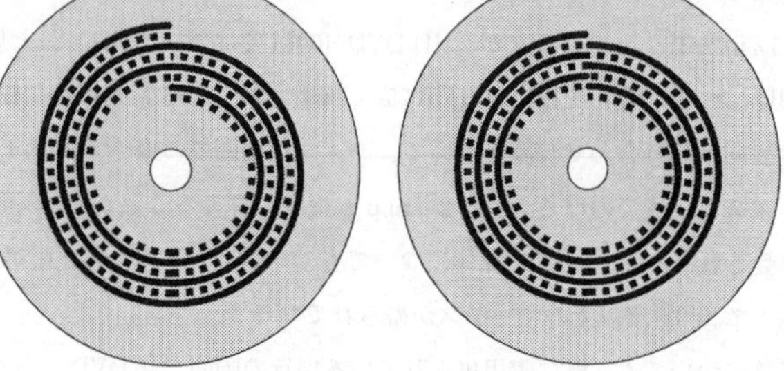

図1　ランドグルーブトラック構造

号間干渉が発生するような高密度記録再生条件において有効な信号処理方式である。概略を2.2項で説明したので，詳細は割愛する。

2.4.1　ランドグルーブ記録

HD DVDリライタブル媒体では，HD DVDの基本コンセプトの範囲で可能な限り大容量化を目指すため，L/G記録を採用した。しかしながら，同じL/G記録を採用するDVD-RAMとはL/Gのスパイラル構造を変更している。DVD-RAMは図1(b)に示すシングルスパイラル構造であり，1トラック毎にランドとグルーブが交互に入れ替わるスパイラル構造となっていた。そしてランドとグルーブとを1周毎に交互に記録再生するため，ランドトラックとグルーブトラックの記録再生特性を厳密に一致させる必要がある。このようなランドとグルーブの媒体特性の厳密な調整はリライタブル媒体の量産性のネックとなるため，HD DVDリライタブルでは図1(a)に示すようなダブルスパイラル構造を採用し，ランドトラックを連続して，もしくはグルーブトラックを連続して記録再生することとした。さらに，一段と広い媒体製造マージンが得られるよう，記録補償の調整をランドとグルーブで別々に行ってもよい規格としている。

2.4.2　L-H媒体

アモルファスと結晶の間の可逆相変化を用いて情報の記録を行う相変化光ディスクでは，記録膜が融点以上となる高パワーのレーザ光を照射した部分がレーザ光通過後，急冷されてアモルファスマークとなり，結晶化温度以上，融点以下となるパワーが照射されたアモルファスマークは結晶化して消去される。

そのため，記録を行うと隣接トラックのアモルファスマークの温度が上昇して結晶化して消去される，いわゆるクロス消去の低減が大きな課題となる。クロス消去の原因として，隣接トラッ

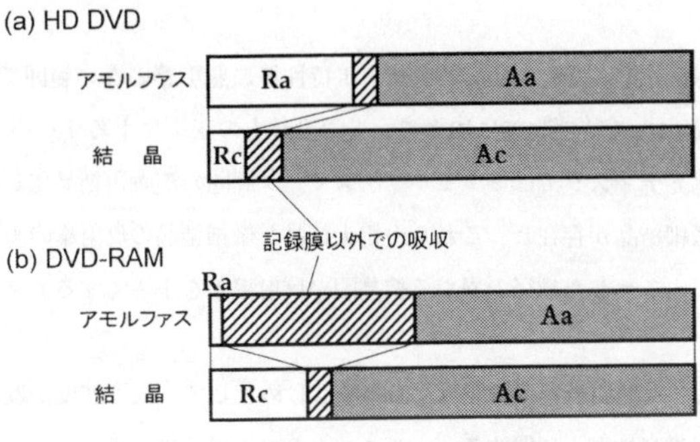

図2　L-H媒体における吸収率制御

クにかかるレーザ光の裾での熱吸収及び，融点以上となる記録トラックから隣接トラックへの熱伝導があるが，熱吸収と熱伝導の寄与はほぼ同等であるため，熱吸収を低減することはクロス消去低減に大きく貢献する。

L-H媒体ではクロス消去の大きな原因である，隣接トラックのアモルファスマークでの熱吸収を低減するため，アモルファスマークの吸収率（Aa）を結晶部（Ac）よりも低くする吸収率制御を行う。Aa＜Acを実現するため，図2(a)に示すように，アモルファスマークの反射率（Ra）の方が結晶部(Rc)よりも高い，従来と逆転した反射率極性を採用した。反射率と吸収率の合計は100%なのでAa＜Acを実現するにはRa＞Rcとするのが最も素直な方策である。

DVD-RAMでは吸収率制御層を入れることによってRaがRcよりも低いHigh-to-low（H-L）極性でAa＜Acとなる吸収率制御を実現しているが，青の波長領域ではこのような光学設計に適した光学定数を持つ吸収率制御層が見つかっていない。

L-H極性による吸収率制御を実現するための具体的な層構成としては，図3に示すように基板と記録膜の間に高屈折率保護膜で低屈折率保護膜をサンドイッチした3層を挿入している[7]。

Aa＜Acとなる吸収率制御を行うことによりオーバライト特性も向上する[8, 9]。また，L-H極性とすることにより，H-L極性と比較して変調度が大きく取れるという利

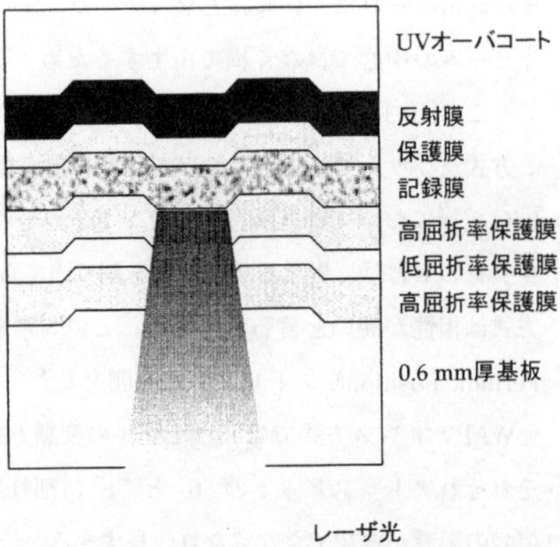

図3　L-H媒体断面構造

点もある。

L–H極性ではRcが低く設定されるが，サーボ特性等に悪影響のない範囲である。

以上のL–H構成による特性改善に加えて，光学設計上の工夫によるオーバライト特性改善も実現した。相変化光ディスクでは，アモルファスマーク周囲の溶融再結晶化した粗大結晶と固相から結晶化した微細結晶が存在し，これらの粗大結晶と微細結晶の反射率の差がオーバライト時のノイズとなるが，こうした粒径の異なる結晶間の反射率差を小さくする光学設計手法を開発している[10]。

L–H媒体で導入した低屈折率保護膜は，SiO_2をはじめとして，成膜速度が遅いものが多く，リライタブル媒体の量産性向上に関するボトルネックとなる可能性があった。そこで成膜速度が速い低屈折率保護膜としてSiONが開発され，L–H媒体においても従来のDVDリライタブル媒体並み，もしくはそれ以上の量産性が実現できるものと期待されている[11]。

2.4.3 青紫色対応記録膜

DVD–RAMでは記録膜として$GeTe$–Sb_2Te_3線上の$Ge_2Sb_2Te_5$もしくは$Ge_4Sb_2Te_7$近傍の組成が用いられることが多い。こうした組成は現行DVD–RAMの波長660nmではアモルファスと結晶の間での光学定数変化が大きいが，HD DVDの波長405nmでは変化が小さくなってしまう。そのため，より大きな光学定数変化が得られるGeTeに近い組成等が採用されている。

2.4.4 WAPアドレス

HD DVDリライタブルと同じL/G記録を採用するDVD–RAMでは，アドレス方式に集中プリピット方式を採用していたため，フォーマット効率が75%程度と，ROMや同じリライタブル媒体であるDVD–RWと比較して非常に悪いとともに，データ構造も異なるためROMとの再生互換が非常にとりにくい媒体となっていた。また集中プリピットがL/Gの境界に設置されており，光ビームの中心ではなく横で再生するため，安定した再生が困難という問題もあった。

そこでHD DVDリライタブルでは，アドレス方式として，集中プリピット方式，分散プリピット方式及びウォブル方式について比較検討を行った結果，ウォブル方式を採用することとした。L/G記録においては，隣接するランドトラックとグルーブトラックは当然の事ながらL/G境界を共有しており，異なるアドレスを割り当てられないため，従来，L/G記録とウォブルアドレス方式は相性が悪いと言われてきた。この問題を解決するため，新規にWAP（Wobble Address in Periodic Position）アドレス方式を開発した。

WAPアドレス方式では，ウォブルの変調方式に位相変調方式を採用し，正弦波とその逆相をそれぞれアドレスビットの“0”と“1”に割り当てている。ウォブルの周期は，短すぎると再生信号の影響が無視できなくなり，長すぎると位置決め誤差が大きくなることから，符号語93ビット長とした。DVD–RAM，DVD–RWの半分である。

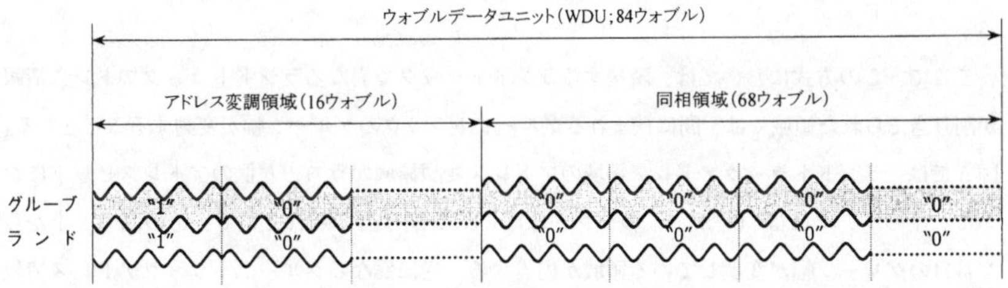

図4　WAPアドレス方式のウォブル変調基本単位（ウォブルデータユニット）

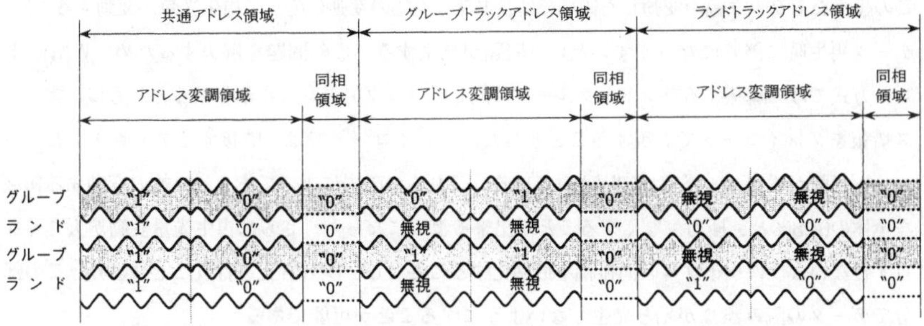

図5　WAPアドレス方式概略レイアウト

また位相変調は，図4に示すように，ウォブルデータユニット（WDU：Wobble Data Unit）と呼ぶ，84ウォブルからなる基本構成単位のうち，先頭の16ウォブルのみがアドレス情報に対応して位相変調しており，残りの68ウォブルは同相ウォブルとなっている。位相変調領域が周期的に入っていることがWAPの名前の由来である。なお，4ウォブルで1アドレスビットを形成している。

L/Gで異なるアドレスを割り当てられないという問題に対しては，図5に示すように，アドレス情報領域を，ゾーンアドレスのようにランドグルーブに共通のアドレス情報領域と，ランドトラックのアドレス情報領域と，グルーブトラックのアドレス情報領域とに分けて割り当てることで解決した。すなわち，ランドトラックを記録再生する際は，共通アドレスとランドトラックのアドレス情報のみ参照してグルーブトラックのアドレス情報領域は無視する。グルーブトラックを記録再生する際は，共通アドレスとグルーブトラックのアドレス情報のみ参照してランドトラックのアドレス情報領域は無視する。なお，図5には共通アドレス領域，グルーブトラック領域，ランドトラック領域とも，アドレス変調領域と同相領域とが1組ずつのみ図示されているが，実際には，各アドレス領域とも，アドレス変調領域と同相領域の複数の組から成り立っている。

ここで，この方式においては，隣接するランドトラックで異なるランドトラックアドレス情報が割り当てられた領域では，間に挟まれるグループトラックのグループ幅が変動することとなる。図5では，ランドトラックアドレス領域のアドレス変調領域のうち，左側のアドレスビットにおいて，上のランドには“0”が，下のランドには“1”が割り当てられていて，その間の，上から2番目のグループ幅が変調している領域が相当する。逆に異なるグループトラックアドレス情報が割り当てられた領域では，間に挟まれるランドトラックのランド幅が変動する。図5では，グループトラックアドレス領域のアドレス変調領域のうち，左側のアドレスビットがその例である。このようなトラック幅の変動した領域では，トラック幅の変動に応じて再生光量が変動するため，データ再生時に誤りになりやすいという問題が発生する。この問題を解決するため，WAPアドレス方式では，隣接するランドとグループに同じトラックアドレスを割り振るとともに，アドレス情報をグレイコードで表現することとした。グレイコードでは，隣接するアドレスにおけるビット反転が1ビットだけに制限されている。これらの工夫によってトラック幅の変動する領域を全体の0.28%と，極力少なくすることが出来るようになった。さらに再生光量変動が大きくなりすぎないようにウォブルの溝振幅を最適化すること及び，誤り訂正を行うことにより，この部分でデータの読み誤りが殆ど発生しないようにすることが可能である。

以上のWAPアドレス方式により，84.6%という高いフォーマット効率を実現している。

また，WAPアドレス方式を開発してプリピットをなくしたこと以外にも，データ構造を共通化することでROMとの親和性を高めている。リライタブルのフォーマットをROMと同時に検討することにより，こうしたフォーマット互換が実現した。追記媒体についてもROM，リライタブルのフォーマットをもとに検討を進めており，ROM／追記／リライタブル，全てのHD DVD規格ファミリーについてフォーマットの共通化が図られることとなる。

2.4.5 記録再生特性

以上の大容量化技術を取り入れたHD DVDリライタブルの20GB/面の記録密度条件における記録再生信号を図6に示す。記録線密度が高いため最短マークは振幅が見えず直線状の信号波形であるが，PRML信号処理により低い誤り率で再生が可能である。

20GB/面の記録密度条件においてチルトを与えて記録再生した場合の誤り率の変化を図7に示す。このように，L/G記録，L-H媒体，WAPアドレス方式，PRML信号処理の組み合わせにより，基板厚0.6mm，光ヘッドのNA0.65においても実用的な誤り率が得られており20GB容量が実現されている。誤り率の閾値を3×10^{-4}とすると，ラジアル方向，タンジェンシャル方向とも1度程度のチルトマージンが得られており，チルトサーボとの併用によりドライブ動作が可能な範囲となっている。

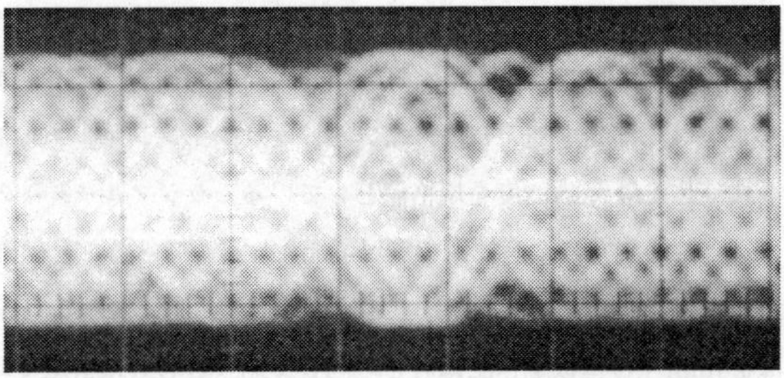

図６　HD DVD リライタブル媒体の記録再生信号

(a) ラジアルチルトマージン

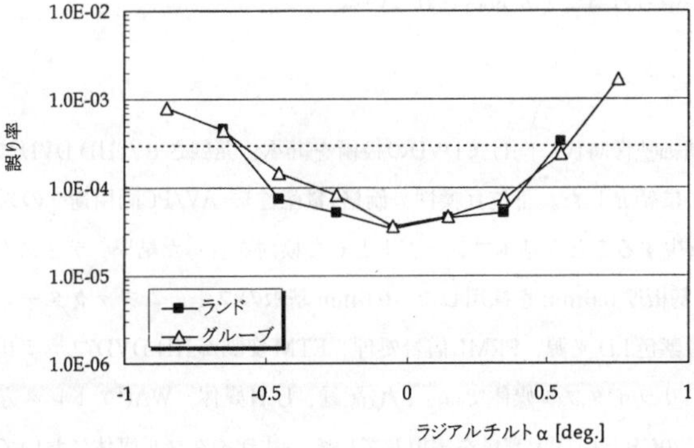

(b) タンジェンシャルチルトマージン

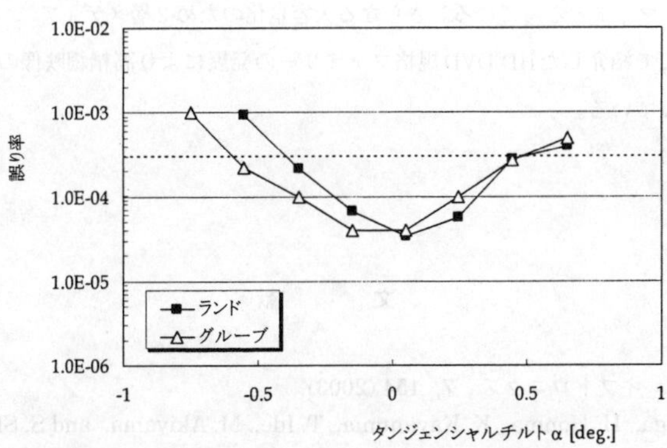

図７　HD DVDリライタブル媒体の誤り率とチルトの関係

なお，ラジアルチルトに関しては，現行DVD–RAMと同様に最大±0.7度を許容する規格である。それに加えて，ドライブ側でのラジアルチルトのDC補償を前提に，ラジアルチルトの周内変動を0.5度p–p以内とする規定を新たに設けている。タンジェンシャルチルトについては現行DVD–RAMを若干狭くした最大±0.2度を規格値としている。ラジアルチルトの周内変動及びタンジェンシャルチルトとも現在の量産技術で実現可能なレベルであることは確認済みである。

さらなる大容量化を目指した二層リライタブル媒体の開発も進んでいる。HD DVD用二層リライタブル媒体は0.6mm厚の基板を，記録層を対向して貼り合わせた構造であり，近年，ボーナスコンテンツ等のために急速に比率の増えた二層DVDであるDVD 9と基本的に同じ構成である。記録再生を行う側から見て手前側をL0層，奥側をL1層と呼んでいるが，トラックピッチ0.34 μm，36GB/二層の条件で記録再生を行ってL0層，L1層，両層においてL/Gとも 4×10^{-5} 以下の誤り率が得られることが報告されている[12]。

2.5 おわりに

来るべき高精細映像時代に向けてDVDの技術を継承，発展させたHD DVDについてリライタブル媒体を中心に紹介した。下位互換性，価格(量産性)，AV/PC両用途への対応といったユーザメリットを重視することを基本コンセプトとして検討を行った結果，ディスク構造としては現行DVDと同じ基板厚0.6mmを採用した。0.6mm基板のフォームファクターで大容量化を実現するために，青紫色LD光源，PRML信号処理，ETM変調がHD DVDファミリーに共通に採用されると共に，リライタブル媒体では，L/G記録，L–H媒体，WAPアドレス方式を採用することで片面単層で20GBという大容量を実現している。リライタブル媒体においてウォブルアドレス方式の開発，データ構造のROMとの共通化を行うことにより，ROMとリライタブルの親和性の高いフォーマットとなっている。さらなる大容量化のため2層メディアについても開発が進んでいる。ここで紹介したHD DVD規格ファミリーの発展により高精細映像の世界が開けていくものと期待している。

文　　献

1) 菅谷寿鴻，オプトロニクス，7, 154 (2003)
2) T. Iwanaga, H. Honma, K. Kayanuma, T. Ide, M. Akiyama, and S. Shimonou, Tech. Digest of Optical Data Storage 2000, PD7.

3) S. Ohkubo, M. Ogawa, M. Nakano, H. Honma, and T. Iwanaga, Tech. Digest of ISOM 2003, We-F-47, p.164.
4) Y. Nagai, A. Ogawa, and Y. Kashihara, *Jpn. J. Appl. Phys.*, **42**, 971 (2003)
5) K. Kayanuma, C. Noda, and T. Iwanaga, Tech. Digest of ISOM 2003, We-F-45, p.160.
6) 中村直正，吉田展久，オプトロニクス，**7**, 177 (2003)
7) S. Okubo, M. Kubogata, and M. Okada, *Proc. SPIE*, **3401**, 103 (1998)
8) S. Okubo, M. Okada, M. Murahata, T. Ide, and T. Iwanaga, *Jpn. J. Appl. Phys.*, **32**, 5230 (1993)
9) T. Ide and M. Okada, *Appl. Phys. Lett.*, **64**, 1613 (1994)
10) S. Okubo, T. Ide, and M. Okada, Tech. Digest of ODS 2000, PD5
11) E. Kariyada, S. Ohkubo, H. Tanabe, and T. Ide, Proceedings of PCOS 2003, p.56
12) T. Tsukamoto, S. Ashida, T. Nakai, K. Yusu, K. Ichihara, N. Ohmachi, N. Morishita, and N. Nakamura, Tech. Digest of ODS 2003, TuA5, p.79

3　青紫色半導体レーザ

本田　徹*

3.1　はじめに

Blu-ray[1]やAOD[2]に代表される高密度デジタルビデオディスク（HD-DVD）の光源には400nm帯紫色レーザが使用される。現在，コンシューマ向けHD-DVDシステムへの応用が実用化もしくは期待される発光デバイスには，800nm帯赤外半導体レーザの高調波利用素子[2]およびGaN系半導体レーザがある。本稿では，GaN系半導体レーザに焦点を当てる。

GaN系材料を利用した発光デバイスは，古くから研究がされていたが，高品質な結晶の製作およびp型伝導性制御実現に時間がかかり，発光デバイスへの応用がなかなか進展しない時期もあった。詳しくは参考文献3）に譲るが，日亜化学[4, 5]，名城大（名古屋大）[6, 7]の発光ダイオード，レーザ発振に関する発表を前後して研究開発が急速に進み，HD-DVDシステムの光源に応用されるに至っている。この間，基板の選択，結晶成長方法に始まり，p型層低抵抗化，デバイス構造，電極構造等，数々のブレークスルーを達成している。本稿では，基礎要素事項の技術革新について概観し，GaN系半導体レーザ製作の特殊性について考える。図1は，400nm帯半導体レーザの基礎技術事項についてまとめたものである。400nm帯半導体レーザの製作は，プロ

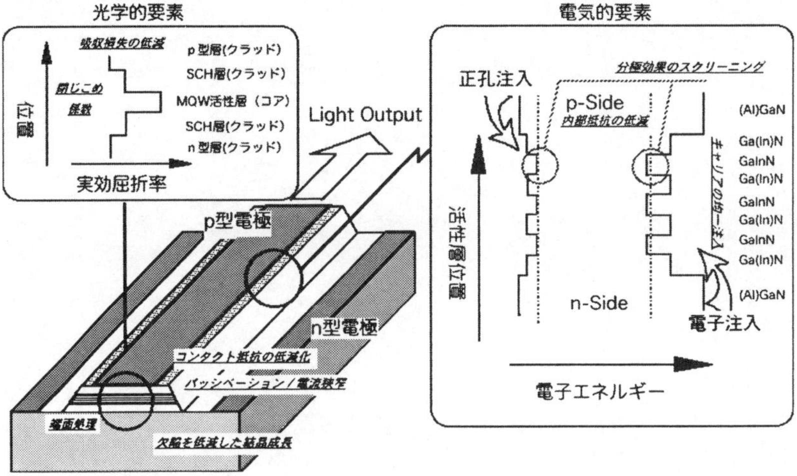

図1　400nm帯半導体レーザの基礎技術事項（デバイス構造は簡略化してある）

*　Tohru　Honda　工学院大学　工学部　電子工学科　助教授

セス技術の観点からみると欠陥を低減した結晶成長技術の確立，低コンタクト抵抗を有する電極形成技術，リッジ形成・パッシベーションおよび電流狭窄技術，共振器端面の形成などの確立が要求される。また，400nm帯半導体レーザの設計では，キャリアの注入，光の閉じこめの点から窒化物材料の特性を十分把握して行う必要がある。特に，プロセスとの関連が強い要素ではあるが，p型層の伝導性制御に関して（Al）GaNへのMgドーピングとそのアニール処理および共振器内の光学的内部損失など，設計には特有の配慮が要求される[8]。

3.2　GaN系III–V族半導体の材料特性とデバイス

3.2.1　III–V窒化物の結晶構造と格子定数

400nm帯GaN系半導体レーザで使用する窒化物結晶は，六方晶構造を有し，赤色半導体レーザや赤外半導体レーザで使用される閃亜鉛鉱構造を有するIII–V族化合物半導体結晶とは異なる。特に現在半導体レーザへの開発・製造のターゲットとされるGaN系材料はGaAs系材料と異なり，結晶の対称性が低い。この点は自発分極などの物性的な特性や結成成長時，成長速度の大きな面方位依存性等の特性に反映されている。また，GaN系半導体レーザの製作は，他の半導体レーザと同様に基板上にエピタキシャル成長技術を利用して薄膜を形成する。大きな基板に使用しうる窒化物結晶の製作は実用化の途上にあり，一般に入手することは困難であることを考えると，GaN系窒化物材料とは異なるサファイア，SiC等の基板を使用したヘテロエピタキシャル成長技術が要求される[9]。図2に六方晶窒化物材料のa軸格子定数と禁制帯幅（室温）の関係を示す。GaN系ヘテロエピタキシャル成長を行う場合にはc軸方向に成長するのが主流である。ヘテ

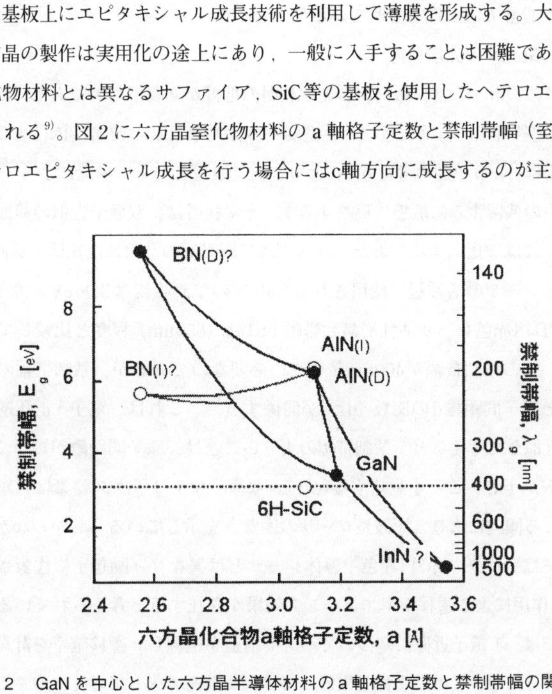

図2　GaNを中心とした六方晶半導体材料のa軸格子定数と禁制帯幅の関係

ロエピタキシャル成長を行う場合，基板との格子不整合により，薄膜結晶中に格子欠陥および残留歪みが生じる[10)]。GaN 系半導体レーザは現状では，有機金属気相成長法（MOVPE：metal-organic vapor phase epitaxy）で成長することが主流である。このため，基板と薄膜結晶の格子不整合のみでなく熱膨張係数の違いが大きな影響を与える[11)]。

3.2.2 結晶歪みと自発・圧電分極の影響

c 軸方向に結晶成長した GaN 系材料は，閃亜鉛鉱構造と比較して結晶の対称性が低いことから大きな自発分極を生じる。また薄膜中に生じる結晶歪みは非常に大きな圧電分極を生じるため，デバイス構造を製作した場合，各層において歪み量に対応した電界が電流注入と同じ c 軸方向に生じる[10)]。これは，各層の電子および正孔の分布が空間的に分離することを意味する。結果，活性層内では遷移確率の低下が生じる。しかしながら，半導体レーザに要求されるようなキャリアの高注入時には，自発･圧電分極により空間的に分離したキャリアの形成する電界が分極電界を打ち消す方向に働く（スクリーニング）[12)]。以上のように，半導体レーザの活性層では，高密度キャリア注入を行うので直接的なキャリアの高注入時には自発･圧電分極の影響は考えることは少ない。一方，AlN/GaN 超格子層を利用した p 型ドーピング方法など，自発・圧電分極の影響を逆に利用した設計方法が提案されている[13)]。

3.2.3 GaN，GaInN の光学利得

半導体レーザの設計上，活性層材料の光学利得の把握が必要不可欠である。この特性は，材料の電子･正孔の遷移確率，有効質量，状態密度，多体効果などの要素に依存する[14)]。誘導放出に関する遷移確率は，k･p 摂動の考え方[15)]により，有効質量とバンド構造によって見積もられる[16)]。また，活性層中の残留歪みに敏感に反映する[17)]。光学利得は，双極子近似の範囲内で双極子能率の 2 乗，$|Rcv|^2$にほぼ比例する。また，$|Rcv|^2$は禁制帯幅の 2 乗に反比例する傾向がある[18)]。青色・紫外半導体レーザの活性層に使用される GaInN の禁制帯幅は 3.06eV（405nm）程度であるので従来の DVD 用赤色レーザ活性層禁制帯幅 1.91eV（650nm）程度と比較しても非常に大きいことがわかる。この禁制帯幅が 400nm 帯発光に必要なのであるが，禁制帯幅の大きさは，強結合的に考えると原子間距離 d の関数（d^{-2}）が関係する[19)]。これは，電子・正孔遷移に伴う光の放出を双極子に近似して考えると，禁制帯幅の大きいことは，原子間距離が短いことに対応して双極子モーメントが小さいことを意味する$(e\cdot\vec{r})$。双極子マトリックス要素は，短波長になればなるほど小さくなる傾向にあり，短波長レーザの困難さを示している。しかしながら，GaN 系窒化物材料においては，従来の赤外･赤色半導体レーザとは異なり，励起子に代表されるような強い電子･正孔相互作用による遷移確率エンハンス効果が存在すると考えられている。これは従来の半導体レーザでは，1 電子近似に基づいてバンド構造を把握し，遷移確率を計算し，1 電子近似からはずれる部分については，多体効果として線幅関数を導入して考えてゆくことで光学利得を

見積もってきた。しかし，窒化物系半導体レーザでは，励起子等，多体効果の影響を正確に反映した発光現象を説明するモデルが必要である[20]。その試みは，現在様々な研究機関で進められている。

GaInN量子井戸を用いた400nm帯半導体レーザでは，GaNおよびInNの結晶成長条件の違い，および混晶の作りにくさ（非混和性）により，井戸層の組成不均一が生じる[25]。これは，発光準位の局在化（アンダーソン局在）が生じやすいため発光現象の解析を複雑なものにしている。

以上のように，基本的には赤色・赤外の半導体レーザの設計技術を踏襲して，400nm帯半導体レーザの基本設計は可能であるが，結晶の対称性の低下，強い電子・正孔相互作用および結晶成長に伴う要因を新たに考慮して素子設計を行う必要がある。

3.3　GaN系III–V族半導体の結晶成長

窒化物半導体薄膜の結晶成長は400nm帯半導体レーザの製作に当たり，最も重要な製作技術要素の一つである。窒化物半導体の結晶成長は基本的に1000℃程度の高温が要求される。これは，融点の半分程度の温度が薄膜成長の基板温度として要求される経験則から考えても[21]，避けがたい問題である。MOVPEによる結晶成長は，基板温度が高温になると，プロセス設計の基本とする基板直上での原料ガス・キャリアガスの層流状態を確保するためにいっそうの工夫が要求される。また，原料の分解に関しても，高温成長温度は，金属と有機側鎖の解離のみならず，有機側鎖の分解を生じる。さらに，基板にサファイア等の非窒化物異質材料を用いる場合には，熱膨張係数差を十分に考慮する必要がある。

3.3.1　GaN系III–V窒化物の基板選択

歴史的にGaNをはじめとするIII–V族窒化物結晶の薄膜成長は，サファイア基板，炭化珪素（SiC）基板などの基板上へのヘテロエピタキシャル成長を行ってきた[29]。これは，大面積GaNバルク結晶の製作が非常に困難であったことによる。この場合，薄膜には格子不整合による高欠陥密度，熱膨張係数の違いによるクラックもしくは大きな残留歪みが存在していた。バッファ層の導入[22, 23]は，発光ダイオード（LED）の製作に大きく貢献したが，10^{9}–10^{10}cm^{-2}の転位密度が存在し，半導体レーザを製作するには不十分なものであった。GaAs/Siで貫通転移の低減に威力のあったマイクロチャンネルエピタキシー（MCE）[24]をGaNの結晶成長にも応用することが考えられ，非常に高い転位密度低減を実現した[25]。このEpitaxial Lateral Overgrowth もしくはLateral epitaxial overgrowth（ELO（LEO））技術もしくはその応用技術により，ELOGのようなGaN疑似基板上[5]もしくはHVPEによるGaN基板製作[25]が可能となり，400nm帯半導体レーザの室温連続発振が可能となった。これは，主にLEDと比較して半導体レーザは注入キャリアが高いために転位に捕獲されやすく，非輻射再結合すると考えられている[26]。

3.3.2 GaN系窒化物材料の結晶成長

半導体レーザに利用するGaNおよびその混晶薄膜の製作にはMOVPE法を用いて製作する。この場合，前述のように，1000℃程度の高い基板温度が必要となる。このため，薄膜の製作にはこれまでのIII–V族結晶とは異なるいくつかの点を考慮する必要がある。図3にGaN系窒化物半導体MOVPE成長の模式図を示す。基板温度が高いことは，層流の確保が困難になることを意味する。また，基板上壁の温度，特に生成物の付着による温度勾配変化が成長条件の安定化に大きく寄与する。III–V窒化物薄膜の成長では，2フローMOCVD（MOVPE）[27] に代表されるように反応管上壁の温度変化の影響を極力抑えた成長方法を採用している。また，窒素原料として用いられるアンモニアとIII族原料，特にAl原料との寄生反応は成長を行う場合に特に配慮が必要である。III–V窒化物薄膜の量産炉では，さらに原料濃度分布によるIII族，V族原料の境界層への供給が空間的に分布する。境界層への原料供給V/III比に鈍感な成長条件を把握する必要が生じる。このことが十分に検討されていないと基板回転による膜厚均一化は意味をなさない。

伝導制御に必要なドーピングについても工夫が要求される。たとえば，n型層の製作にはSiH_4等によるSiのドーピング，p型層にはCp_2Mg（ビス・シクロペンタジエニル・マグネシウム）等によるMgドーピングが行われる[28]。シクロペンタジエニル化合物は，派生物には液体のものもあるが，一般に固体であり蒸気圧が他の使用原料と比較して低いために供給時に有機金属の輸送としては高温が要求される。また，金属元素を供給するのに必要な分解温度が比較的低く，原料の輸送に関しては注意が必要である。また，メモリ効果も報告されており，輸送上の工夫が要求

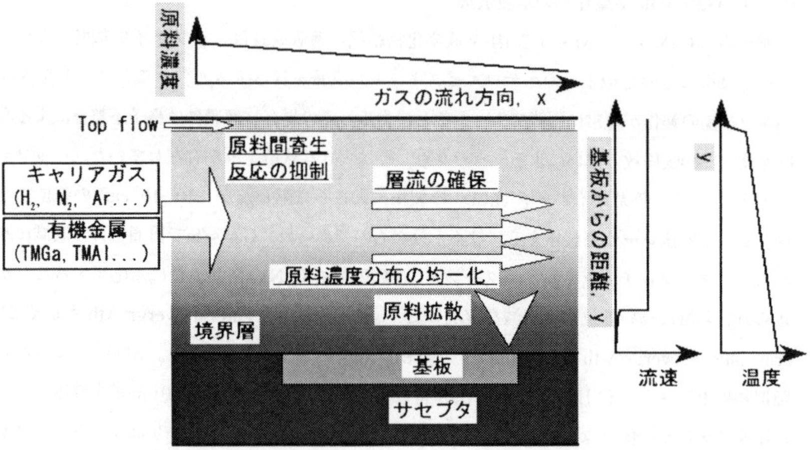

図3　有機金属気相エピタキシャル成長（MOVPE）の模式図

される。これ以外にも，InNとAlNの融点がかなり違うことから想像できるようにGaInN，AlGaNの成長条件にはかなりの隔たりがあり，ガスの切り替え，それに伴う層流の確保など非常に神経を使う制御を要求される。

3.4 素子構造に関する問題

3.4.1 活性層およびクラッド層の設計・製作

半導体レーザ素子の長寿命化，高出力化等，諸特性の向上には素子中で生じる発熱の低減および放熱を考えることが非常に重要となる。発熱の低減は，結晶成長による薄膜の欠陥の低減・高品質化に依存するところが非常に大きいが，それ以外にも設計時の工夫により低減できる部分もある。一つはp型クラッド層の低抵抗化である。例えばGaNのp型伝導性制御にはMgを不純物としてドーピングする。しかしながらMgの形成するアクセプタ準位は150－200meVと非常に深くドーピング量に対するキャリア生成率は1/100程度と言われている[29]。このため，p型層の低抵抗化には10^{19}から$10^{20}cm^{-2}$程度のMgドーピング量が必要となる。また，Mgには，結晶成長時水素によるアクセプタ不活性化が起こっており，Mg活性化のサブプロセスが要求される場合もある[30]。これらは，Mgクラスタによる欠陥の生成などの結晶成長および素子製作プロセスに窒化物特有の工夫が要求される。例えば，p型クラッド層に（Al）GaN/Al（Ga）N超格子層（SLSs）を導入し，低抵抗化を図るという手法が報告されている[31]。また，比較的深いアクセプタ準位を多量に形成するため，活性層近傍での発光の再吸収には注意が必要である。これは，共振器内における内部損失を増加させ，しきい値電流密度を増加させる要因となる。このため，p型クラッド層へのスペーサ層の導入[32]等の考慮が必要である。

低しきい値電流動作は，素子中の発熱の抑制には非常に有効である。これは，デバイスの相対雑音（RIN）低下や動作温度依存性（特性温度）向上に有効である。半導体レーザは，活性層体積が小さいほどしきい値電流が減少する。しかし，共振器内の光学損失が大きいと大きな光学利得がレーザ発振に要求されるのでしきい値電流密度は上昇する。これは，量子井戸レーザの場合，高注入になると，光学利得が注入キャリア量に比例する近似からはずれ，光学利得平坦化[33]が起こるためである。活性層に多重もしくは単一量子井戸構造を用いることは，光学利得・状態密度などの点から低しきい値化に非常に有効であると考えるが，共振器内光学損失に応じた適切な井戸数選択が必要である。また，多重量子井戸を採用した場合，井戸幅のみならず，障壁幅の設定にも注意が必要である。これは，GaN系窒化物材料の電子および正孔の有効質量が重いため，各井戸の注入キャリア量に違いが生じかねないためである。レーザ発振に達しない活性層内の井戸層は大きな光の吸収を引き起こす。

3.4.2 電極と電流注入

ワイドギャップ窒化物半導体では，仕事関数の観点から電極として良好なオーミック接触を得ることができる金属は少ない。特にp型層へのオーミック接触を実現するにはいくつかの手法が提案されている[34]。基本的にはショットキー接触に対するトンネル電流の利用により低接触抵抗を得る手法である。

接触抵抗も電極面積を大きく取ることで抵抗低減が実現できる。また，p型層を電流が流れる場合の抵抗も断面積に相当する成長方向に対する水平面内の面積を大きくとることで低減できる。しかし活性層においてレーザ発振に達成するには単位体積あたりの電流，つまり電流密度を高くすることが必要なため，面積を大きく取ることはあまり意味をなさない。むしろ，導波路として考えると，横モードの制御が難しくなるため単峰性の光強度分布を得ることができない。これまでの赤色･赤外半導体レーザでは，電流狭窄の手法が採られてきた。しかし，現在，マストランスポートの実験などからMOVPEによる埋め込み再成長技術の開発には時間がかかりそうである[35, 36]。よって，現状，狭リッジストライプ型構造の採用が主流である[37]。

特に正孔の輸送について考える。GaNおよびその混晶は，結晶の対称性が閃亜鉛鉱構造よりも低い。そのためc軸方向にエピタキシャル成長した窒化物材料は電流印加方向であるc軸と面内方向で有効質量が異なり，面内方向の有効質量がc軸方向と比較して軽い[38]。また，圧電歪みによる内部電界はc軸方向に生じるため，注入された正孔は面内方向に広がりやすい特徴を有する。活性層における注入キャリア密度を高く保つためには，活性層直上までキャリアの広がりを抑制する必要がある。狭リッジを使用する場合には横方向に広がった正孔をエッチング後の表面準位で消費しないように表面パッシベーションを行う必要がある。

3.5 今後の問題点

次世代DVDシステムの光源として400nm帯半導体レーザを考えるとき，RINの改善は真っ先に要求される問題である。RINは，自然放出光が要因のひとつとされ，レーザ出力の高を高く使用することで低減する[39]。戻り光雑音などを考えると半導体レーザを変調して使うことになる。通常のDVDと同様に400nm帯半導体レーザでも，内部変調方式が検討されており，半導体レーザを高周波重畳（500MHz）[40] もしくは自励発振（1GHz）[41] させ，雑音の影響を低減している。変調して使用する場合，活性層内のキャリア密度の時間変化は活性層内の光子の数の影響を受け，光子量の時間変化は活性層内のキャリア密度に影響を受けるため（レート方程式[38]），過渡応答特性に緩和振動が発生する。これらは，従来の赤色･赤外半導体レーザで培ってきた基本技術が応用されているようである。400nm帯半導体レーザではいまだ高いといわれているデバイスの寄生容量の低減が不可欠である。

物理的な記録密度向上は，半導体レーザの波長およびレンズの開口数で決まる。GaN系窒化物を利用した次々世代を目指すさらなる短波長半導体レーザの研究も始まっている。300nm帯後半の波長域に関しては，AlGaInN系半導体レーザが有力と考える[42, 43]。また，300nm前半および200nm帯では，さらなる材料系の探索が必要である。BAlGa(In)N系材料を半導体レーザへ応用する研究などがある[44, 45]。

3.6　おわりに

1995年から96年にかけて名城大グループから電流注入による誘導放出光の観測[47]，日亜化学より400nm帯半導体レーザの動作報告[44]があってから，8年弱の年月がたった2003年，Blu-ray Disk（ソニー，BDZ-S77）としてシステム製品に400nm帯GaN系半導体レーザが搭載され，市場に投入された。窒化物半導体研究の急速な発展には驚くばかりである。しかし，巨大なエネルギーを各社注いでいたにもかかわらず，GaNが短波長発光材料の本命に推挙されるようになってから400nm帯GaN系半導体レーザの市場投入まで10年近い歳月を要した。素子開発は非常に時間がかかる開発とブレークスルーの集積であることを感じた。400nm帯GaN系半導体レーザでも，赤色半導体レーザと同様に，市場投入されてもさらなる研究開発が必要であり，かつ要求されている。

文　献

1）M. Ikada and S. Uchida, *Phys. Stat. Sol.* **194** (2002) 407
2）日経エレクトロニクス編集部，「DVDから生まれた次世代仕様「HD-DVD」」，日経エレクトロニクス，2003年10月23日号，no.858, pp.125-134
3）赤崎　勇：「III-V族化合物半導体」，培風館，Tokyo (1994)
4）S. Nakamura, M. Senoh, S. Nagahama, N. Iwasa, T. Yamada, T. Matsushita, H. Kiyoku and Y. Sugimoto, *Jpn. J. Appl. Phys.* **35** (1996) L74
5）S. Nakamura and G. Fasol, "The Blue Laser Diode", (Springer-Verlag, Berlin, 1997)
6）H. Amano, T. Asahi and I. Akasaki, *Jpn. J. Appl. Phys.* **29** (1990) L205
7）I. Akasaki, S. Sota, H. Sakai, T. Tanaka, M. Koike and H. Amano, *Electronics Lett.* **32** (1996) 1105
8）M. Rowe, P. Michler, J. Gutowski, S. Bader, G. Bruderl, V. Kummler, S. Miller, A. Weimar, A. Lell and V. Harle, *Phys. Stat. Sol.* **194** (2002) 414
9）S. Stride and H. Morkoc, *J. Vac. Sci. Technol.* **B10** (1992) 1237
10）T. Takeuchi, S. Sota, H. Sakai, H. Amano, I. Akasaki, Y. Kaneko, S. Nakagawa, Y.

Yamaoka and N. Yamada, *J. Cryst. Growth* **189/190** (1998) 616
11) Y. Ishihara, J. Yamamoto, M. Kurimoto, T. Takano, T. Honda and H. Kawanishi, *Jpn. J. Appl. Phys.* **38** (1999) L1296
12) T. Honda, T. Miyamoto, T. Sakaguchi, H. Kawanishi, F. Koyama and K. Iga, *J. Cryst. Growth* **189/190** (1998) 644
13) T. Nishida, H. Saito, K. Kumakura, T. Makimoto and N. Kobayashi, *IPAP Conference Series* **1** (2000) 872
14) T. Honda, A. Katsube, T. Sakaguchi, F. Koyama and K. Iga, Jpn. *J. Appl. Phys.* **34** (1995) 3527
15) E. O. Kane, *J. Phys. Chem. Solids* **1** (1957) 249
16) S. Kamiyama, K. Ohnaka, M. Suzuki and T. Uenonyama, *Jpn. J. Appl. Phys.* **34** (1996) L821
17) K. Domen, K. Horino, A. Kuramata and T. Tanahashi, *IEEE J. Select. Topics in Quantum Electron.* **3** (1997) 450
18) M. Asada and Y. Suematsu, *IEEE J. Quantum Electron.* **21** (1985) 434
19) W. A. Harrison, *Electric Structure and the Properties of Solids*, Dover 1989
20) A. Satake, Y. Masumoto, T. Miyajima, T. Asatsuma and M. Ikeda, *J. Cryst. Growth* **189/190** (1998) 601
21) A. Ishizuka and Y. Murata, *J. Phys. Condens. Matter* **6** (1994) L693
22) S. Yoshida, S. Misawa and S. Gonda, *Appl. Phys. Lett.* **42** (1983) 427
23) H. Amano, N. Sawaki, I. Akasaki and Y. Toyoda, *Appl. Phys. Lett.* **48** (1986) 353
24) T. Nishinaga, T. Nakano and S. Shang, *Jpn. J. Appl. Phys.* **27** (1988) 964
25) A. Usui, H. Sunagawa, A. Sakai, A. A. Yamaguchi, *Jpn. J. Appl. Phys.* **36** (1997) L899
26) A. A. Yamaguchi, Y. Mochizuki and M. Mizuta, *Jpn. J. Appl. Phys.* **39** (2000) 2402
27) S. Nakamura, *Jpn. J. Appl. Phys.* **30** (1991) L1705.
28) H. Amano, M. Kito, K. Hiramatsu and I. Akasaki, *Jpn. J. Appl. Phys.* **28** (1989) L2112
29) I. Akasaki and H. Amano, *Jpn. J. Appl. Phys.* **36** (1997) 5393
30) S. Nakamura, T. Mukai, M. Senoh, *Jpn. J. Appl. Phys.* **30** (1991) L1998
31) T. Nishida, H. Saito, K. Kumakura, T. Makimoto and N. Kobayashi, *IPAP Conference Series* **1** (2000) 725
32) T. Asano, M. Takeya, T. Tojyo, T. Mizuno, K. Shibuya, T. Hino, S. Uchida and M. Ikeda, *Appl. Phys. Lett.* **80** (2002) 3497
33) 荒川泰彦，「半導体レーザ」応用物理学会編（オーム社，東京，1994）
34) S. E. Mohney, "*Properties, processing and application of gallium nitride and related semiconductors*," (Eds. J. H. Edgar, S. Stride, I. Akasaki, H. Amano and C. Wetzel, INSPEC publication, London, 1999) p.491 にまとめられている。
35) S. Nitta, T. Kashima, M. Kariya, Y. Yukawa, S. Yamaguchi, H. Amano and I. Akasaki, *MRS Internet J. Nitride Semicond. Res.* **5S1** (2000) w2. 8
36) S. Nitta, Y. Yukawa, Y. Watanabe, S. Kamiyama, H. Amano and I. Akasaki, *Phys.*

Stat. Sol. (a) **194** (2002) 485
37）例えば、M. Mizuta, *Phys. Stat. Sol.* (a) **180** (2000) 163
38）N. Mochida, T. Honda, T. Shirasawa, A. Inoue, T. Sakaguchi, F. Koyama and K. Iga, *J. Cryst. Growth* **189/190** (1998) 716
39）平田照二,「わかる半導体レーザの基礎と応用」(CQ出版社, 東京, 2001)
40）日経エレクトロニクス 編,「解体新書　次世代光ディスク 「Blu-ray DiscとAODのすべて」(日経BP, 東京, 2003) p.151
41）T. Ohno, S. Ito, T. Kawakami and M. Taneya, *Appl. Phys. Lett.* **83** (2003) 1098
42）H. Hirayama, A. Kinoshita, A. Hirata and Y. Aoyagi, *Phys. Stat. Sol.* (a) **188** (2001) 83
43）S. Nagahama, T. Yanamoto, M. Sano and T. Mukai, *Jpn. J. Appl. Phys.* **41** (2002) 5
44）H. Kawanishi, M. Haruyama, T. Shirai and Y. Suematsu, *Proc. SPIE* **2994** (1997) 52
45）T. Honda, M. Shibata, M. Kurimoto, M. Tsubamoto, J. Yamamoto and H. Kawanishi, *Jpn. J. Appl. Phys.* **39** (2000) 2389

4　ブルーレーザーディスク用ピックアップレンズ

森　伸芳*

4.1　はじめに

CD，DVDに続く光ディスクシステムとして，DVDより更に波長の短い405nmの青紫色レーザーを用いて高密度の記録を行う2種類の光ディスクシステムが提案されている。1つはBlu-rayシステムで青紫色レーザーと更にNA0.85の対物レンズにより高密度化を狙ったもので，12cmディスクで1層あたり最大25GBの記録容量が得られる。NAが大きいほどディスクのチルトによるコマ収差が大きくなるので，ディスクチルトマージンをDVDと同程度に抑えるために，保護層の厚さは0.1mmとしている。しかし保護層を薄くすると保護層表面についたゴミや傷は記録マークの書込みや読出しに影響をおよぼし易くなり，ディスクはカートリッジに収められた形態が提案されている[1,2]。もう1つの光ディスクシステムはAODあるいはHDDVDと呼ばれる光ディスクで，対物レンズのNAはDVDと同じ0.65であるため，基板厚はDVDと同じ0.6mmとすることが可能で，ディスクの製造精度はDVDに較べてそれほど厳しくなく，カートリッジは不要である。AODでは青紫色レーザーを用いる他にはランドグルーブ記録を行うことと，新しい信号圧縮技術により記録密度を高め，一層あたり20GBの記録容量が可能とされている。1層当たりの記録容量はBlu-rayシステムに譲るが，対物レンズのNAとディスクの保護層厚がDVDと同じであるためDVDやCDといった下位互換に有利とみられている。

Blu-rayシステムでは，対物レンズのNAが0.85と大きいため，保護層厚のわずかな変化により大きな球面収差が発生する。保護層厚の誤差や2層ディスクなどに対応するためには球面収差を補正する機能が必要である。

この項では，DVDからの差異の大きいNA0.85の対物レンズを用いる次世代光ディスクの光学系に関し，コニカミノルタオプトで開発中のプラスチックレンズを用いた対物レンズと，球面収差補正光学系[3]を例に技術的な課題について概説する。

4.2　レンズ設計

4.2.1　Blu-ray専用対物レンズ

(1)　仕　様

CDやDVDシステムではこれまで対物レンズには非球面プラスチック単レンズが主に用いられてきた。NAが0.85の非球面プラスチック対物レンズも製造可能であるが，NAが大きくなることで，プラスチック成形が難しくなることと，CD，DVDでは許容されてきた温度変化時の球

*　Nobuyoshi Mori　コニカミノルタオプト(株)　光学開発センター　担当課長

面収差が大きくなることが新たな技術課題となる。温度変化による球面収差の変動は，ガラス非球面レンズを採用すれば回避できるが，これまでのプラスチック対物レンズより重量が増加すること，ガラス非球面用の金型の寿命がプラスチックに比べ短いことが新たな課題となる。

プラスチック単レンズの温度変化による球面収差は，後述するような球面収差補正光学系で補正することも可能であるが，温度あるいは球面収差検出など実行する上では技術的なハードルは高いと予想される。

軽量で低コストの可能性を秘めたプラスチック製対物レンズの実用解として提案されたのが，２枚のプラスチックレンズを組合せた対物レンズである[3)]。プラスチックレンズ２枚構成の対物レンズの断面図を図１に示す。入射瞳径 ϕ 3 mm に対し，ワーキングディスタンス（WD）は0.24mmと２枚構成レンズとしては長くしたことが特徴である。その他の対物レンズの仕様を表１に示す。２枚の非球面プラスチックレンズのフランジ形状を工夫し，鏡枠なしで組合せることができ，写真１に示すように単レンズと同様の取り扱いができる。また，フランジを含めても総重量は50mg以下でガラスの単レンズと比較しても軽量である。

基準波長におけるレンズの像高特性の設計値を図２に示す。主成分は像高に比例するコマ収差であるため，トータルのRMSは画角の増加に伴いほぼ直線的に増加する。２枚構成としたことで非点収差は小さくなり，単レンズのように画角の増加とともに像高特性が急激に悪化することはなく，像高0.03mmすなわち画角で１度においても0.045 λ RMSと良好である。

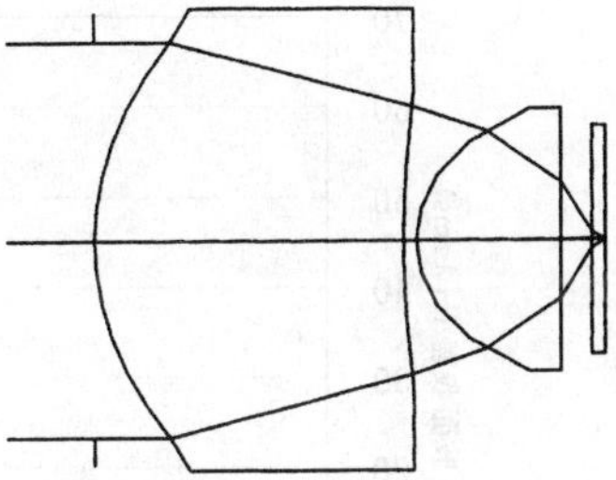

図１　プラスチック２枚構成対物レンズ

表１　プラスチック２枚構成対物レンズ仕様

光源波長	405 nm
焦点距離	1.765 mm
開口数（NA）	0.85
入射瞳径	ϕ 3 mm
ワーキングディスタンス	0.24 mm
基板厚	0.1 mm（n = 1.62）

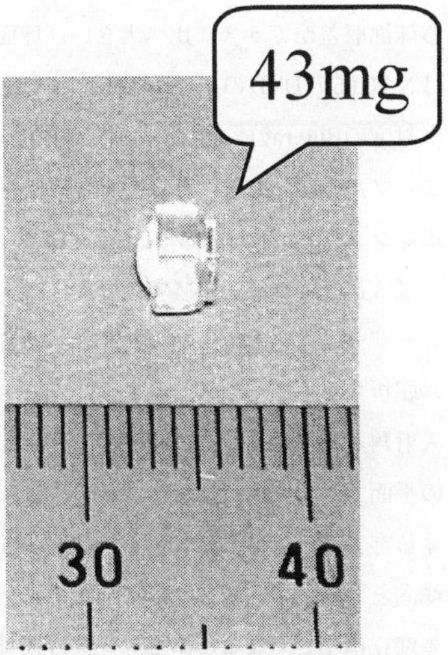

写真１　対物レンズ外観

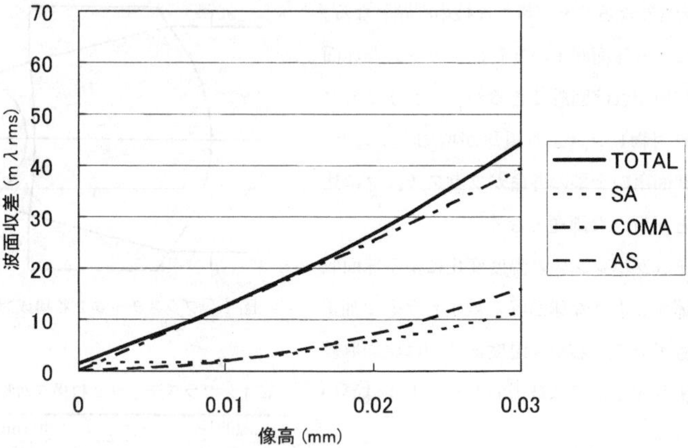

図2　対物レンズ像高特性

(2)　**温度特性**

Blu-rayにおいて対物レンズをプラスチックレンズとすることで考慮すべきことは，温度特性である。プラスチックは温度変化に伴う屈折率変化がガラスの約10倍と大きく，温度変化による球面収差がガラスに比べ大きい。球面収差はNAの4乗に比例するので，NA0.85のBlu-rayではNA0.65のDVDの $(0.85/0.65)^4 \fallingdotseq 3$ 倍となるため，温度変化対策は不可欠である。2層ディスク対応のBlu-rayピックアップでは球面収差補正機能を活用することも可能ではあるが，ピックアップを複雑にしないためにも対物レンズのみで補正されることが望ましい。2枚構成レンズは単レンズに比べ自由度が大きく，温度変化による球面収差の補正も可能である。

図3は2枚構成レンズで温度変化による球面収差が小さくなる原理を説明した模式図である。レーザーに近い方の第1レンズのみが温度上昇すると，屈折率低下のため，第1レンズ入射面での屈折角が小さくなり，第2レンズのレーザー側の面への光線の入射高さが大きくなるとともに入射角も増加する。その結果補正不足の球面収差が増加する。一方，第2レンズではディスク側の平面での屈折角が大きく，補正不足の球面収差が発生しているが，温度が上昇し屈折率が低下すると，この屈折角が小さくなるため補正不足の球面収差が減少，すなわち球面収差は補正過剰傾向となる。これら2つの寄与がキャンセルするため，2枚構成レンズの温度上昇による球面収差変化は小さくなる。第2レンズの近軸倍率すなわちワーキングディスタンスを変化させると，第2レンズ最終面での球面収差変化への寄与量が変化し，トータルの温度特性を制御できる。入射瞳径 ϕ 3mmの対物レンズでは，ワーキングディスタンスを0.24mm程度にすると上記の2つの作用が丁度相殺し，図3のように温度変化時の球面収差がフルコレクションとなり，温度特性

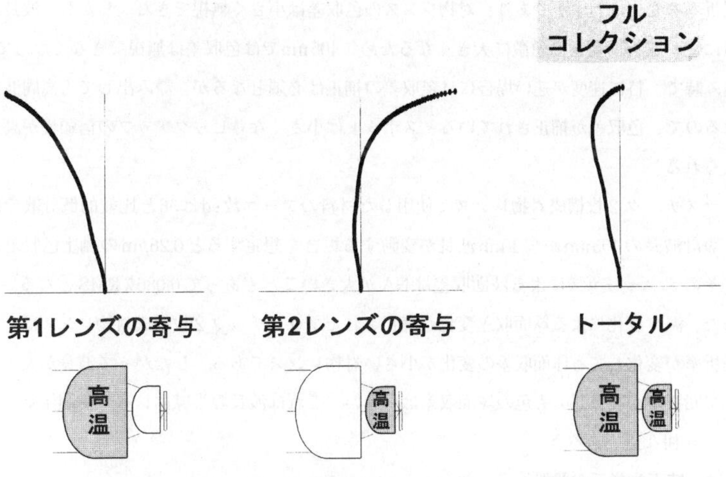

図3　プラスチック2枚構成レンズの温度変化時の収差変化

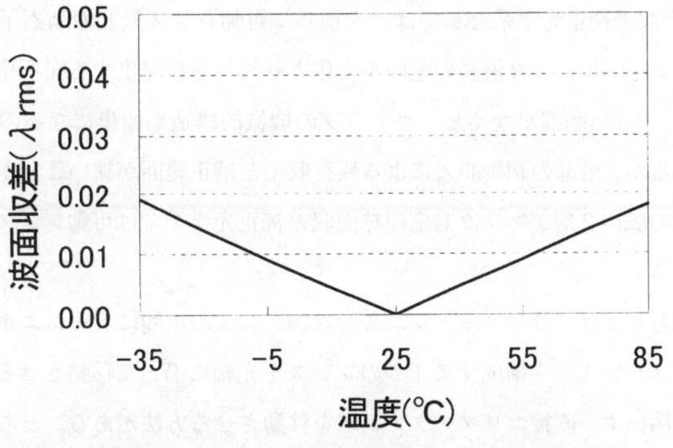

図4　プラスチック2枚構成対物レンズ温度特性

が良好な対物レンズが得られる。図4は設計基準温度を25℃としたときの，2枚構成対物レンズの温度特性を示している。30℃上昇した55℃でも，軸上性能は0.014λrmsに留まる[4]。

(3)　色収差

光源の短波長化に伴ってクローズアップされてくるのが，対物レンズの色収差である。半導体レーザーでは，レーザーパワーが大きい書き込み時に瞬間的な発振波長のシフト（モードホップ）がおこり，そのためフォーカスサーボで追従できない焦点位置のずれが発生する。このずれが対物レンズの色収差である。780nmや650nmなどの長波長ではモードホップ程度の波長シフトでは屈折率の変化はわずかであり，対物レンズの色収差は小さく無視できた。しかし，波長が短くなるに従い屈折率変化は急激に大きくなるため，405nmでは色収差は無視できなくなってくる。書込み時で，特に速度が速い場合には色収差の補正は必須となるが，読み出しでも高周波重畳をかけるので，色収差が補正されているとスポットは小さくなりピックアップの信頼性が高まると考えられる。

プラスチック2枚構成対物レンズで使用した材料のアッベ数νdは56と比較的低分散ではあるが，設計波長の405nmから1nm波長が変動する場合を想定すると0.26μmの軸上色収差が発生し，そのデフォーカスによる波面収差はNAが大きいこともあって0.086λRMSとなる。

また，温度変化による球面収差変化が補正されたプラスチック2枚構成対物レンズは，すなわち屈折率が変化しても球面収差の変化が小さい対物レンズである。したがって波長が大きくシフトして屈折率が変化しても色の球面収差は小さい。これは波長の半導体レーザー個体差に対応する上で有利な点であろう。

4.2.2 補正光学系の設計

(1) 球面収差補正光学系

Blu-rayの球面収差補正光学系としては，大別して可動レンズ型と液晶素子型が提案されている。液晶方式は電圧印加により液晶の配向を変化させたときに発生する屈折率変化や屈折率分布を利用している[5~7]。可動部がなくピックアップの機械的構造が簡単になるので，信頼性も高いことが期待されるが，液晶の制御誤差による残存収差と補正範囲が狭いことが課題である。そのため，補正範囲の広い2層ディスク対応の球面収差補正光学系では可動レンズ方式がまだ有力と考えられる。

可動レンズ型としては，コリメータレンズと対物レンズの中間にビームエキスパンダーを配置し，ビームエキスパンダーを構成する1つのレンズを光軸に沿って移動させる方法と，ビームエキスパンダーを用いず，直接コリメータレンズを移動させる方法がある。どちらの方法でもレンズが移動することにより対物レンズへの入射光束をわずかに発散あるいは収斂光とすることで球面収差が補正される。

我々は，球面収差の補正光学系をプラスチックレンズのみで構成し，さらに前述の対物レンズの色収差をこれらの球面収差構成光学系で補正することを考案した[3,4]。図5はビームエキスパンダー型の球面収差補正光学系をプラスチックレンズにより構成した例で，コリメータレンズは省略して描かれている。非球面を用いた負レンズと両面に正の回折パワーを持たせた正レンズの2枚のプラスチックレンズでビームエキスパンダーを構成した。対物レンズを含めた色収差は回折面により補正される。設計例ではビームエキスパンダーの倍率は1.25倍で基準状態でのレンズ間隔は，補正のための移動量とレンズの偏芯感度を考慮して2.0mmとしている。図6に基板厚

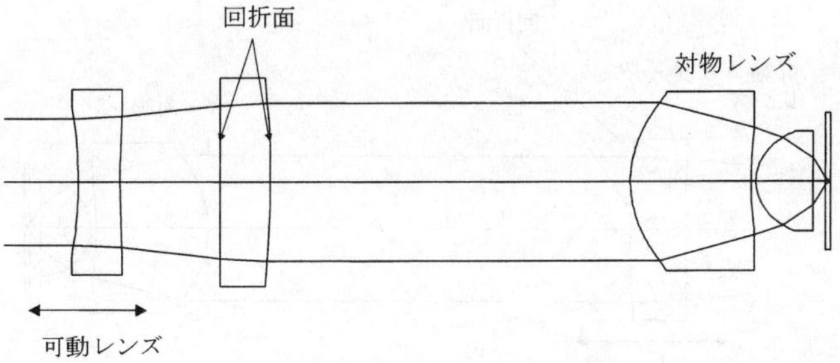

図5　ビームエキスパンダーと対物レンズ

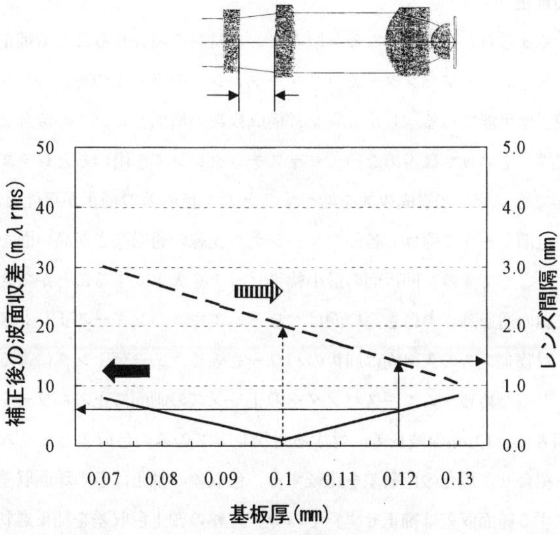

図6　基板厚誤差の補正

誤差の補正効果を示す。たとえば基板厚が20μm厚くなる場合は，約0.2λRMSの補正過剰の球面収差が発生するが，ビームエキスパンダーの間隔が0.65mm縮むようにどちらかのレンズを移動させると0.006λRMSと補正することができる。図7はコリメータレンズを移動して球面収差を補正する光学系の設計例[4]で，プラスチックコリメータレンズの両面に回折面を設け対物レンズを含めて色収差を補正している。設計例では，コリメータの焦点距離は20.0mmである。

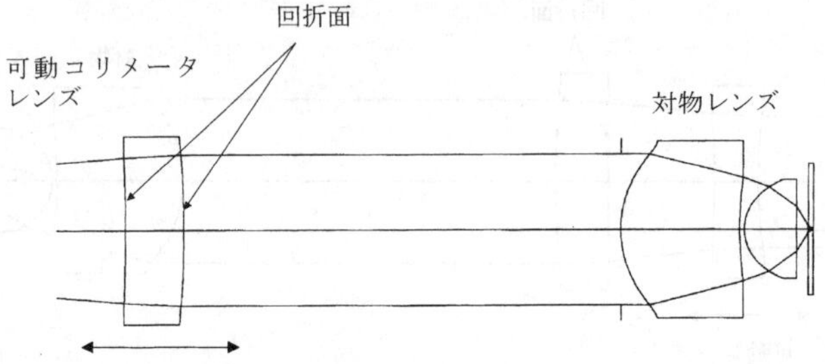

図7　可動コリメータと対物レンズ

(2) 色収差の補正

色収差は，よく知られたように異なる分散のレンズ材料を組合せることで補正することができる。すなわち，ビームエキスパンダーやコリメータレンズのうち1つを接合レンズなどにすることで色収差の補正は可能である。しかしレンズ構成枚数の増加とレンズの接合など組み立て工数の増加によってコストアップは否めない。プラスチックレンズを用いるとレンズ面に回折構造を持たせることができ，レンズ構成枚数を増やすことなく色収差の補正が可能となる。

光学系全体の色消しをする際は，各面のマージナル光線の通過高さが高い面を回折面とする方が回折パワーが少なくてすみ，回折面の最小輪帯ピッチを大きくすることができる。この光学系でマージナル光線の通過高さの最も高い面は，ビームエキスパンダーの正レンズと対物レンズの入射面である。対物レンズの入射面は屈折のパワーも強くシェーディングによる回折効率の低下が懸念される。そのためビームエキスパンダーの正レンズの両面に正のパワーを有する回折面が用いられた。図8に±10nmの波長差に対する対物レンズのみの色収差とビームエキスパンダーと対物レンズを組合せた場合の色収差を比較する。色収差の補正は色の球面収差すなわち波長が異なるときに生ずる球面収差は補正せず，その分，近軸の軸上色収差を補正過剰にして，各波長のベストフォーカス位置の差を小さくするように補正している。このようにすると，モードホップによる瞬間的なデフォーカス発生を防ぐことができるだけでなく，半導体レーザーの発振波長に大きな個体差がある場合でも回折面で球面収差を発生させないので，ビームエキスパンダーと対物レンズの光軸ズレ，すなわち対物レンズをトラッキングする際にもコマ収差が発生しないようにすることができる。

図5，図7の設計例ではレンズ有効径内での両面の最小輪帯ピッチは等しく設計されており，1次回折を用いる場合で13μm程度である。このとき，1nmの波長シフトでのフォーカス誤差はほぼ0で，波面収差は0.006λRMSと元の設計値と同等になる。このように，この設計例では色収差は十分に補正されているが，最小輪帯ピッチが1次回折の場合で13μmの回折面を2面

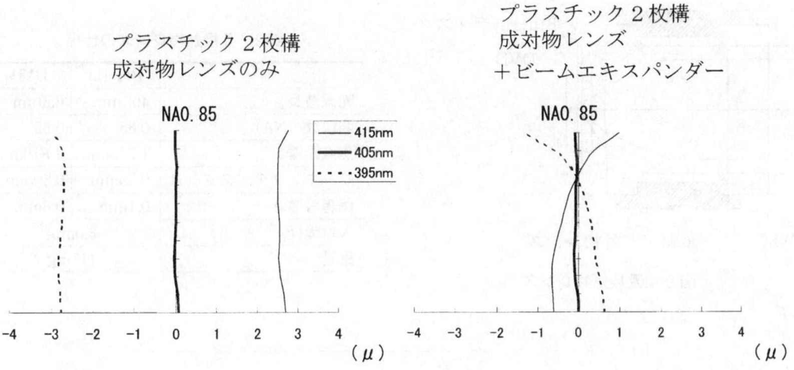

図８　軸上色収差

必要とし，回折効率の観点から高い加工精度が要求される。残存色収差と加工精度のバランスは量産化のために検討すべき課題である。

4.2.3　互換光学系

(1)　互換対物レンズの仕様

DVDとCDのように下位ディスクとの互換は次世代光記録ピックアップでも強く要望される。２つのドライブを搭載する装置や，２つのピックアップを有するドライブ，あるいは２種の対物レンズを有するピックアップなどさまざまな方法が考えられるが，最も期待される方法はやはり，１つの対物レンズで２種以上のディスクに対応する互換対物レンズである。しかしDVDとCDの互換にくらべ，NAが0.85と高いBlu-rayを含めた互換レンズは非常に難しい課題である。

Blu-rayとDVDの互換を達成する対物レンズとして大きく分けて２種のものが提案されている。ひとつは，２枚構成レンズの一方に回折面などを設けた対物レンズで[8,9)]，もうひとつは，Blu-ray専用のガラス非球面単レンズの対物レンズにプラスチックなどの補正板を備えたものである[10)]。

図９は弊社が発表したBlu-rayとDVDの互換対物レンズである[10)]。ガラス製の単レンズの対物レンズとプラスチックでできた波長選択素子(WSE)をプラスチック鏡枠で一体化させたものである。Blu-ray，DVDとも無限共役で用いられるので，トラッキングにおいて収差が発生しない。表２にこの互換対物レンズの仕様を示す。単レンズの対物レンズを用いたので，ワーキングディスタンスを長くとることができ，保護層の厚さが0.6mmのDVDの場合も0.3mmのワーキングディスタンスを確保することができる。

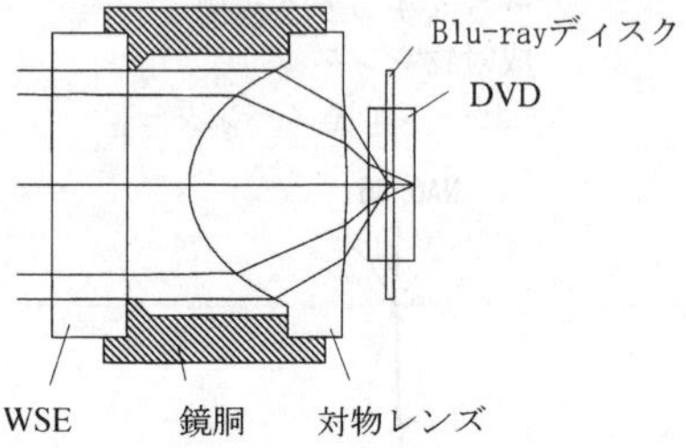

図9　互換対物レンズ

表2　互換対物レンズの仕様

	Blu-ray	DVD
光源波長	405nm	650nm
開口数（NA）	0.85	0.65
焦点距離	1.765mm	1.819mm
ワーキングディスタンス	0.53mm	0.30mm
保護層厚さ	0.1mm	0.6mm
入射瞳径	3.0mm	
重量	117mg	

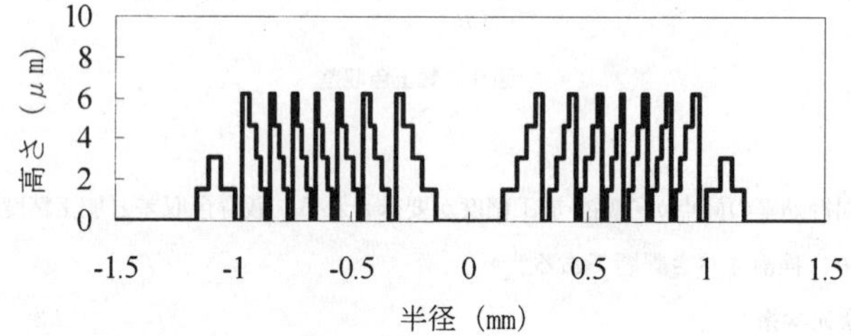

図10　波長選択素子（WSE）の形状

(2)　**波長選択素子（WSE）**

単レンズの対物レンズの光源側に配置される補正板，すなわち波長選択素子（WSE）は図10のようなエシェロン型の回折構造を有しており，プラスチックの成型品である[10)]。回折構造の階段1段あたりの高さを適切に選ぶことで，405nmにおいては位相差が生じず，入射光はそのまま透過し，一方650nmでは各段差で位相差が生じ，となりあうピッチ間で，650nm一波長分の差となるように構成されており1次の回折光が発生する。この回折作用により，保護層厚さが異なることによる球面収差の差を補正する。また，波長選択素子はDVDのNA，0.65に対応する入射瞳径2.36mmより外側ではフレアが発生する構造となっており，スポットには寄与しないようになっており，開口制限のためのフィルターなどは不要である。また，回折効率のスカラーの計算値はBlu-rayで100%，DVDで88%である。この効率を実現するためには高精度のプラスチック成形技術が必要である。

4.3　試作結果

4.3.1　Blu-ray専用対物レンズ

写真2は試作したプラスチック2枚構成対物レンズの透過波面の干渉縞写真である[3)]。2枚構

成対物レンズでは，プラスチックレンズの組み立て精度が量産化の鍵を握るが，対物レンズの基本性能と誤差感度のバランスを十分に勘案して設計を行ったこと，およびプラスチックレンズ同士を直接組合せることで鏡枠など他の部品の誤差要因が加わらないことから，NA0.85の高NA対物レンズという非常に難しい対物レンズではあるが，量産化が可能となった。

4. 3. 2　球面収差補正光学系

ビームエキスパンダー型の補正光学系も試作を行った。写真3は色収差の補正効果を確認するために，レーザーに高周波重畳をかけた状態でのスポットの比較写真である[4]。対物レンズのみのスポットに比べ，ビームエキスパンダーと組合せた方はスポット径が一回り小さく色収差の補正効果を確認することができた。

λ=405nm	RMS
TOTAL	0.034λ
SA	0.002λ
COMA	0.015λ
AS	0.029λ

写真2　プラスチック2枚構成対物レンズの干渉縞写真と波面収差RMS値

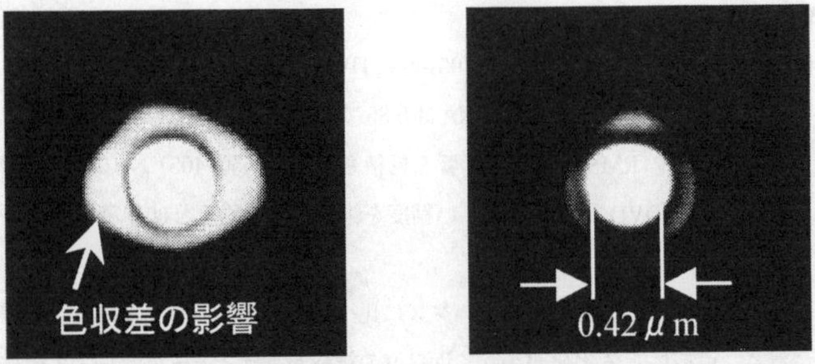

（A）　対物レンズのみ　　（B）　対物レンズ＋ビームエキスパンダー

（高周波重畳の条件：　日亜LD, 500MHz, 5mA p-p）

写真3　プラスチック2枚構成対物レンズのスポット

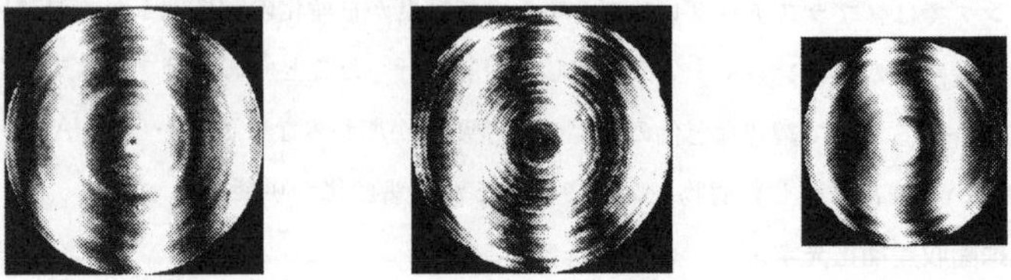

(a) 単レンズのみ @405nm　　(b) 組合せレンズ @405nm　　(c) 組合せレンズ @633nm

写真４　互換対物レンズの透過波面干渉縞

4. 3. 3　互換対物レンズ

写真４は4. 2. 3項で述べた互換対物レンズの透過波面の干渉縞写真である[10]。(a)は単レンズの対物レンズ単体の405nmにおける透過波面の干渉縞で，波面収差は0.026λrmsである。(b)は単レンズの対物レンズに波長選択素子を組合せ互換対物レンズとしたときの405nmでの透過波面であり，波面収差は0.042λrmsである。(c)は同じく互換対物レンズの633nmにおける干渉縞である。本来650nmで測定すべきものの代替特性であるため多少の球面収差が加わっているが，633nmでも波面収差は0.042λrmsと良好である。

4. 4　まとめと今後の課題

Blu-ray用の対物レンズは，使用波長が405nmとDVDの650の2/3倍で，同じ面精度誤差でも波面収差から評価すると1.5倍となり，NAは0.85でDVDのNA0.65に比べ1.3倍である。同じ面精度誤差が球面収差のRMSに及ぼす影響を見積もると，$(650/405) \times (0.85/0.65)^4 = 4.7$倍にのぼる。量産においてDVDより５倍厳しい精度を維持していくことは非常に難易度の高い課題である。

プラスチックレンズは，ガラスモールドレンズに比べ金型加工が容易で高精度の金型が利用できるばかりでなく，成形による劣化が少なく面精度の維持がガラスモールドレンズに比べ容易である。また２枚構成の対物レンズとすると，個々のレンズの要求精度は実績のあるDVDレンズのレベルに緩和することができ，プラスチックレンズの欠点である温度変化特性も改善することができる。これらのメリットに対し，デメリットは２枚のレンズの組み立てである。しかし，試作を通じて，成形された個々のプラスチックレンズのフランジ部も十分な精度を持ち，組み立てが量産化への障害とはならないことを確認することができた。

また，回折色消し機能を有するプラスチックレンズのみで構成された球面収差補正光学系の提案を行ったが，試作評価で色消し作用の有効性を確認することができた。今回提案したビームエキスパンダー型の補正系は広い調整範囲を有しており，2層ディスク対応などのピックアップへの応用が期待されるが，ピックアップへの実装評価から最適な設計仕様を確立していくことが今後重要と考える。

互換対物レンズでは，主にBlu-ray用単レンズの対物レンズの補正素子を組合せたDVDとの互換対物レンズを紹介したが，DVDに加えてCDなどへも対応したさらに高機能な対物レンズの開発が課題となろう。

文　　献

1) Kiyoshi Osato, Technical Digest of ODF2002, 5–6 (2002)
2) Benno H. W. Hendriks *et al.*, Proc. of ODF2000, 317–319 (2000)
3) 森　伸芳，木村　徹，第26回光学シンポジウム講演予稿集，5–6 (2001)
4) Tohru Kimura and Nobuyoshi Mori, Technical Digest of ODF2002, 83–84 (2002)
5) Hiroyasu Yoshikawa, Shin–ya Hasegawa and Tatsuo Uchida, *OPTICAL REVIEW*, Vol.7, No.2, 138–143(2000)
6) 大滝　賢，小笠原昌和，山崎正之，OPTICS DESIGN, No. 21, 50–55 (2000)
7) 野村琢治，村田浩一，信学技報，CPM2000–91, 1–6 (2000)
8) Y. Komma, Y. Tanaka, and S. Mizuno, Technical Digest of ISOM2003, paper We–F–20
9) Y. Tanaka, Y. Komma, Y. Shimizu, T. Shimazaki, J. Murata and S. Mizuno, Technical Digest of ISOM2003, paper Th–G–04
10) K. Takada, J. Hashimura, Y. Ori, N. Mushiake, Technical Digest of ISOM2003, paper Th–G–08

5　ブルーレーザー対応酸化物系追記型光記録膜

松下辰彦*

5.1　はじめに

医学カルテ，重要な事務書類など長期間にわたって保管すべきデータの記録には追記型光ディスクが適している。データの増加に伴って，使用する半導体レーザーの波長が赤色（780～830nm）から青色（～400nm）に短くなったので，それに応じて，記録膜の禁制帯幅（エネルギー・ギャップ）も大きくなった。これには酸化物薄膜が適している。その特長として，①温度や，湿度に対する耐久性がよい，②レーザー照射による状態間遷移に要する時間が短い，③書き込みドットのエッジの切れがよい，などがある。これまで低級酸化物（suboxide）TeO_x（$0<x<2$）薄膜がよく調べられ[1~3]，さらに結晶化温度を上昇させ熱的安定性を強めるためにPdを添加したTe–O–Pd系薄膜が今も継続して検討されている[4, 5]。筆者らは，禁制帯幅の広いZnO，In_2O_3，Ga_2O_3からなるZn–In–Ga–O系薄膜を主としてレーザーアブレーション法（一部，RFマグネトロンスパッタ法）で作製し記録膜の特性を検討してきた[6~12]。また，無機フォトクロミック材料のWO_3膜をレーザーアブレーション法で作製し，その記録特性を検討し始めた。ここではこれらについて今までに得られた実験結果を述べる。

5.2　Zn–In–Ga–O系酸化物の結晶構造

図1に，幾つかの酸化物のエネルギー・ギャップE_g（eV）と屈折率n_oの関係を示す[13]。ブルーレーザーの波長（～400nm）に対応する3eVより大きいエネルギー・ギャップの値を持つ酸化物のなかで，筆者らは，先ず，ZnO（$E_g=3.2～3.4$eV，$n_o=1.9～2.0$）[14~20]を選び，それにIn_2O_3（$E_g=3.6～3.75$eV，$n_o=1.5～2.2$）[21~25]，Ga_2O_3（$E_g=4.8～4.9$eV，$n_o=1.8～2.0$）[26~29]を添加したZn–In–Ga–O系を光記録膜として用いることを試みた。

図2に，ZnO–In_2O_3–Ga_2O_3からなる組成3角形を示す。この中で，ZnO–In_2O_3，ZnO–Ga_2O_3，およびIn_2O_3–Ga_2O_3系それぞれで，生成が期待される化合物を示す。すなわち，ZnO–In_2O_3系ではホモロガス$In_2O_3(ZnO)_k$つまり$Zn_kIn_2O_{k+3}$（k＝3，4，5，6，7，8，9）[30, 31]，ZnO–Ga_2O_3系では$ZnGaO_4$[32, 33]，In_2O_3–Ga_2O_3系では$GaInO_4$[34]である。そして，ZnO–In_2O_3–Ga_2O_3系として，$In_{1-x}Ga_{1+x}O_3(ZnO)_k$（k＝1，2，3）である[35, 36]。

図3に，ZnOの結晶構造を示す。(a)はウルツ鉱形，(b)は閃亜鉛鉱形である。

図4に，Ga–In–O系の結晶構造を示す。(a)はGa_2O_3あるいはIn_2O_3の単位格子を上から見た図であり，(b)はGa_2O_3あるいはIn_2O_3の結晶構造である。また(c)は$GaInO_3$の結晶構造である。GaO_4

＊　Tatsuhiko Matsushita　大阪産業大学　工学部　電気電子工学科　教授

の六面体とInO_6の八面体が層状に組み合わさっている。以上，Zn-In-Ga-O系の結晶構造のプロトタイプを示したが，レーザーアブレーション法またはRFマグネトロンスパッタ法で成膜すれば非晶質または弱い結晶性を示す膜が堆積される。

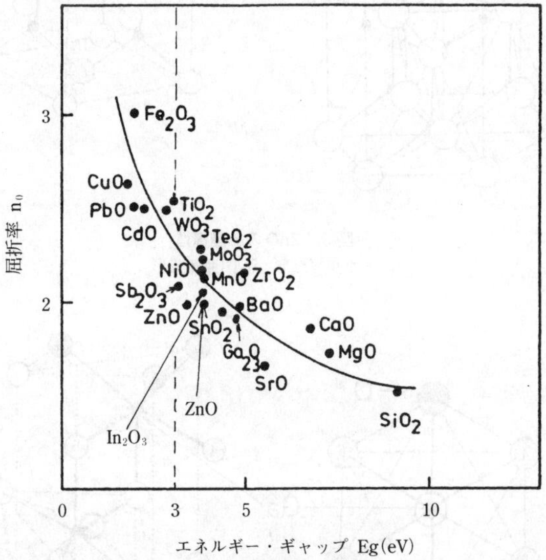

図1　いくつかの酸化物の屈折率とエネルギー・ギャップの関係

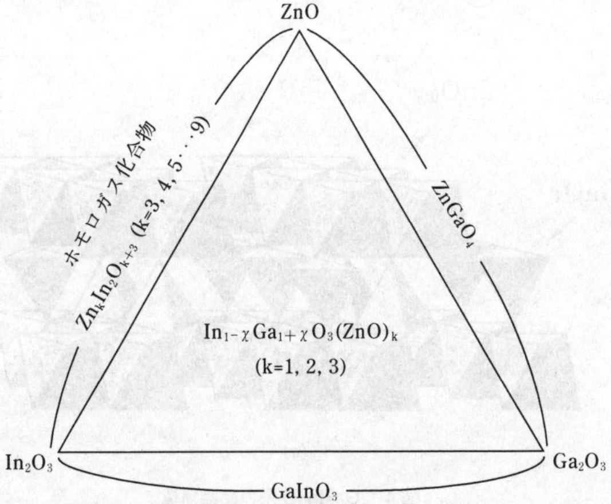

図2　Zn-In-Ga-O系の化合物

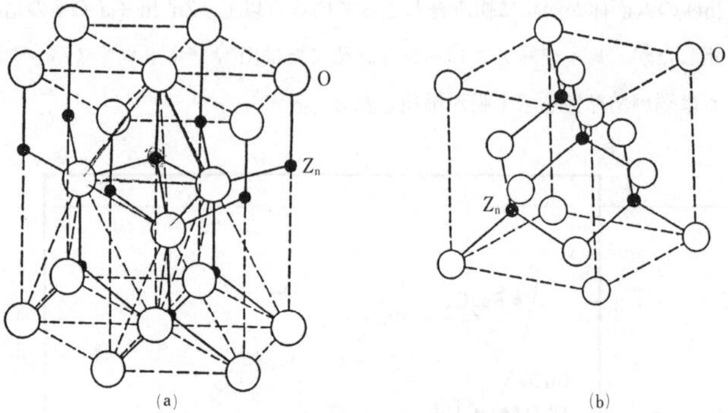

図3　ZnOの結晶構造
(a)ウルツ鉱形，(b)閃亜鉛鉱形

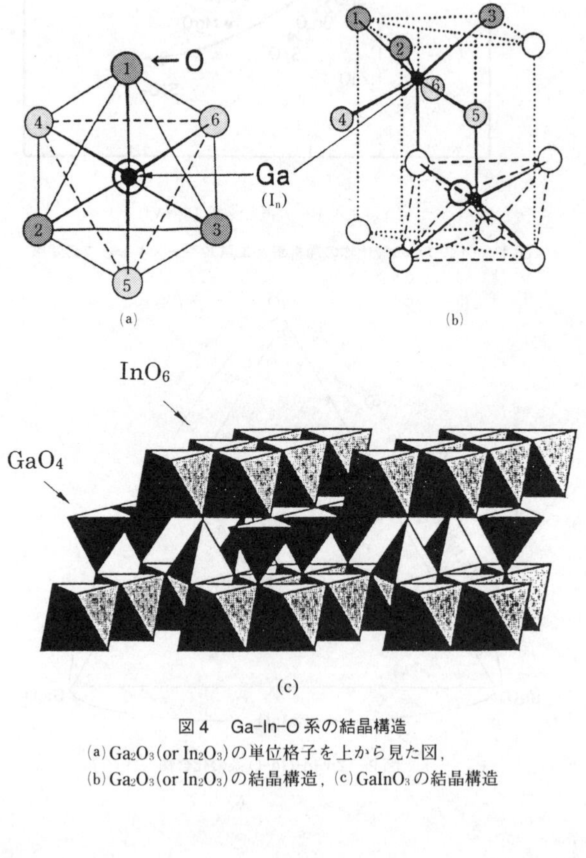

図4　Ga-In-O系の結晶構造
(a) Ga_2O_3(or In_2O_3)の単位格子を上から見た図，
(b) Ga_2O_3(or In_2O_3)の結晶構造，(c) $GaInO_3$の結晶構造

5.3　WO_3 の結晶構造

図5に，A_3X 型の WO_3 の結晶構造を示す[37)]。陽イオン (W^{+6}) は立方体の隅にあり，陰イオン（O^{-2}）は立方体の各辺の中点にある。陽イオンは陰イオンのつくる正八面体の中心で6配位である。この配位多面体は頂点を共有して3次元的に連結している。この構造の体心の位置に陽イオンが入ると，図6に示す ABX_3 型のペロブスカイト結晶構造となる。

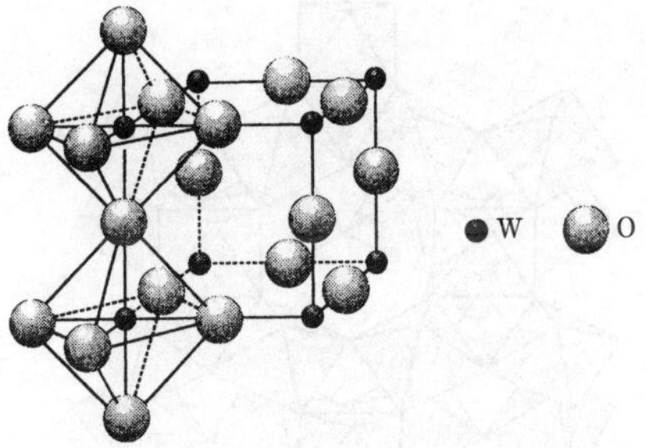

図5　AX_3 型 WO_3 結晶構造

WO_3 構造は上記の AX_3 型の他に，図7に示すような頂点を共有する WO_6 八面体の六員環が積層した六方晶型の WO_3 の結晶構造が存在する[38)]。以上，WO_3 の結晶構造のプロトタイプを示したが，レーザーアブレーション法で成膜すれば非晶質膜が堆積される。

5.4　RFマグネトロンスパッタ法で作製した光記録膜

5.4.1　Zn–GZO–IZO 光記録膜[7, 39, 40)]

図8に，Zn，7 wt%Ga_2O_3 をドープした ZnO（GZO（7 wt%）），7 wt%In_2O_3 をドープした ZnO（IZO（7 wt%））をターゲットとしたときの3元同時スパッタの模式図を示す。組成比変化は，3つのターゲットそれぞれに印加する RF パワーを変えて行う。ガラス基板（Corning ＃ 7059）

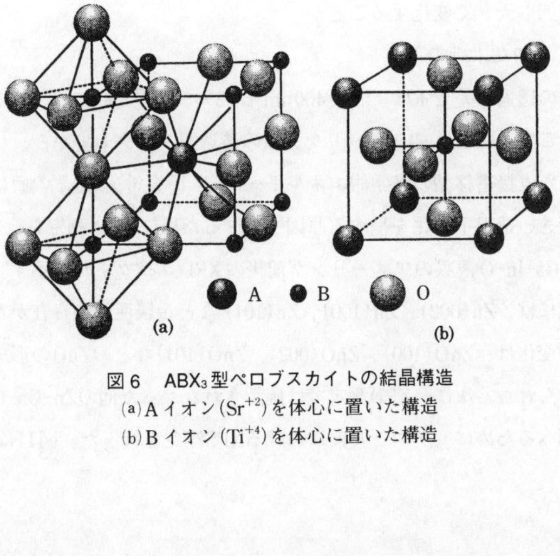

図6　ABX_3 型ペロブスカイトの結晶構造
(a) A イオン (Sr^{+2}) を体心に置いた構造
(b) B イオン (Ti^{+4}) を体心に置いた構造

図7　六方晶型 WO_3 配位多面体構造

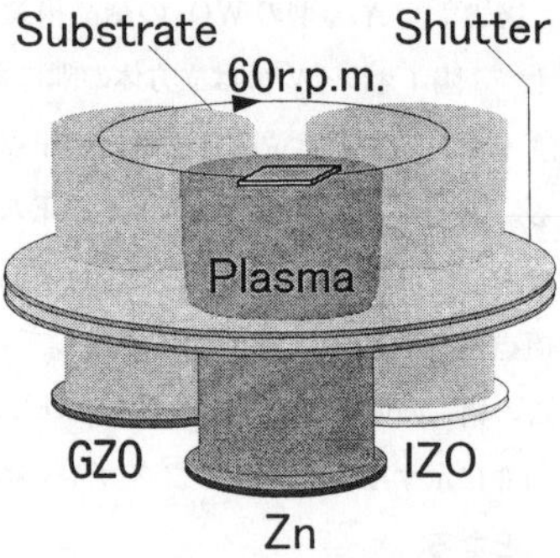

図8　3元同時スパッタの模式図

を60r.p.m.で回転させ，また同時に，3つのターゲット（直径5インチ，厚さ5mm）もそれぞれ20r.p.m.で回転させて，均一な膜が得られるように工夫をしている。このときのスパッタリング条件を表1に示す。このようにして作製したZn-Ga-In-O薄膜（～200nm）のas deposited stateおよびannealed（350℃×30min）stateでの透過率スペクトルを図9(a)に示す。これより，着色状態から透明状態へ大きく変化することがわかった。また，図9(b)に示したように，アニーリング前後の透過率差ΔTは，波長400nmで72%，波長390nmで61%，波長380nmで41%であった。ここで，図9(a)のアニーリング後の透過率スペクトルから，$(\alpha h\nu)^2$ vs $h\nu$の関係式を用いて求めた直接遷移型の光学的エネルギー・バンドギャップE_g^{opt}の値は，3.6eVであった。

表1　スパッタリング条件

Sputterring system	TOKUDA　CFS-8EP-55		
Substrate	Corning #7059		
Target (5"φ)	Zn	ZnO:Ga_2O_3 (7wt%)	ZnO:In_2O_3 (7wt%)
RF power	60～90W	60W	60W
Film thickness	～200nm		
Substrate temperature	Room temperature		
Base pressure	1×10^{-4}Pa		
Gas pressure	1Pa		
Gas flow rate	10 SCCM (Ar)		

このような大きい透過率変化を呈する原因を調べるためにXRD測定を行った。

図10に，Zn-Ga-In-O薄膜のアニーリング前後のXRDスペクトルを示す。これより，アニール前の着色状態には，Zn(002)，Zn(100)，Zn(101)など金属亜鉛の存在が寄与し，アニール後の透明状態への変化は，ZnO(100)，ZnO(002)，ZnO(101)などのZnOの形成により引き起こされることが認められた。次に，XRD測定では確認されなかった他のZn-Ga-In系酸化物が形成されているかを調べるために，アニール前におけるXPS測定を行った。図11に，Zn-Ga-In酸化物

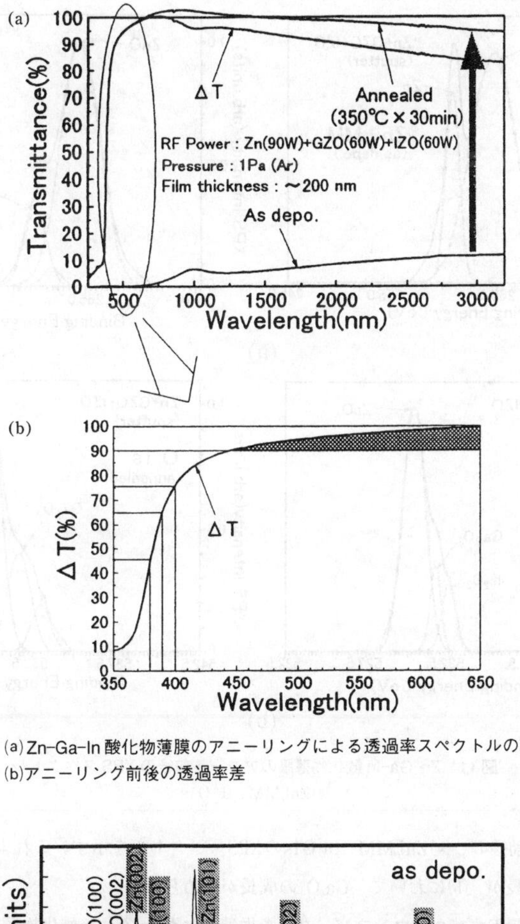

図９　(a)Zn-Ga-In酸化物薄膜のアニーリングによる透過率スペクトルの変化，
(b)アニーリング前後の透過率差

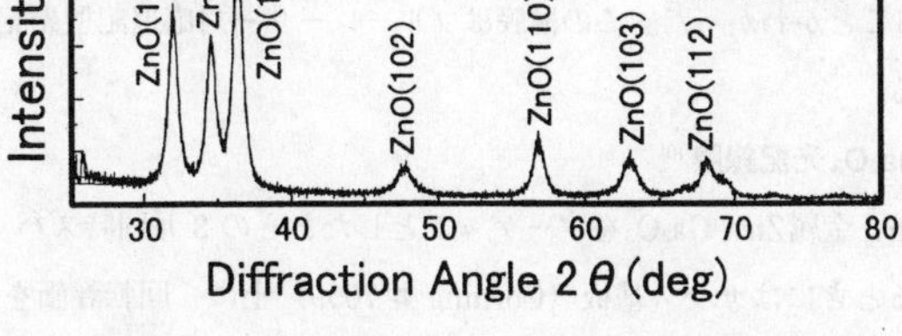

図10　Zn-Ga-In酸化物薄膜のアニーリング前後のXRDスペクトル

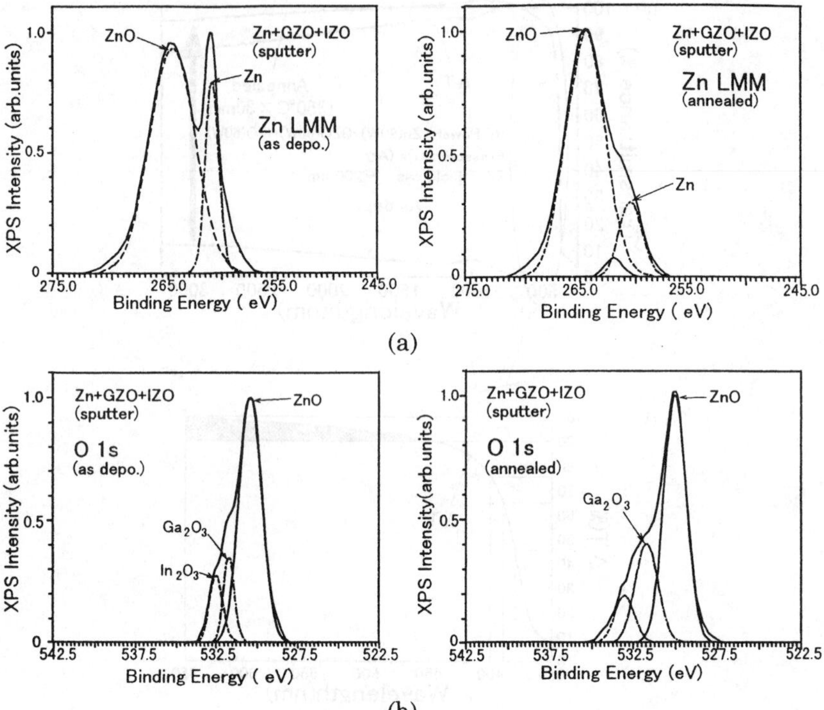

(a)

(b)

図11　Zn-Ga-In 酸化物薄膜のアニール前後の XPS スペクトル
(a) ZnLMM，(b) O1s

薄膜のアニール前後の，(a)ZnLMM，(b)O1sのXPSスペクトルを示す。これより，(a)において，ZnOの顕著な成長が，(b)において，Ga_2O_3の成長が認められた。

以上，3元同時RFマグネトロンスパッタ法で堆積されたZn-Ga-In酸化物薄膜において，波長380～400nmで45～75%の透過率差を引き起こす現象を見出した。この現象はXRD，XPSの測定から，着色状態は金属亜鉛がその役割を受け持ち，透明状態はZnOおよびZn-Ga-In系酸化物がその要因であることがわかった。この薄膜はブルーレーザー対応追記型光記録膜としての可能性があると言える。

5.4.2　Zn-In-Ga_2O_3 光記録膜[10)]

表2に，金属In，金属Zn，Ga_2O_3をターゲットとしたときの3元同時スパッタの条件を示す。基礎特性を調べるときにはガラス基板（Corning ＃7059）上に，回転評価をするときにはポリカーボネイト基板上に堆積させる。

表2　スパッタリング条件

Sputtering system	SHIMADZU HSR-552S			TOKUDA CFS-8EP-S		
Substrate	Corning #7059			polycarbonate		
Target	In	Zn	Ga_2O_3	In	Zn	Ga_2O_3
RF power	80～90W	25～80W	30～80W	80W	30～40W	30～80W
Target diameter	100mm φ × 6 mm t			125mm φ × 6 mm t		
Target to substrate distance	40mm			120mm		
Gas pressure	0.1Pa			0.1Pa		
Gas flow rate	10 SCCM (Ar)			10 SCCM (Ar)		
Substrate temperature	Room temperature			Room temperature		
Substrate rotation speed	100r.p.m.			30r.p.m. (Planetary Gear 1:3)		
Film thickness	50～100nm			50～100nm		

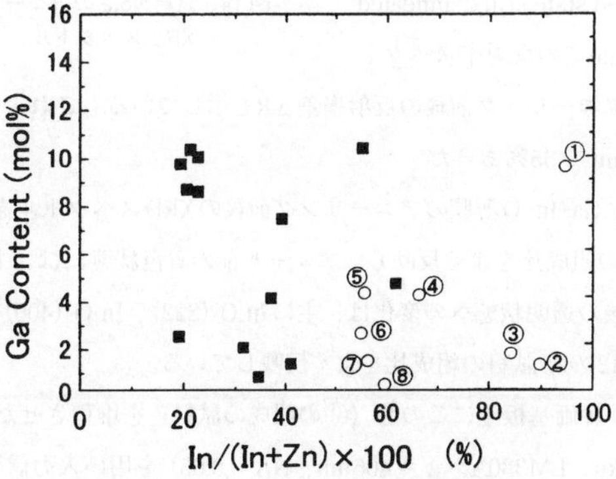

図12　In/(In＋Zn) に対するGa含有量の関係

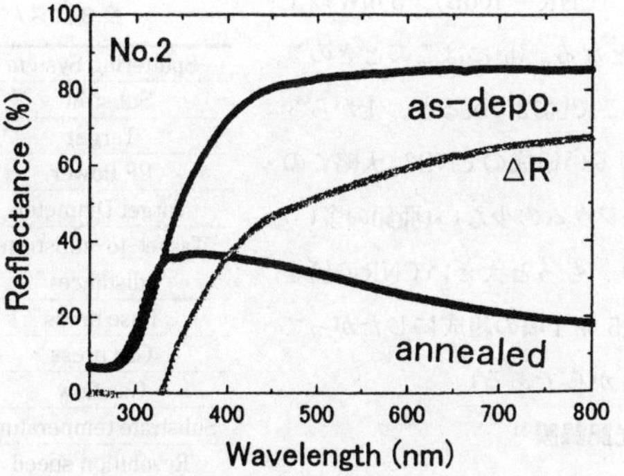

図13　図12の試料No.2のアニーリング前後における反射率差のスペクトル

図12に，この系において作製した膜試料の組成をEDS（Horiba，EMAX7000）にて測定した結果を，横軸をIn/(In＋Zn)×100(%)，縦軸を膜中に含まれるGaの量(mol%)にまとめて示す。このうち，○印は回転評価（CNR測定）をしたものである。これより，Gaの量は10%程度以上は膜中に含まれていないことがわかる。②の試料を取り上げて以下にその特性を示す。図13に，②(No.2と記す)のZn-Ga-In-O薄膜(～50nm)のas deposited stateおよびannealed (500℃×10min) stateでの反射率スペクトルを示す。また，アニーリング前後の反射率差ΔRも示している。これより，ΔRは波長350nmで15%，波長400nmで35%あった。

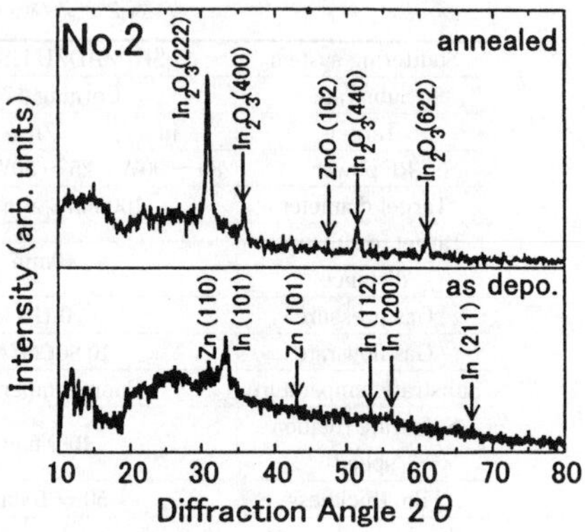

図14　試料No.2のアニーリング前後における XRDスペクトル

図14に，②のZn-Ga-In-O薄膜のアニーリング前後のXRDスペクトルを示す。これらの結果は図12の②の試料の組成比をよく反映し，アニール前の着色状態には，主として，Inの金属が寄与し，アニール後の透明状態への変化は，主にIn_2O_3(222)，In_2O_3(400) などのIn酸化物が寄与した。これは図12の②試料の組成比をよく反映している。

図15(a)に，DVD評価基板上にこの膜（②の組成の試料）を堆積させた構造の素子に，DVDテスター（Shibasoku，LM330A，λ＝406nm，NA＝0.65）を用い入力信号58.5MHzの3T単一信号で書き込んだときの，CRNと書き込みパワー（ピークパワー）の関係を示す。ピークパワー3mWで立ち上がり（CNR＝10dB），5mW以上でCNRは30dB以上となる。(b)にはこのときのスペクトルを示す。ここで図12に戻ると，①から⑧までのインジウムの多い組成のCNRは大略この程度であるが，インジウムの少ない(亜鉛の多い)■印は未測定であり，もっと大きいCNRの値を得る可能性もある（5.4.1項の組成にしたがって図9の特性に近づくからである）。

5.4.3　In-Ga_2O_3光記録膜[41]

表3に，金属In，Ga_2O_3をターゲットとしたとき2元同時スパッタリング条件を示す。図16に，

表3　スパッタリング条件

Sputtering System	HSR-552S	
Substrate	Corning #7059	
Target	Ga_2O_3	In
RF Power	150W	60～80W
Target Diameter	100φ×6t	
Target-to-substrate distance	4cm	
Base press	1.0×10^{-4}Pa	
Gas press	4.0Pa	
Gas flow	10 SCCM(Ar)	
Substrate temperature	Room temperature	
Revolution speed of substrate	100r.p.m.	
Film thickness	100～200nm	

(a)

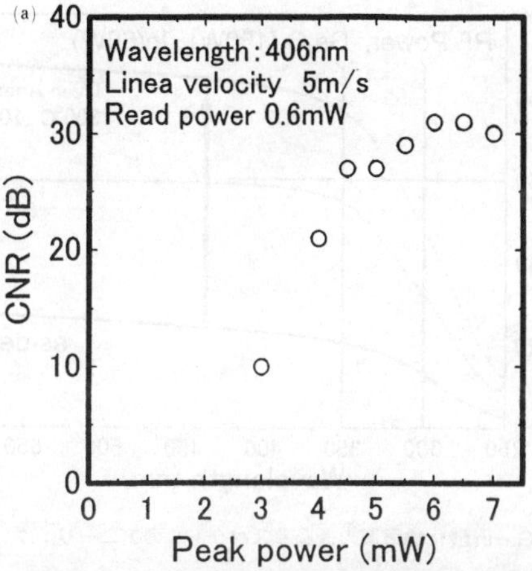

(b)

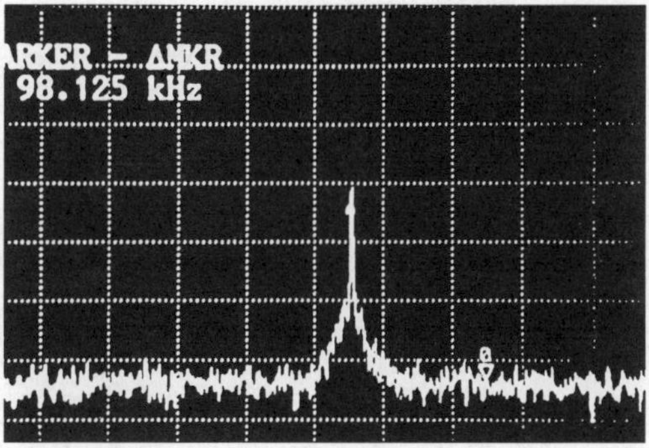

図15　(a)CNRのピークパワー依存性，(b)3T信号のCNRスペクトル
（λ＝406nm，NA＝0.65，ピークパワー 6 mW）
（縦軸 10dB/din）

RFパワーをIn：60W，Ga_2O_3：150Wで堆積させた膜のas-deposited stateでの透過率，300℃×10minのアニーリング後の透過率，およびアニーリング前後の透過率の差のスペクトルを示す。これより，as deposited stateでは透過率は低く（濃い着色状態，600nmまでの波長範囲で25%以下），アニーリング後の透過率は高く（透明状態，波長350nmで75%）なった。また，透過率差ΔTは波長350～600nmの領域において60%以上であり，波長300nmにおいても30%を示すことがわかった。

図17に，図16のアニーリング後のスペクトルから得られる $(\alpha h\nu)^2$ vs $h\nu$ の関係を用いて算出した光学的エネルギーバンド・ギャップ E_g^{opt} の値を示す。約4.3eVであることがわかった。

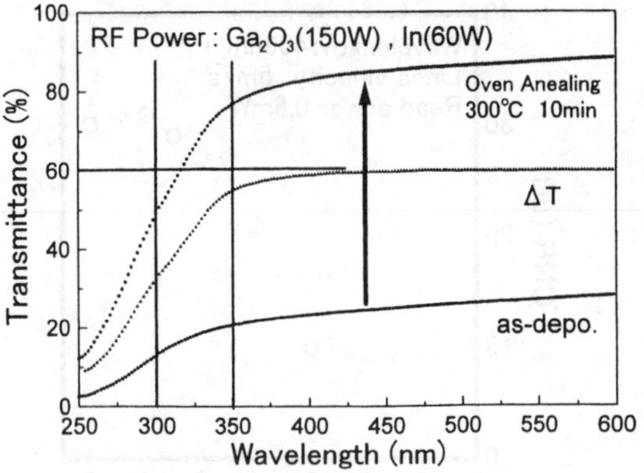

図16　Ga-In 酸化物薄膜の透過率スペクトルのアニーリングによる変化

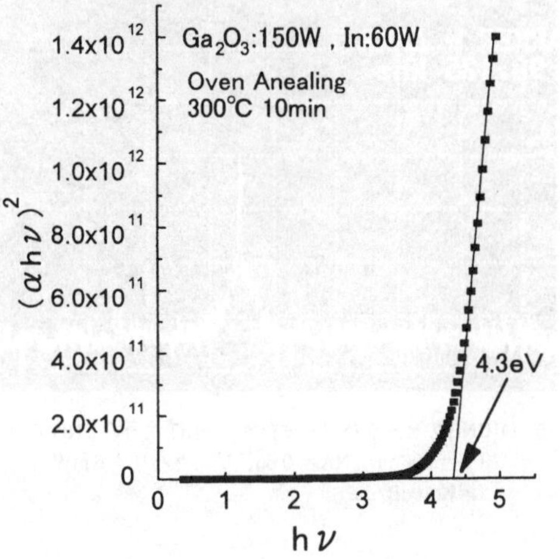

図17　図16のアニーリング後のスペクトルから得られる（$\alpha h\nu$）^{2} vs hν の関係

図18に，Ga_2O_3ターゲットに印加するRFスパッタ電力を150W一定とし，金属Inターゲットに印加するRF電力を80，70，60Wとして作製した膜のアニーリング前後の透過率差ΔTのスペクトルを示す。また，図9に示したZn-Ga-In-O系のΔTのスペクトルをも比較のために示した。In-Ga-O系の場合，Zn-Ga-In-O系に比べ吸収端が短波長側に大きくシフトしていることがわかる。これは図17に示したようにE_g^{opt}が，Zn-Ga-In-O系の3.6eVから4.3eVに広がったためである。また，Inに印加するRF電力が80Wから60Wへと小さくなるにつれて，すなわち，

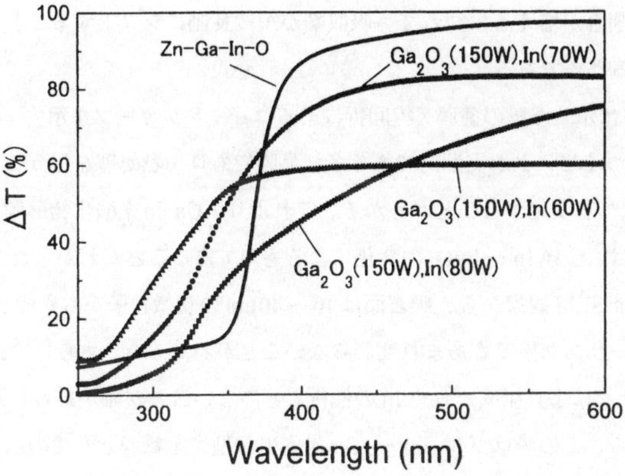

図18　アニーリング前後の透過率差ΔTスペクトルとInターゲットへ印加するRF電力の関係

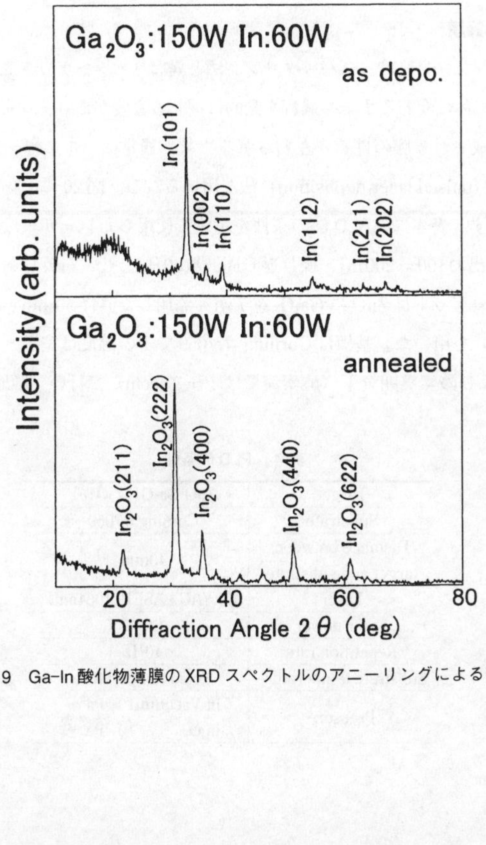

図19　Ga-In酸化物薄膜のXRDスペクトルのアニーリングによる変化

膜中のGa_2O_3の割合が増えるにつれて，吸収端が短波長側にシフトすることがわかる。これはE_g^{opt}が大きくなるためである。

図19に，図16に示した膜の薄膜X線回折によるロッキングカーブを示す。As deposited stateでは金属Inに基づくピークが支配的である多結晶膜であり，熱処理を行うことによって金属Inは酸化されIn_2O_3へと変化することがわかる。これより，Ga–In系酸化物薄膜の着色状態から透明状態への変化は，金属In→In_2O_3の変化によるものであることがわかった。

また，高分解能SEM観察から，膜表面は10～40nmの超微粒子から構成されており，300℃×10minのアニーリング後でもあまり変わらないことがわかった。さらに，EDS測定やInおよびGaのマッピングにより組成ずれやInの偏析などのないことが確かめられた。

以上の結果から，この膜はブルーレーザー対応追記型光記録膜としての可能性があると言える。

5. 5　レーザーアブレーション法で作製した光記録膜

5. 5. 1　ZGO 光記録膜[6, 42, 43]

レーザーアブレーション法は，スパッタリング法と異なり，ターゲット表面が励起を受けてから物質が離脱して気体に変わるまでの過程を動的に捉える必要があり，レーザーの照射時間，強度および波長で生成される膜の性質が左右される[44, 45]。通常はパルス幅～10ns，繰り返し周波数～10HzのPLD（pulsed laser deposition）法が用いられる。図20に，レーザーアブレーション装置の概略を示す。表4に，PLD法の条件を示す。使用したレーザーは波長1064nmのNd:YAGレーザーで，出力100～200mJ，繰り返し周波数10Hzとし，石英レンズでターゲットに集光して用いた。ターゲットはZnOにGa_2O_3を7wt%添加した直径50mmϕの焼結体（99.999%，Furuuchi Co., Ltd.）を用いた。基板はCorning #7059でその温度は室温とした。成膜は真空中（10^{-5} Pa以下）および酸素雰囲気下（酸素流量は1～3 sccm）で行い，膜厚約100nmに堆積さ

表4　PLDの条件

Target	ZnO:Ga_2O_3（7wt%）
Substrate	Corning #7059
Distance between target and substrate	40mm
Laser	Nd:YAG LASER（1064nm）
Laser power	0.7W
Repetition rate	10Hz
Substrate temperature	Room temperature
Pressure	in Vacuum 10^{-5}Pa～ in O_2 10^{-3}Pa～

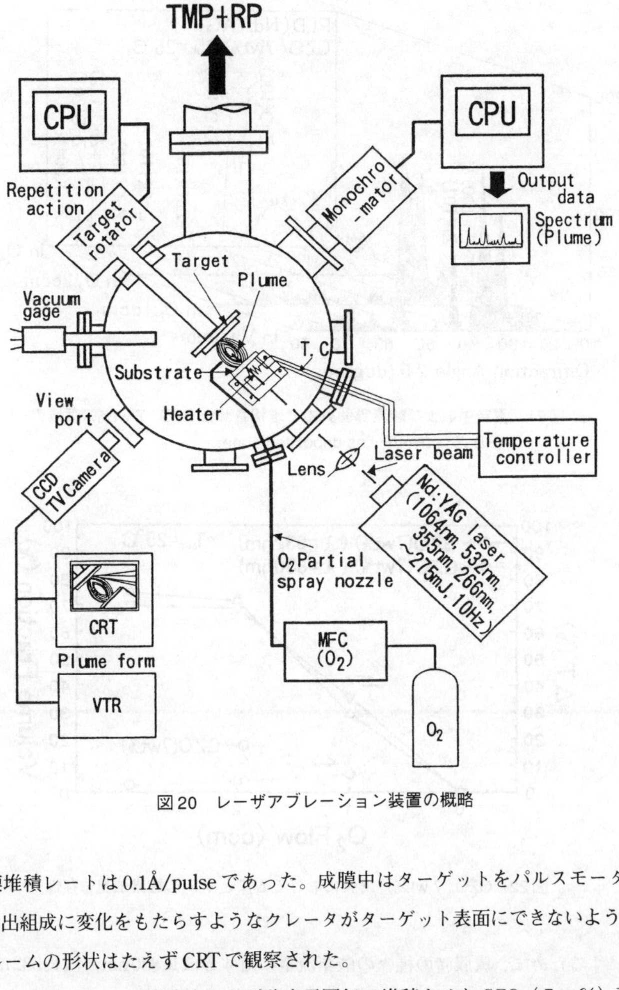

図20　レーザアブレーション装置の概略

せた。薄膜堆積レートは0.1Å/pulseであった。成膜中はターゲットをパルスモーターで反復回転させ，放出組成に変化をもたらすようなクレータがターゲット表面にできないように工夫した。また，プルームの形状はたえずCRTで観察された。

図21に，このようにして真空中および酸素雰囲気で堆積させたGZO（7 wt%）薄膜のas deposited stateでのXRDスペクトルを示す。これより，真空中で成膜したとき，種々の面方位のZnOのピーク以外に，$2\theta=38.99^\circ$のZn(100) 面と$2\theta=$面と43.23°のZn(101) 面の２つのZn金属単体のピークがはっきりと示された。また，酸素流量1 ccmのときZnの２つのピークは僅かではあるが確認できた。しかるに，1 ccm以上の酸素流量の条件で成膜すると，Znの２つのピークは消滅し，また，ZnOの高角度側のピークが増加することがわかった。従って，透過率の変化(着色状態→透明状態)にはこのZnの２つのピークが寄与しているものと思われる。このことを

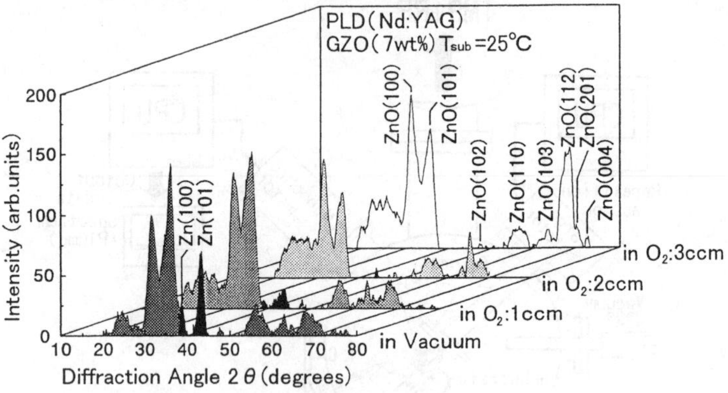

図21　真空中および酸素雰囲気中で堆積させたGZO（7 wt%）薄膜のXRD スペクトル（as deposited state）

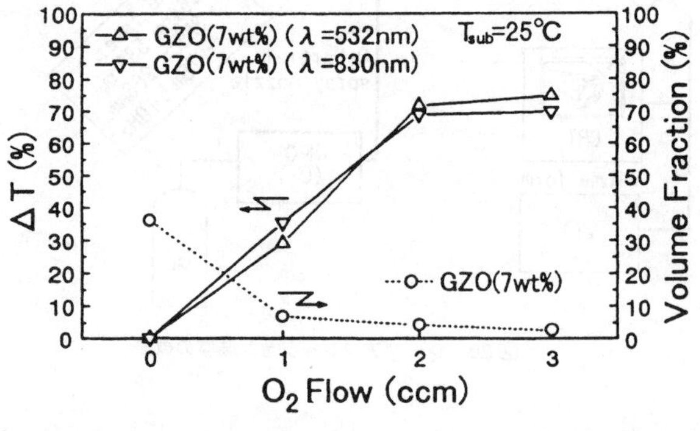

図22　GZO（7 wt%）薄膜におけるΔTとV.F.の酸素流量依存性

より明確にするために，成膜時の種々の酸素流量に対する波長830nmと波長532nm（Nd：YAGレーザーのSHGの波長）における，アニール前後の透過率差ΔTならびにXRDスペクトルのボリュームフラクション（V.F.＝Zn/(ZnO＋Zn)×100(%)）の関係を図22に示す。これより，酸素流量が0～2ccmの間でΔTが大きく増加し，V.F.は酸素流量とともに減少していることがわかる。図23に，基板温度室温で真空中で堆積したGZO（7wt%）薄膜のアニール（400℃×3～5min）前後の透過率スペクトルおよび透過率差ΔTのスペクトルを示す。これより，波長400～700nmで70%以上の透過率差ΔTが得られ，短波長レーザー光による光記録膜としての可能性を示唆した。図24に，真空中室温で堆積したGZO（7wt%）薄膜のアニール前後のXRDスペ

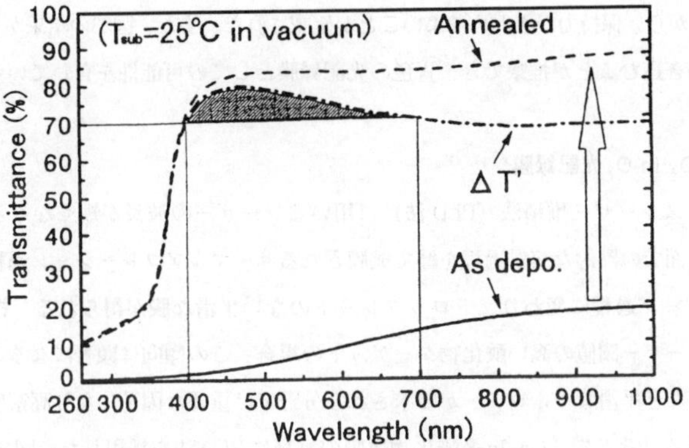

図23　真空中室温で堆積したGZO（7 wt%）薄膜のアニール前後の透過率スペクトル
および透過率差ΔTのスペクトル

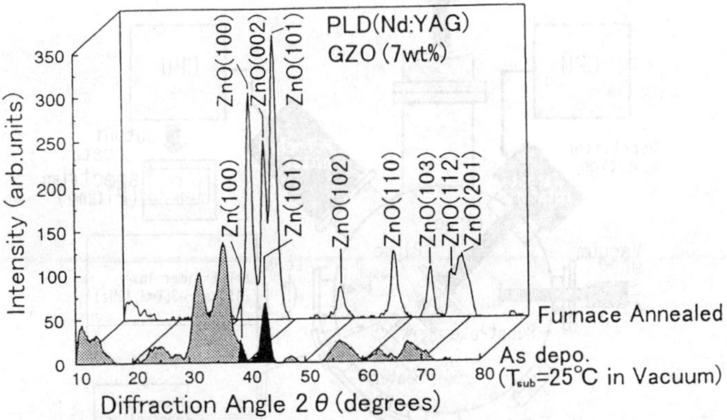

図24　真空中室温で堆積したGZO（7 wt%）薄膜のアニール前後のXRDスペクトル

クトルを示す。これよりas deposited stateで明瞭に表れていたZn金属単体の（100）面のピークと（101）面のピークはアニールすることによって消滅し，そしてZnOのピークが明確に表れており，図23の大きい透過率差ΔTの原因であることがわかった。

Nd：YAGレーザーのSHG（波長532 nm，パルス幅6 ns）を照射し静的評価をすると，切れのよいドットを書き込むことができた。これはレーザー光が進む方向に対して垂直面のレーザー光強度分布がガウス分布であるため，記録ドットの中央部が透明状態になると，ドット周辺部への熱エネルギーの伝播がほとんどなくなるからである。

さらに，このGZO膜は200℃で2000時間，加熱しても着色状態を保持し，透明状態へ移行しなかったことから，保持力がきわめてよいことが確認された。また，図23の結果から，波長400nmでも十分に書き込むことが推察でき，青色の光記録膜としての可能性を有していることがわかった。

5.5.2　Ga_2O_3-In_2O_3 光記録膜[8, 46, 47]

一般にパルスレーザー堆積法（PLD 法）に用いるレーザーの波長が短くなると，照射されるターゲット表面での熱的な溶融過程を経て成膜されるサーマルアブレーション過程から，ケミカルアブレーション過程に変わり，ドロップレットのない平滑な膜が得られる。特に，アブレーション時のレーザー閾値の高い酸化物ターゲットの場合，この傾向は顕著になる。このような特性は光記録膜など平滑なモホロジーが要求される分野では重要な因子になり高密度化にはよい結果が期待できる。そこで，Ga-In 系酸化物薄膜の堆積に PLD 法を採用した。図25に，ArF エキ

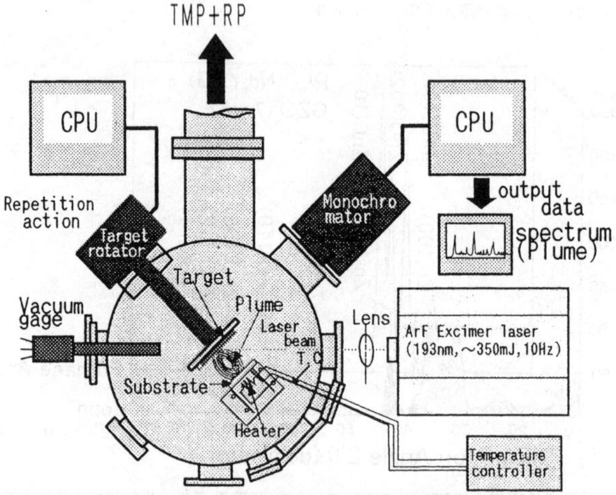

図25　ArF エキシマレーザーを用いた PLD 法の概略

表5　PLD の条件

Target	Ga_2O_3
	In_2O_3
Substrate	Corning＃7059
Target-to-substrate distance	40mm
Laser	Excimer Laser（ArF 193nm）
Laser power	40mJ
Repetition rate	10Hz
Substrate temperature	Room Temperature
Working pressure	10^{-5}Pa

シマレーザー（波長193nm）を用いたPLD法の概略を示す。また，表5にはその条件を示す。ArFエキシマレーザーの出力は4mJ，繰り返し周波数10Hzで石英レンズで集光しレーザーエネルギー密度0.4J/cm^{2}で図26に示したスプリットターゲットに照射した。ターゲットはGa_2O_3（99.999%）とIn_2O_3（99.999%）の焼結体（2インチ）を2分割したものを組み合わせスプリットターゲットとした。膜組成はターゲット上をレーザービームがトレースする比を変えることによって変化させた。これによってas deposited stateではGa_2O_3とIn_2O_3の層が交互に堆積されるlaminated multilayer structureになる。堆積レートは0.1Å/pulseであった。膜厚は各80層ずつ合計160層の場合で，120～150nmであった（各層は10Åより薄い）。図27に，Ga_2O_3：In_2O_3＝3：1のトレース比で堆積された膜のアニール（450℃×30min）前後におけるXRDスペクトルを示す。これより，アニール前はアモルファスであったものがアニールすることによりIn_2O_3と$GaInO_3$の結晶性を示した（これはアニールによってIn_2O_3と$GaInO_3$のintermingleがその層界面を通じて行われたものと思われる）。図28に，この膜の傾き角30°で観察されたアニール前後のSEM像を示す。表面モホロジーはアニールによってほとんど変化がないことがわかった。図29に，表5の条件

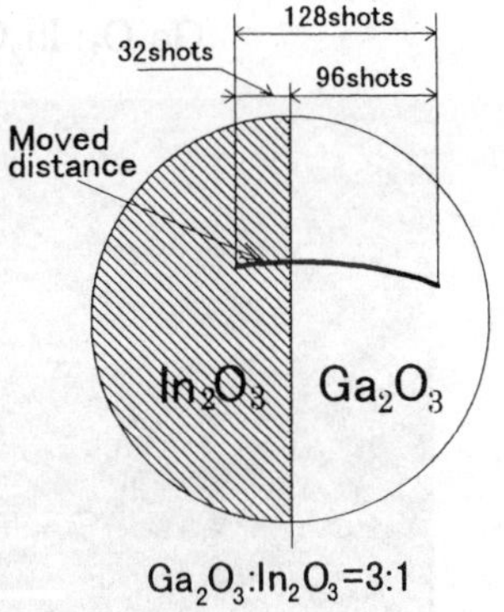

図26　Ga_2O_3とIn_2O_3からなるスプリットターゲット

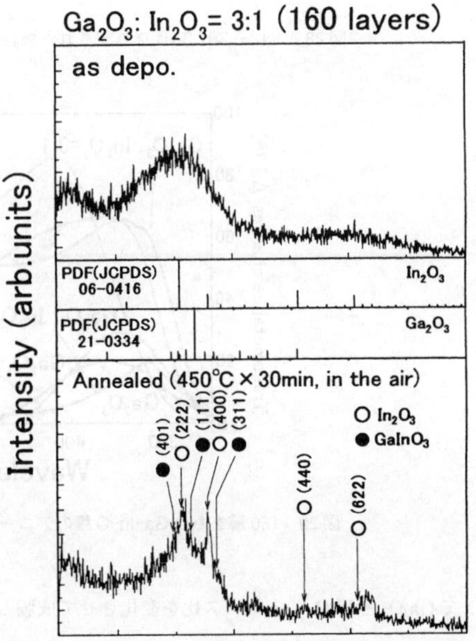

図27　トレース比3：1で堆積された膜のアニール前後のXRDスペクトル

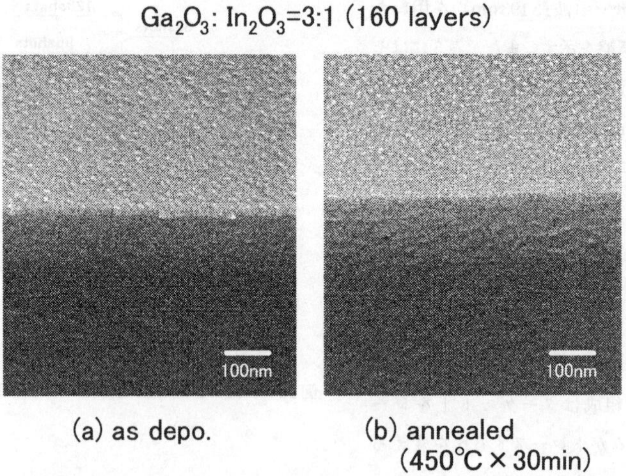

図28　トレース比3：1で作製された膜表面のアニール前後の高分解能SEM像

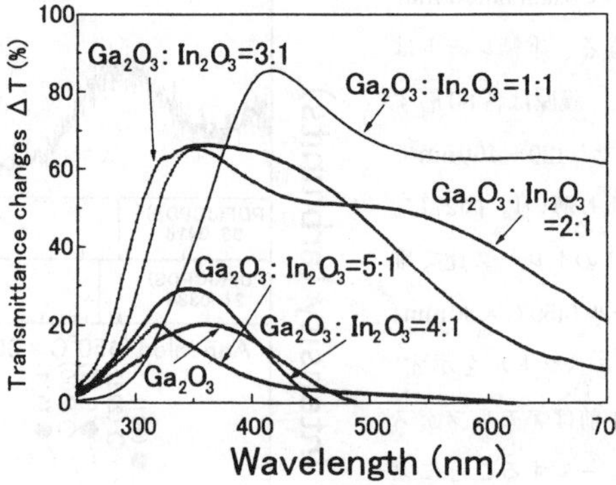

図29　160層をもつGa-In-O膜のアニール前後の透過率差ΔTのスペクトル

でGa_2O_3とIn_2O_3のトレース比を変化させて成膜し，合計160層のGa-In系酸化物薄膜のアニーリング前後の透過率差ΔTのスペクトルを示す（このときアニール後の透過率スペクトルより$(\alpha h\nu)^2$ vs $h\nu$の関係より求めた光学的エネルギー・ギャップE_g^{opt}の値は4.3eVであった)。これより，Ga_2O_3：In_2O_3＝3：1と2：1のトレース比で作製された膜において，波長350nmで65%のΔTの値を得た。波長300nmではこれらはそれぞれ46%と27%であった。さらに，Ga_2O_3：In_2O_3＝1：1で作製された膜の波長400nmでのΔTは85%にもなった。

表6　PLDの条件

Laser	ArF Excimer laser（$\lambda = 193nm$）
Laser energy	300mJ
Laser energy density	$1.5J/cm^2$
Repetition rate	5 Hz
Target	$ZnO:In_2O_3$
Substrate	Corning #7059
Target to substrate distance	70mm
Substrate temperature	R.T.
Base pressure	$10^{-4}Pa$
Ablation time	6 ～ 15min

Laser	ArF Excimer laser（$\lambda = 193nm$）	
Laser energy	300mJ	
Laser energy density	$1.5J/cm^2$	
Repetition rate	5 Hz	
Target	$ZnO:In_2O_3$	
Substrate	Polycarbonate	
	Track pitch	$0.74\mu m$
	Groove depth	～ 40nm
	Groove width	$0.3\mu m$
Target to substrate distance	70mm	
Substrate temperature	R.T.	
Base pressure	～ $10^{-4}Pa$	
Ablation time	6 ～ 15min	

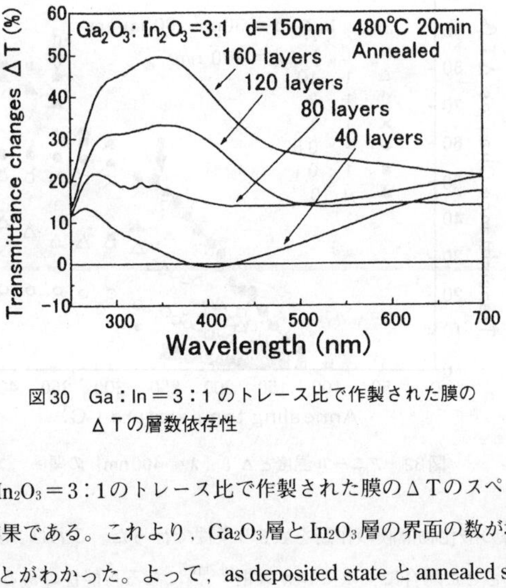

図30　Ga：In＝3：1のトレース比で作製された膜の
ΔＴの層数依存性

図30に，$Ga_2O_3:In_2O_3=3:1$のトレース比で作製された膜のΔＴのスペクトルについて，層数を変えた場合の結果である。これより，Ga_2O_3層とIn_2O_3層の界面の数が増加するにつれてΔＴの値が増加することがわかった。よって，as deposited stateとannealed stateの間で膜中に誘起される透過率の差は，界面を通したGa_2O_3とIn_2O_3のintermminglingによって大きく影響されることがわかった。

以上の結果から，この膜は400nmより短波長での追記型光記録膜としての可能性があると言える。

5.5.3　$ZnO\text{-}In_2O_3$光記録膜[12, 48, 49]

図25のArFエキシマレーザーを用いたPLD法において，スプリットターゲットを図26でZnO

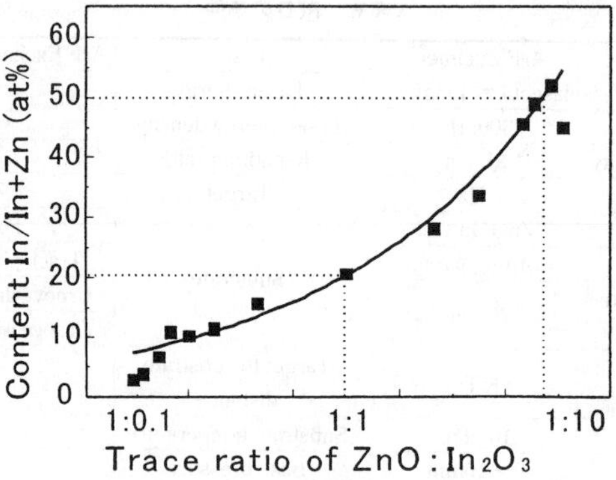

図31　トレース比における In 含有量依存性

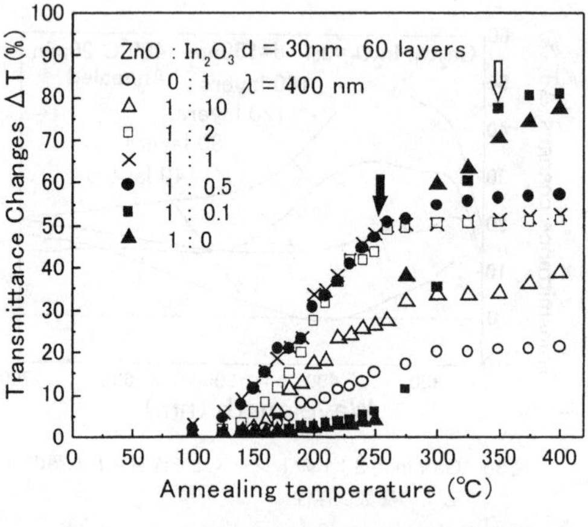

図32　アニール温度とΔT（λ＝400nm）の関係

とIn_2O_3とした場合の酸化物薄膜の作製を表6の条件で行った。これは，異なる2層を交互に積層させintermingleさせた場合に，ホモロガス相[50, 51]になる可能性のあるZnOとIn_2O_3を選んだからである。図31に，膜中に含まれるInの含有量とZnOとIn_2O_3のトレース比の関係を示す。これより，ZnOとIn_2O_3のトレース比が1：1の場合，約20%のInが膜中に含まれていることがわかり，ZnOのほうがアブレーションレートが高いことがわかる。また，ZnとInの割合を1：1にするには，トレース比を1：8程度にする必要がある。次に，層数を60層，膜厚dを30nmとし，トレース比を種々変化させて作製した積層構造について，アニール前後の透過率変化を調べた。図32に，アニール（各温度で10分間）前後の波長400nmでの透過率差ΔT（λ＝400nm）

とアニール温度の関係を示す。これより金属Inの融点(156℃)付近から透過率差が変化し始め，250℃付近で飽和することがわかる(図中の黒矢印)。また，Znを90%以上含んだ膜試料では250℃付近から変化し始め，金属Znの融点(419.6℃)付近で飽和する(図中の白矢印)。

図33に，トレース比1：1で作製された膜のアニール前後のFE-TEM像を示す。成膜直後の膜においてはZnOとIn_2O_3の層構造を確認することができた。アニール後は層構造は確認されず単一相へと変化していることがわかる。このことから，成膜直後の膜においては，酸素抜けおよび積層構造状態のため透過率が低く着色膜となり，アニール後は熱酸化により単一構造の完全な酸化物となることから透明状態になることが考えられる。図34に，トレース比1：1で60層，膜厚約30nmの積層構造試料についてXPSによるZn2pスペクトルを測定した結果を示す。これより，熱処理前では表面近くの浅いところではZnOが観測され，より深いところではZnOとIn_2O_3の混合層(ホモロガス層)が見られた。アニール後では，ZnOのピークは大きくなり完全な酸化物となり，ZnOとIn_2O_3のホモロガス層もピーク値が高くなることからZn-In酸化物となるものと思われる。

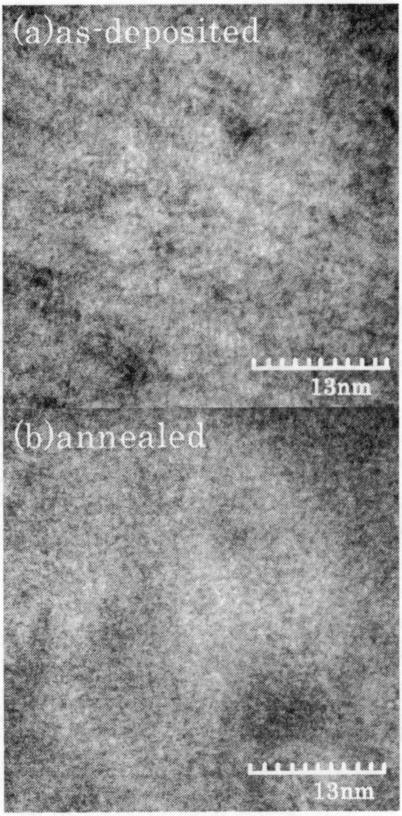

図33 アニール前後のFE-TEM像

次に，4.7GBのDVD評価基板上にZnO：In_2O_3＝1：1で60層に成膜し，DVDテスター(λ＝406nm，NA＝0.65)を用い，入力信号58.5MHzの3T単一信号を用いて書き込みパワー3mWの条件で記録した。図35に，この記録マークの高分解能SEM(Hitachi，S-5200)による観察像を示す。280nmのグルーブの中にピットが並んでいるのがよくわかる。さらに，凹凸や穴などがないことが傾斜撮影および断面SEM観察で確認された。図36に，層数を60層，膜厚を30nm一定とし，ZnOとIn_2O_3のトレース比を変化させた場合のCarrier to noise ratio(CNR)と書き込みパワー(Peak power)の関係を示す。トレース比が1：1の場合，書き込みパワー3mで67dB

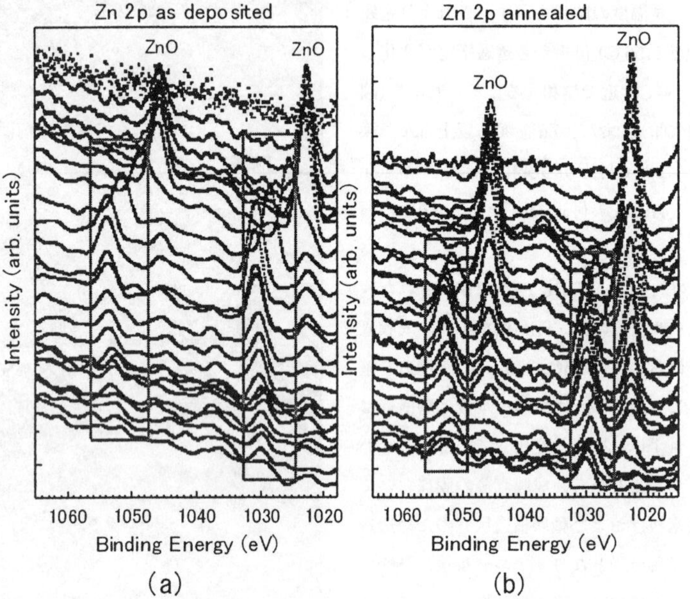

図34　積層構造膜のXPSスペクトル

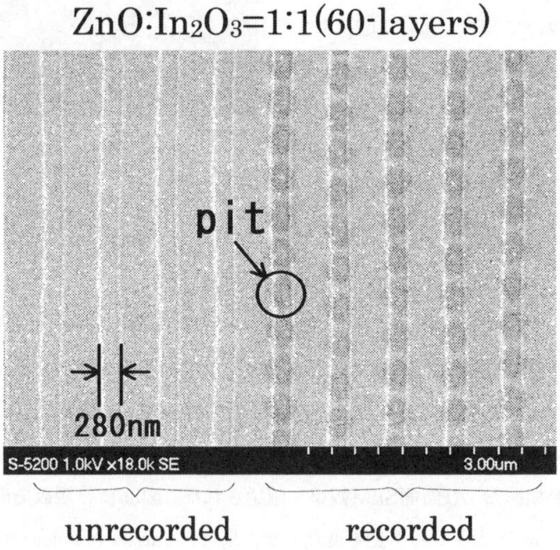

図35　記録ピットのSEM像

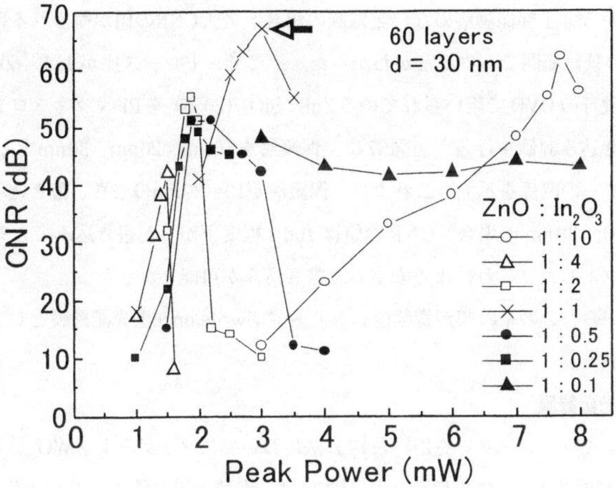

図36　CNRのPeak Power依存性

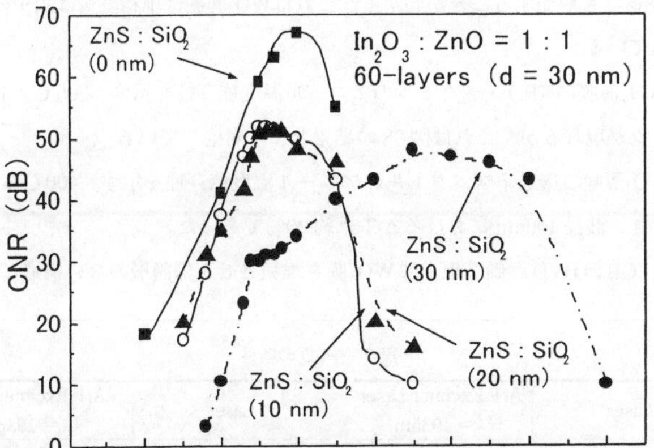

図37　保護層を用いた場合のCNRとPeak Powerの関係

のCNRの値が得られた(矢印)。トレース比が1:4から1:0.25の場合，書き込みパワーが低い値にシフトし，トレース比が1:10および1:0.1のとき，高い値に移行することがわかる(元々，単一相の膜に近いので，記録に際しての相変化量が少なく，大きなΔTを期待できない。従って，熱酸化現象を引き起こすには大きなエネルギーが必要なため高い書き込みパワーが必要になる)。

以上のことから，上部保護層のない記録膜の場合，最大CNRの値が得られる書き込みパワーは2 mW付近の狭い範囲であることがわかった。そこで，トレース比が1:1，60層，膜厚30nmの膜において現行のDVDで用いられているZnS：SiO_2（20%）をRFマグネトロンスパッタ法で堆積させ，書き込み評価を行った。図37に，保護層を10nm，20nm，30nmとした場合のCNRと書き込みパワーの関係を示す。これより，保護層が10，20nmのとき，書き込みパワーマージンが少し広がり，30nmの場合，CNRの値は10dB程度下がるが書き込みできるパワーが4～6 mWへとシフトした。これにより安定した書き込みが可能となった。

以上の結果から，この系の膜が青紫色レーザー対応write once型光記録膜として使用できる可能性が見出された。

5.5.4 WO_3光記録膜[52)]

図25のArFエキシマレーザーを用いたPLD法において，ターゲットをWO_3とし，表7の条件でWO_3薄膜を膜厚約40nmに堆積させた。図38は，堆積直後の膜を10分間200℃以上の各温度でアニールしたときの膜厚の増え方を示す。これより，500℃で10分アニールすると堆積直後の膜に比べて1.8倍にも増加することがわかる。これはWO_3薄膜は堆積直後は膜中の酸素抜けが多いことを示している。

図39に，WO_3薄膜のXRDスペクトルのアニール温度依存性を示す。300℃×10minのアニールで結晶ピークが現れるが，これは図38の結果とよく対応している。

図40に，WO_3薄膜の透過率スペクトルのアニール温度依存性を示す。400℃および500℃でアニールしたとき，波長400nmにおけるΔTは約20%であった。

図41に，4.7GBのDVD評価基板上にWO_3膜を堆積させた保護層のない構造に対してDVDテ

表7　PLDの条件

Laser	ArF Excimer Laser (λ = 193nm)
Laser energy	60mJ
Laser energy density	2 J/cm^2
Target	WO_3
Substrate	Corning #7059
Target to substrate distance	40mm
Repetition rate	10Hz
Base pressure	～10^{-4}Pa
Substrate rotation	60r.p.m.

Laser	ArF Excimer Laser (λ = 193nm)	
Laser energy	60mJ	
Laser energy density	2 J/cm^2	
Target	WO_3	
Substrate	Polycarbonate	
	Track pitch	0.74 μm
	Groove depth	～40nm
	Groove width	0.28 μm
Target to substrate distance	40mm	
Repetition rate	10Hz	
Base pressure	～10^{-4}Pa	
Substrate rotation	60r.p.m.	

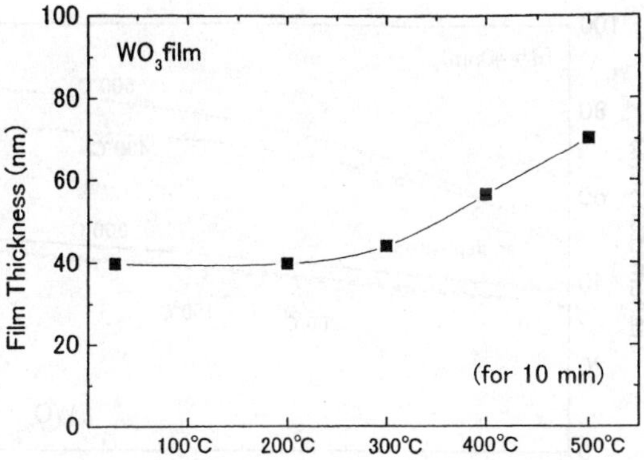

図 38　WO_3 薄膜の膜厚のアニールによる増加の効果

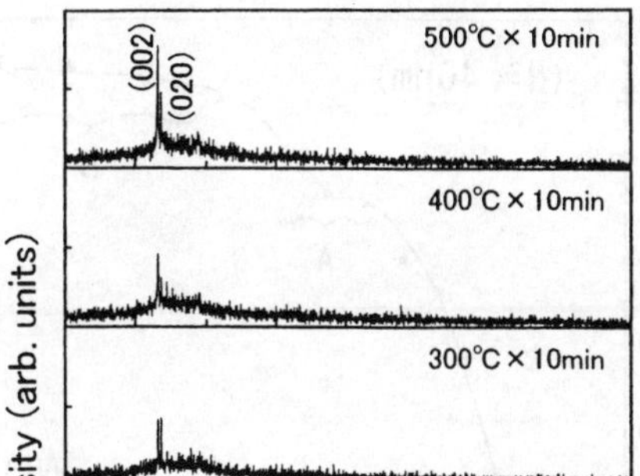

図 39　WO_3 薄膜の XRD スペクトルのアニール温度依存性

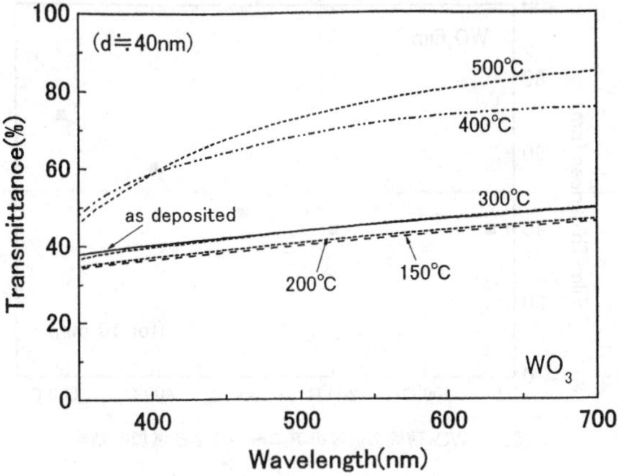

図40　WO_3 薄膜の透過率スペクトルのアニール温度依存性

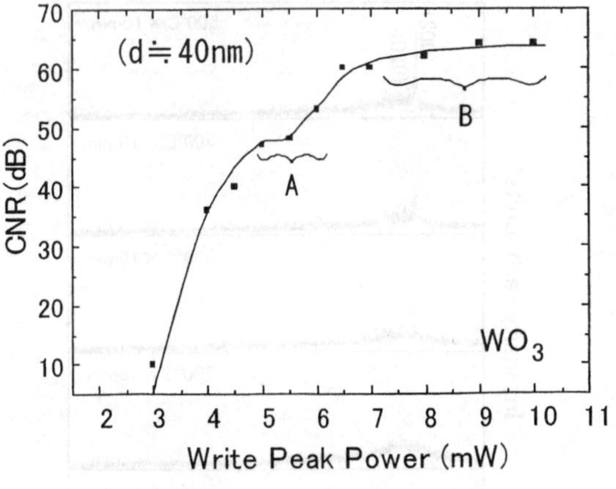

図41　3T信号に対するCNRのピークパワー依存性
（線速度 5 m/s，リードパワー 0.6mW）

スター（λ＝406nm，NA＝0.65）を用い，入力信号58.5MHzの3T単一信号を用いて線速 5 m/s，read power 0.6mWの条件で書き込んだ場合の，CNRと書き込みパワーの関係を示す。5～6 mWで書き込むと約50dBのCNRの値を得た（領域A)。また，7～10mWで書き込むと60dB以上のCNRの値を得たが，これは穴開き記録であった。

図42(a)および(b)に，図41の領域AおよびBに対するディスクのtop viewおよび穴開け記録

の様子をそれぞれ示す。また，図42(c)に，このディスクの断面STEM像を示す。これより，(a)，(b)から，記録されたドットや穴開き記録のドット周辺の形状がよくわかる。また，(c)からは記録されたドットの体積膨張の様子が確認された。

この体積膨張の理由を調べるためにアニール前後のXPSスペクトルが測定された。これを図43に示す。これより，as deposited stateで観測された金属Wの$4f_{5/2}$のピークはannealed stateでは減少し，一方，as deposited state，でケミカルシフトしていた$4f_{5/2}$と$4f_{7/2}$の酸化物ピークのうち，$4f_{5/2}$のピークはannealed stateでは大きく増加していることがわかる。これはアニールによって酸素が取り込まれたことを表しており，図42(c)の断面STEM像の観察結果とよく対応している。以上，WO_3膜における光記録はこのような体積変化となんらかの光学的効果の相乗効果であると思われる。

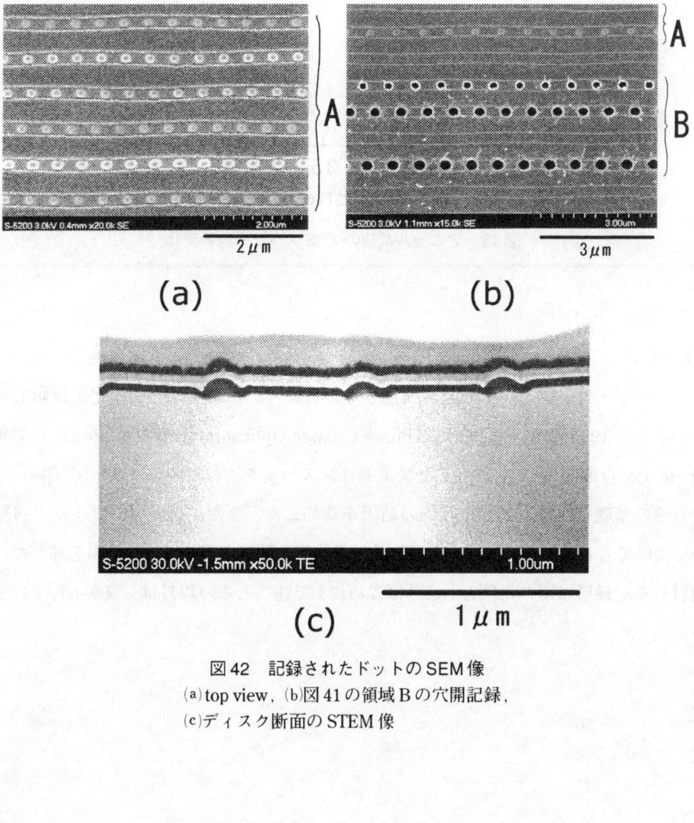

図42　記録されたドットのSEM像
(a)top view，(b)図41の領域Bの穴開記録，
(c)ディスク断面のSTEM像

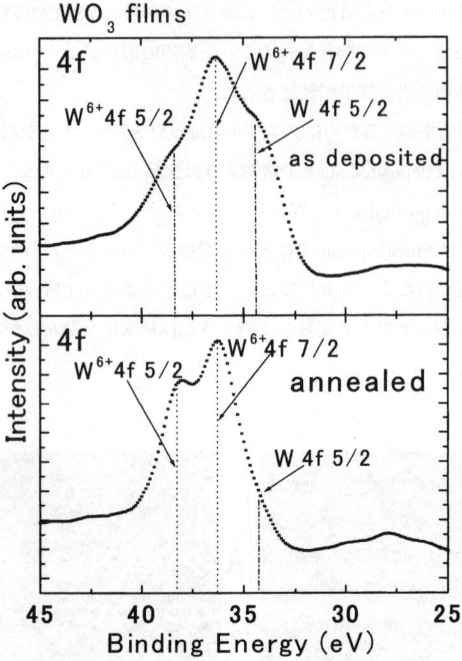

図43　アニール前後のXPSスペクトルの変化

5.6　おわりに

ブルーレーザー対応酸化物系光記録膜として，筆者らが1996年から相変化記録研究会シンポジウム，そして1999年からはPCOS（Phase Change Optical Information Storage）で発表してきたZn–In–Ga–O薄膜について，RFマグネトロンスパッタ法およびレーザーアブレーション法で作製しその基礎特性および回転評価の結果を要約した。また，フォトクロミック材料であるWO_3膜についてもレーザーアブレーション法にて作製し同様の手法で得た結果を述べた。その他の無機材料を記録層に用いた例として「はじめに」で述べたもの以外は，文献53，54)を参照されたい。

文　献

1） H. Seki, *Appl. Phys. Lett.*, **43**, 1000 (1983)
2） 竹永睦生，「光記録技術と材料」, p.96, シーエムシー出版 (1985)
3） K. Kimura, *Jpn. J. Appl. Phys.*, **28**, 810 (1989)
4） K. Nishiuchi, H. Kitaura, *et al., Jpn. J. Appl. Phys.*, **37**, 2163 (1998)
5） H. Kitaura, K. Nishiuchi *et al.*, Proc. PCOS 2001, p.79 (2001)
6） 鈴木，松下，青木，奥田ら，第8回相変化記録研究会シンポジウム講演予稿集, p.12 (1996)
7） 鈴木，松下，青木，奥田ら，第9回相変化記録研究会シンポジウム講演予稿集, p.5 (1997)
8） 鈴木，松下，青木，奥田ら，第10回相変化記録研究会シンポジウム講演予稿集, p.37 (1998)
9） T. Aoki, A. Suzuki, T. Matsushita, M. Okuda, Proc. PCOS'99, p.16 (1999)
10） T. Aoki, A. Suzuki, T. Matsushita, M. Okuda, Proc. PCOS2000, p.7 (2000)
11） T. Aoki, A. Suzuki, T. Matsushita, M. Okuda, Proc. PCOS2001, p.30 (2001)
12） T. Aoki, A. Suzuki, T. Matsushita, M. Okuda, Proc. PCOS2002, p.32 (2002)
13） V. Dimitrov, S. Sakka, *J. Appl. Phys.* **79**, 1736 (1996)
14） V. Craciun, J. Elders *et al., Appl. Phys. Lett.*, **65**, 2963 (1994)
15） V. Gupta, A. Mansingh, *J. Appl. Phys.*, **80**, 1063 (1996)
16） E. Millon, O. Albert *et al., J. Appl. Phys.*, **88**, 6937 (2000)
17） Yefan Chen, D. M. Bagnall *et al., J. Appl. Phys.*, **84**, 3912 (1998)
18） M. Rebien, W. Henrion *et al., Appl. Phys. Lett.*, **80**, 3518 (2002)
19） N. Asakuma, H. Hirashima, H. Imai, *J. Appl. Phys.*, **92**, 5707 (2002)
20） Jae-Min Myoung, Wook-Hi-Yoon *et al., Jpn. J. Appl. Phys.*, **41**, 28 (2002)
21） Tze-chiang Chen, Tso-ping Ma *et al., Appl. Phys. Lett.*, **43**, 901 (1983)
22） C. Xirouchaki, G. Kiriakidis *et al., J. Appl. Phys.*, **79**, 9349 (1996)
23） H. Okada, S. Iwata, N. Taga *et al., Jpn. J. Appl. Phys.*, **36**, 5551 (1997)
24） R. B. H. Tahar, T. Ban, Y. Ohya *et al., J. Appl. Phys.*, **82**, 865 (1997)
25） A. Klein, *Appl. Phys. Lett.*, **77**, 2009 (2000)
26） M. Passlack, N. E. J. Hunt *et al., Appl. Phys. Lett.*, **64**, 2715 (1994)
27） M. Orita, H. Ohta, M. Hirano, *Appl. Phys. Lett.* **77**, 4166 (2000)
28） C. H. Liang, G. W. Meng *et al., Appl. Phys. Lett.*, **78**, 3202 (2001)
29） M. Rebien, W. Henrion *et al., Appl. Phys. Lett.* **81**, 250 (2002)
30） T. Moriga, D. D. Edwards *et al., J. Am. Ceram. Soc.*, **81**, 1310 (1998)
31） A. Wang, J. Dai, J. Cheng *et al., Appl. Phys. Lett.*, **73**, 327 (1998)
32） T. Omata, N. Ueda, K. Ueda, *Appl. Phys. Lett.*, **64**, 1077 (1994)
33） J. S. Kim, H. I. Kang, W. N. Kim, *Appl. Phys. Lett.*, **82**, 2029 (2003)
34） R. J. Cava, J. M. Phillips *et al., Appl. Phys. Lett.*, **64**, 2071 (1994)
35） M. Orita, H. Sakai *et al., Trans. MRS-J*, **20**, 573 (1996)
36） T. Moriga, D. R. Kammler, T. O. Mason, *J. Am. Ceram. Soc.*, **82**, 2705 (1999)
37） 遠藤，岩崎，鶴見ら，「結晶化学入門」p.84, 講談社サイエンティフィク (2000)
38） 岸本　昭，工藤徹一，固体物理，**28**, 328 (1993)
39） T. Matsushita, A. Suzuki, T. Aoki, M. Okuda *et al., Jpn. J. Appl. Phys.*, **37**, L50 (1998)

40) 青木，鈴木，松下，奥田ら，真空，**41**, 279 (1998)
41) 青木，鈴木，松下，奥田ら，真空，**42**, 183 (1999)
42) A. Suzuki, T. Matsushita, T. Aoki, M. Okuda *et al., Jpn. J. Appl. Phys.*, **35**, L1603 (1996)
43) 青木孝憲，鈴木晶雄，松下辰彦，大阪産業大学論集，自然科学編，**107**, 1 (1999)
44) 電気学会レーザーアブレションとその産業応用調査専門委員会編,「レーザーアブレーションとその応用」1～7章，コロナ社 (1999)
45) 鯉沼秀臣編著「酸化物エレクトロニクス」7章，培風館 (2001)
46) T. Aoki, A. Suzuki, T. Matsushita, M. Okuda *et al., Jpn. J. Appl. Phys.*, **38**, 4802 (1999)
47) 青木孝憲，鈴木晶雄，松下辰彦，奥田昌宏ら，真空，**42**, 179 (1999)
48) 青木孝憲，鈴木晶雄，松下辰彦，奥田昌宏ら，電気学会論文誌 C, **123**, 1925 (2003)
49) 青木孝憲，鈴木晶雄，松下辰彦，奥田昌宏ら，真空，**45**, 130 (2002)
50) P. J. Cannard, R. J. D. Tilley, *J. Solid State Chem.*, **73**, 418 (1988)
51) N. Kimizuka, M. Isobe, M. Nakamura,. *J. Solid State Chem.*, **116**, 170 (1995)
52) T. Aoki, A. Suzuki, T. Matsushita, M. Okuda, Proc. PCOS2003, p.29 (2003)
53) H. Inoue, K. Mishima *et al.*, Proc. PCOS2002, p.38 (2002)
54) H. Inoue, K. Mishima, M. Aoshima, *et al., Jpn. J. Appl. Phys.*, **42**, 1059 (2003)

6　有機色素を用いたブルーレーザー追記型光ディスク

久保裕史*

6.1　はじめに

ブルーレーザーを用いた次世代光ディスクの研究は，GaN系半導体レーザーのサンプル供給が始まった90年代末頃から本格化した。当初の研究は，主にカルコゲナイド系無機材料を用いた書き換え型の相変化光ディスクを中心に行われた。その成果のひとつとして，2003年春にソニー社によりBlu-ray Discが製品化されている。

その一方で，現在の世界市場はCD-RやDVD-R等の有機色素を用いた追記型光ディスクが広く用いられている。その生産量は実に年間百億枚規模に達し，記録用光ディスク全体の98%以上を占めている。当然の流れとして，有機色素を記録材料とするブルーレーザー対応の次世代追記型光ディスク（以下，「色素系ブルーディスク」と呼ぶ）の研究も活発に行われてきた。しかし，次世代と呼ぶに相応しい1平方インチあたり10Gビット以上の記録密度で色素系光ディスクへのブルーレーザー記録再生実験の報告がなされたのは，ようやく2001年になってからのことである[1)]。

Sabiらは，0.1mm厚のカバー層を貼り合わせた直径12cmの色素系追記型ディスクへ，21GB相当の記録密度での記録再生実験に成功した[2)]。後に行われた実験では，23.3GB相当の記録密度での記録再生実験にも成功している[3)]。このディスクは，真空蒸着法で成膜した色素記録層の表裏を，スパッタ法で成膜したSiO_2保護膜でサンドイッチした構造をしており，金属反射膜を用いていないのが特徴である。反射膜を必要としない理由は，書換型のBlu-ray Discの反射率が15%前後と低く，必ずしも高反射率を必要としないためである。線密度0.12μm/bitで，8T変調度47%，記録ピークパワー5.2mW，リミットイコライザ使用時のボトムジッタ6.7%と，想定される追記型Blu-ray Discの仕様を満足する結果が得られている。

図1　色素記録層成膜用スピンコータ

この他に，ブルーレーザー対応の追記型記録材料としては，無機系の材料が比較的早い時期から研究されてきている[4)]。最近では，消費量が多い追記型の使われ

＊　Hiroshi　Kubo　富士写真フイルム㈱　記録メディア研究所　主任研究員

方を意識した，有毒元素を含まない記録材料が発表されている[5]。その媒体構造は，誘電体層で記録層を挟み込み，さらにその奥側に反射層を設けた計4～5層のものが多い。その成膜には，各層毎に全面の厚みばらつきが小さく，かつ真空槽内で自動搬送される比較的大掛かりな多チャンバー型のスパッタリング装置が一般に用いられている。また，最近ではディスクの片面側に記録層を2～4層有する無機系のブルーレーザー追記型光ディスクも発表されている[6]。その容量は実に50～100GBにも達するが，複雑な層構造や各スペーサ層厚の均一性確保，各層毎に必要な案内溝の形成など，製造技術の確立とコストが今後の課題である。

これらの無機系に対する色素系のメリットは，必要な成膜層数が比較的少なくてすみ，材料や製造設備上のコスト競争力に優れる点にある。とくに色素記録層の成膜には，CD-RやDVD-Rの生産に用いられているスピンコータ（図1）を使用することが可能である。その構造は比較的簡単で，既に膨大な生産インフラが存在している。

富士フイルムは，スピンコート成膜可能な有機色素と，0.1mmの精密カバー層を特徴とする色素系ブルーディスクを開発し，直径12cmで容量23.3GB，転送速度が72Mビット／秒の記録再生実験に初めて成功した[7]。図2にその外観を示し，次項以下，その技術内容について解説する。

(a)色素系追記型光ディスク

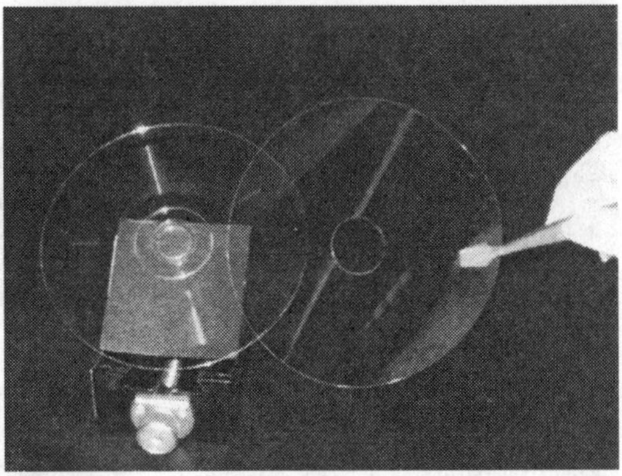

(b)1．1mm厚成形基板と0．1mm厚カバー層

図2　0.1mmカバー層方式色素系追記型光ディスク外観

6.2　色素系ブルーディスクの媒体構造と製造工程

光ディスクではこれまでに数多くの高密度化技術が提案され，実用化されている。それらの中で，レーザー光のビーム・スポット径の微小化が，記録密度向上の基本路線として大きく貢献し，重視されてきた。ビーム・スポット径の微小化は，それに比例するレーザー光の短波長化と，反比例する対物レンズの開口数（NA：Numerical Aperture）の増加によりもたらされる。高NA化には，その3乗に反比例してディスクとレーザー光の光軸の傾きに許容される角度誤差，すなわちチルトマージンを狭めるという副作用がある。しかし，この副作用は光入射側の基板（カバー層）厚を薄くすることにより克服される。

図３に直径12cmの追記型光ディスクの記録光源とカバー層の厚さ，記録密度の関係を示した。CD−Rの波長780nm，NA0.50，カバー層厚1.2mmが，DVD−Rでは波長650nm，NA0.60，厚さ0.6mmとなり，結果として記録容量が約6.7倍にまで高められている。次世代の追記型ブルーディスクのカバー層としては，従来のDVDとの互換性を重視する厚さ0.6mm（以下，HD DVD−R）と，より高密度記録を狙う厚さ0.1mm（以下，BD−R）が提案されている。これらを色素系ブルーディスクに適用した場合の媒体断面模式図を，図４に示す。

図４(a)の0.6mm厚カバー層貼り合わせ型（HD DVD−R）は，媒体の基本構造がDVD−Rと同じため，その工程フローも図５(a)に示されるDVD−R用の製造工程と基本的に同じですむ。つまり，既存のDVD−R生産設備の大半がそのまま転用可能である。ただし，記録容量的には15GB程度に留まる。

名称	CD−R	DVD−R	HD DVD−R	BD−R
容量	0.7GB	4.7GB	15GB	23.3GB
ﾚｰｻﾞｰ波長	780nm	650nm	405nm	405nm
対物ﾚﾝｽﾞ開口数	0.50	0.60	0.65	0.85
ﾄﾗｯｸﾋﾟｯﾁ	1.6 μm	0.74 μm	0.40 μm	0.32 μm
ﾏｰｸ長	0.9 μm	0.40 μm	0.20 μm	0.16 μm

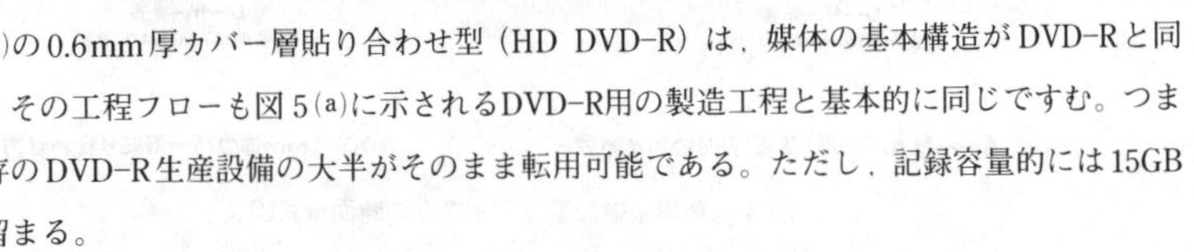

図３　追記型光ディスクの記録光源と記録密度，カバー層厚の関係

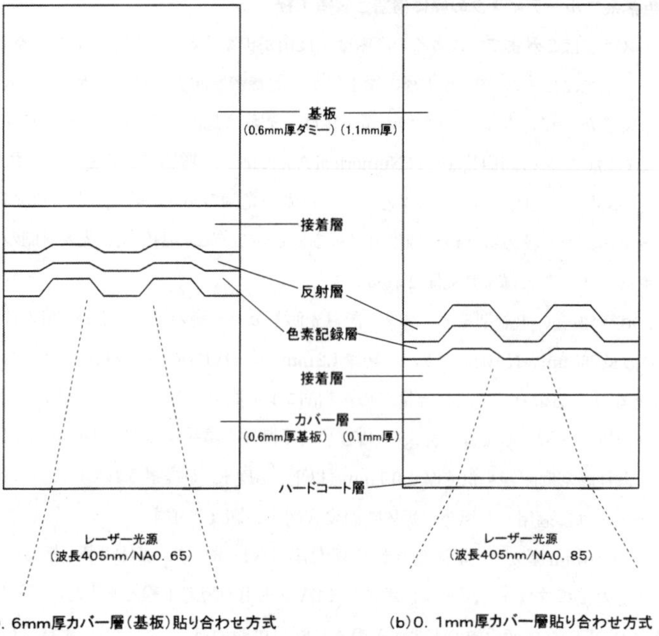

図4　色素系追記型光ディスクの断面模式図

一方，図3(b)の0.1mm厚カバー層貼り合わせ型（BD-R）では，23.3GB以上の大容量化が可能となる。記録時の転送速度も0.6mm厚カバー層方式より高めやすい。その理由には二つある。一つ目は，ビーム・スポット径が小さく線密度も高いため，同じ回転速度のモーターを用いた場合でも高い転送速度が得られること。二つ目は，同じ出力の半導体レーザーから高いエネルギー密度が得られること，である。後者は，経験則的に「記録速度の平方根に比例したレーザーパワーを必要とする」色素系光ディスクにとって重要な意味をもつ。

このようにBD-Rは，記録容量と記録速度の点ではHD DVD-Rより有利だが，媒体構造がDVDと大きく異なるため，新たなカバー層材料や工程技術の開発が必要となる。材料技術の要となる色素とカバー層については後で詳しく述べるので，ここでは想定される工程フローを概観しておく。

図5(b)に，図4(b)の0.1mmカバー層方式の色素系ブルーディスク構造から想定される製造工程フローを示す。DVD-Rの工程と大きく異なる点は，①色素層と反射層の成膜順序が逆であること，および②カバー層の製作工程が異なること，の2点である。

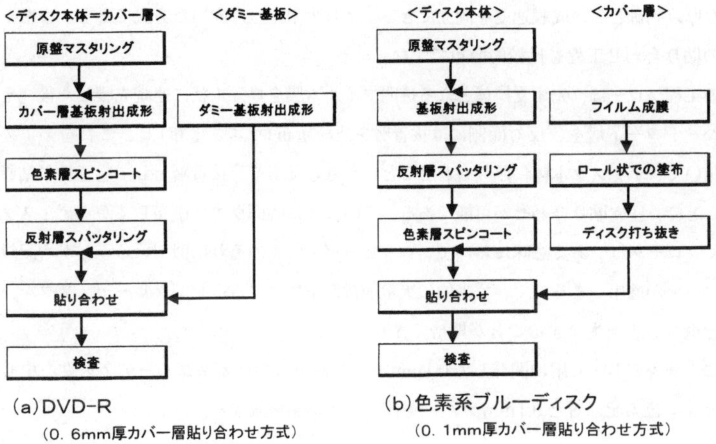

図５　0.1mm厚カバー層方式色素系ブルーディスクとDVD-Rの製造工程フローの例

①については，色素記録層が案内溝付きの射出成形基板側に形成される必要があることから，必然的に決まる。基本的にはDVD-Rの製造に用いられている色素層成膜用のスピンコーターと反射層成膜用のスパッタリング装置の工程順序を組み替えることで，BD-Rも製造可能である。BD-Rでは必ずしも高反射率を要求されないため，将来的には反射層を省略できる可能性がある。しかし，反射層を設けることにより，ヒートシンク（放熱）の作用で記録ピットの広がりを抑制する効果が得られる。BD-Rでは最初から２倍速以上の記録速度が要求されると考えられることから，高速記録時の熱干渉によるジッタを抑制するためにも反射層が必要と思われる。なお，反射層成膜にはDVD-R等の生産に使用されている簡便かつ生産性のよい枚葉式DCスパッタリング装置が使えるので，設備コストはさほど大きくはならない。

②の0.1mm厚カバー層の形成方式としては，図５(b)の透明フイルムをディスク本体に貼り合わせる方式のほかに，ディスク本体の記録面側に紫外線硬化型樹脂を直接スピンコートしつつ紫外線硬化する厚塗り法が報告されている[8]。さらにその上にハードコート層をスピンコートすることによって，合計0.1mm厚のカバー層が形成される。当初，カバー層厚の半径方向の厚み分布が問題になったが，センターホール部へキャップをかぶせたり，スピンコートしながら紫外線照射したりして厚みを制御する方法が開発され，この問題も克服されているようだ。ただし，１枚ずつ塗布と硬化を繰り返して厚膜化する本方法は，成膜に比較的長い時間を要すること，およびいったん紫外線照射された樹脂の再使用ができないなどの課題があると思われる。

富士フイルムが開発した透明フイルム型のカバー層は，ロール状のまま塗布することによって精密な厚み制御と高い成膜速度を両立できる，より大量生産に向いた方式である。また，ディスクへの貼り合わせ工程も比較的簡単ですむ。

その工程フローは，先ず支持体となる透明フイルム膜をロール状に連続成膜した後，その片面側にハードコート層を，反対面側には接着層を連続塗布（ウエブ塗布）し，これをディスク状に打ち抜いて，ディスク本体に貼り合わせるというものである。接着層として感圧性の粘着剤を用いることで，圧着貼り合わせが可能である。このように両面ウエブ塗布してからディスク状に打ち抜くプロセスは，ある意味においてフロッピーディスクのそれに似ている。しかも記録層もスピンコートが適用できるので，将来的に大量消費が予想される追記型ブルーディスクを，高い生産性と低コストで生産することが期待できる。

次に，我々がBD-R用に開発した0.1mmカバー層方式の色素系ブルーディスクを中心に，その要となる色素記録層と0.1mmカバー層技術の詳細を解説する。

6.3 ブルーディスク用の有機色素

これまで，CD-RやDVD-Rなどの色素系追記型光ディスクでは，レーザー波長よりやや短波長側に光学吸収帯を有する色素が用いられてきた。材料の具体例としては，CD-Rではシアニン系やフタロシアニン系[9]，DVD-Rではアゾ系[10]などの色素が知られている。これらの光ディスク用の色素では，先に規格化された再生専用のCDやDVDとの互換性を確保するため，高反射率であることが求められる。そのため光学特性的には，レーザー波長での屈折率を高く，消衰係数を低めに設計することで，高い反射率を得ている。一方，色素系の追記型光ディスクでは，熱分解特性の設計も重要である。レーザービームを集光して熱分解温度以上に熱せられた色素は，溶融・分解し，自身の屈折率減少と同時に，その分解エネルギーによる基板グルーブの変形を生じる。その結果，再生光の位相が基板と反射層の間で大きく変化し，再生信号の変調度が得られる[11]。

しかし，最近の高速記録用のDVD-Rでは，極めて短時間に高パワーのレーザービームが印加され，前後の記録ピットの熱干渉の影響を強く受けてジッタが増加することが問題となっている[12]。このため，富士フイルムでは，色素分解時の発熱量を最小限に抑え，かつ記録ピット中に空隙を形成することで大きな屈折率変化が得られるDVD-R用の新規オキソノール系色素を開発した[13, 14]。これにより熱干渉によるジッタを抑制するとともに，高速記録時に問題となるランド・プリピットの損傷を抑え，1倍速から16倍速（11～177Mbps）にわたる広い速度範囲において良好な記録再生特性を得ている。

色素系ブルーディスクは標準速度がDVD-Rより速いため，早い段階から熱干渉の影響を考慮した設計が必要である。さらに，ブルーディスク用の色素では，大きな屈折率が得られにくいと

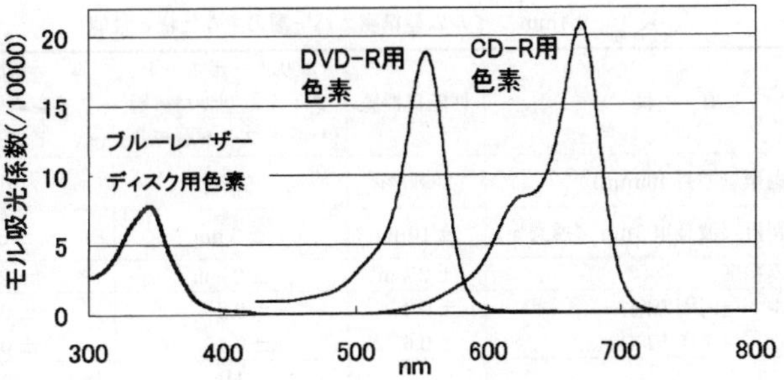

図6 追記型光ディスク用色素のモル吸光係数スペクトラム

いう本質的な困難が伴う。紫外線領域に吸収を有する色素はπ共役系が小さく，大きなモル吸光係数の実現が困難だからである(図6)。そのほかにも，フッ素アルコール等の適切な塗布溶媒[15]への溶解性確保や，均質なアモルファス膜の形成，温湿度に対する保存安定性，耐光性，再生耐久性，安全性，コストなど，いくつものくぐり抜けねばならない関門があり，それらを全て満足することは容易ではない。媒体構造が簡単であるがゆえに，いくつもの機能を色素分子の設計段階で織り込んでおく必要がある。

富士フイルムでは，長年，写真用感材の開発で培った色素技術を駆使することにより，これらのブルーディスクに必要な諸性能を満足する色素を開発し，第6節に示す片面23.3GBの塗布型色素系 Blu-ray Disc を実現できることを初めて示した[7]。

6.4 0.1mm厚カバー層

NA0.85という高NAレンズを用いるブルーディスクでは，球面収差によるビーム・スポットのぼけがNAの4乗に比例するため，ディスク全面にわたりカバー層の厳しい厚み精度が要求される。複屈折が小さく，波長405nmのレーザー光に対する透過率が高い必要があることはいうまでもない。また，対物レンズとディスク間の距離(ワーキング・ディスタンス)が0.15〜0.6mm程度にまで狭まるため，両者が接触する場合に備えたカバー層表面硬度の向上や潤滑性の付与が必要となる。さらに，従来の光ディスクでは，カバー層表面でビームが絞られていないため，多少の汚れや埃が付着したり傷がついたりしてもデータを正常に読みとれるという特徴があった(これをデフォーカス効果と呼んでいる)。しかし，その耐性もカバー層が薄くなることで減じられる。この影響をディスク側で軽減するための手段として，カバー層表面へ耐擦傷性，防汚性や埃付着対策の帯電防止性が付与される。

富士フイルムでは，光学フイルム用の材料と製膜技術，連続支持体への均一塗布技術を応用す

表1　0.1mm フイルム型精密カバー層の主な仕様と性能

	項　目	性能目標値	ポリカーボネート フイルム型カバー層 （ハードコート層無し）	新開発 フイルム型カバー層 （ハードコート層付き）
貼合せ前	透過率（波長405nm）	＞80%	92%	91%
	複屈折（波長405nm／透過光）	± 10nm	± 3 nm	± 3 nm
貼合せ後	厚み精度	± 2 μm	± 2 μm	± 2 μm
	チルト（円周方向）	± 0.3°	± 0.2°	± 0.2°
	（半径方向）	± 0.6°	± 0.4°	± 0.4°
	鉛筆硬度	＞2H	4B （軟らかい）	3H （硬い）
	スチールウール摩耗（注）	＞100回	数回	300回以上

（注）スチールウール＃0000を荷重$100g/cm^2$で摺動させたときに傷が発生するまでの回数。

ることにより，均一な厚み精度，低複屈折，高透過率，高硬度，耐擦傷性を有するフイルム型のカバー層を新たに開発した。図2(b)にその外観，表1にその主要性能を示す。本カバー層は，図5(b)に示した通り，予め粘着層とハードコート層をロール状のまま連続塗布成膜したうえでディスク状に打ち抜き，これをディスク本体へ貼り合わせて用いる。表中には，比較としてポリカーボネートフイルムへ粘着層を塗布成膜したカバー層の性能も示した。新開発のハードコート層付きカバー層では，透過率91%，複屈折± 3 nm，厚み精度±2 μm，円周方向のチルト角が±0.2°，半径方向が±0.4°と，いずれも必要な性能目標値を満足している。また，ハードコート層を設けることが，青紫色レーザー記録再生特性に影響しないことも確認済みである。

一方，傷つきにくさの点についても，鉛筆硬度が3H以上，スチールウール摩耗(注，試験方法を表1の欄外に示す)が300回以上と，いずれも良好な値を示している。鉛筆硬度が高い点については，ハードコート層の硬さに加えて，下地となるフイルム材料自身の鉛筆硬度がHBと比較的高いことも寄与している。

以上に述べた諸特性は，均一で透明なフイルム，硬度と脆性を両立させたハードコート剤，厚み均一塗布技術，および精密貼り合わせ技術の開発により得られた。

6.5　スタンパと成形基板

スタンパと成形基板は，ブルーディスクの性能に直結する重要な要素である。ただ，いずれもこれまでに再生専用や書換型のブルーディスクで多くの発表がなされてきており，色素系追記型においても基本的にそれらの応用が可能であることから，ここでは簡単に触れておくことにしたい。

まず，スタンパを作成するためのマスタリング･プロセスについては，原盤のカッティング装置以外は従来のプロセスとあまり違わない。カッティング装置は，種々の方式が提案されているが，大きくは電子線露光装置（EBR）を用いる方法と遠紫外線（deep UV）を用いる方式とに分けられる。どちらの方式を選択するかは，どのようなグループ形状を形成するかによる。簡単に言えば，細いグループが必要ならEBRが必要となり，そうでなければdeep UV方式で間に合う。deep UVでも，原盤に用いるレジスト剤の工夫や，リキッド・イマージョン方式[16]などと組み合わせることにより，細いグループの形成は可能である。一方，浅めのグループの場合には，EBR方式では電子線の後方散乱の影響を強く受けてグループの形状が乱れるため，露光･現像後にプラズマ・エッチングを施して原盤そのものにグループを形成する方法[17]が一般的である。

Blu-ray Disc用の成形基板にはレーザー光が入射しないので，複屈折などの光学特性を気にする必要がない。また，転写性の確保も比較的容易である。ただし，0.6mm厚基板を2枚貼り合わせるDVDに比べて，0.1mm厚のカバー層と1.1mm厚の基板を貼り合わせるため，平坦性の維持が重要な課題となっている。環境が急変した場合の，温湿度膨張係数を考慮した樹脂材料と成形条件の選択が重要である。

6.6　色素系ブルーディスクの性能評価と記録再生機構

前項までに述べた材料と工程を用いて0.1mmカバー層方式の色素系ブルーディスクを作成し，これに波長403nm，NA0.85の光学ピックアップを用いて連続記録再生実験を行った。表2に測定条件と結果を示す。面記録密度は，直径12cmで23.3GBに相当する1平方インチあたり16.8Gビット，最小マーク長が160nm，トラックピッチが320nmである。また転送速度は毎秒36Mビット／秒，線速度5.28m/s，変調方式は（1,7）RLLである。記録時のレーザーパルス制御には，図7に示す長マークの発光をパルストレイン（パルス列）とした適応型の記録ストラテジを用いた。トラック位置制御のためのプッシュプル信号や，データ再生信号の強度とジッタ値も，実用レベルの特性を示した。また，百万回以上の繰り返し再生実験においても信号強度はほとんど変わらず，十分な耐久性レベルに達していることを確認した。

記録マークを観察するため，反射層と色素層の界面を剥離し，記録層側の面をSEMで観測した。その写真を図8にDVD-Rと比較して示す。ブルーディスクはDVD-Rの約5倍の記録密度

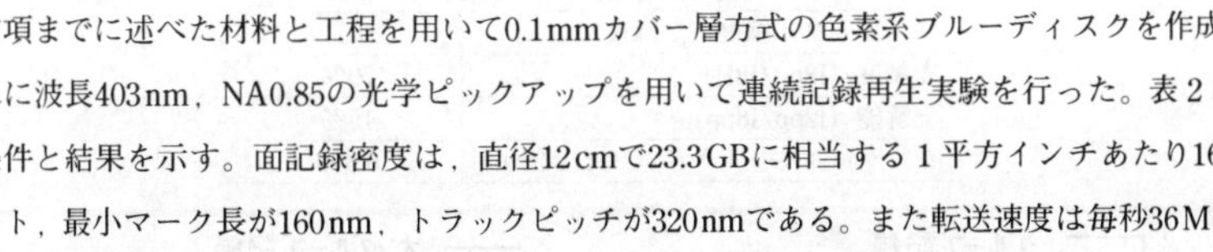

図7　記録ストラテジの例

表2　0.1mmカバー層方式色素系ブルーディスクの性能

記録容量	23.3GB
レーザー波長	403nm
開口数（NA）	0.85
ディスク直径	120mm
ディスク厚	1.2mm
カバー層厚	0.1mm
記録層材料	有機色素
記録トラック	オン・グルーブ
トラックピッチ	320nm
変調方式	(1,7)RLL
チャンネル・ビット長	80nm
最小マーク長	160nm
データ・ビット長	120nm
線速度	5.28m/s
データ転送速度	36Mbps
記録パワー	6.2mW
バイアスパワー	0.4mW
再生パワー	0.35mW
反射率（記録後）	33%
プッシュプル強度（記録前）	0.57
プッシュプル強度（記録後）	0.54
変調度（I8pp/I8H）	70%
分解能（I2pp/I8pp）	15%
ジッタ（リミット・イコライザ使用）	6.3%

(a)DVD－R(4.7GB)

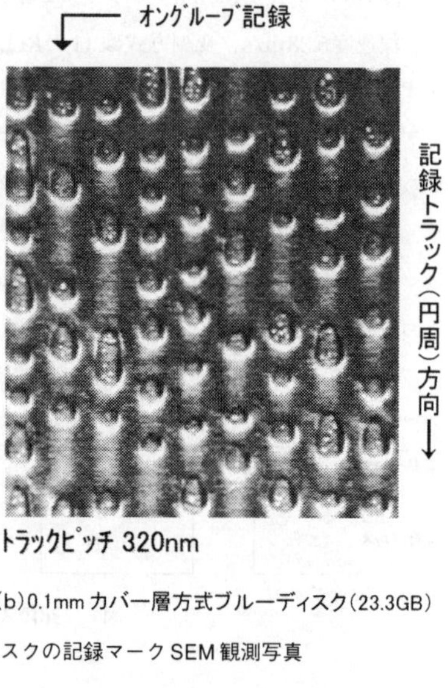

(b)0.1mmカバー層方式ブルーディスク(23.3GB)

図8　有機色素系追記型光ディスクの記録マークSEM観測写真

で明瞭な記録マークが形成されている。この写真から，色素系ブルーディスクの記録マーク部では，熱分解に伴う色素自身の屈折率変化と空隙形成による光路長変化が位相バランスを崩すことで，極性がHigh to Low型の大きな変調度が得られるものと推定している。

記録速度の点からみると，転送速度36Ｍビット／秒はCD-Rの30倍速に相当し，デジタル放送のビットストリーム（約24Ｍビット／秒）を直接記録できる速度である。しかし今後，録画･同時再生やデータ保存等の用途で，高速記録への要求は必然的に高まってくる。そこで，色素系ブルーディスクで２倍速に相当する72Ｍビット／秒の記録実験を行った。図９に２倍速記録後，リミットイコライザ[18]を用いて再生した信号波形（アイパターン）を１倍速のそれと比較して示した。十分アイが開いており，信号弁別が可能である。

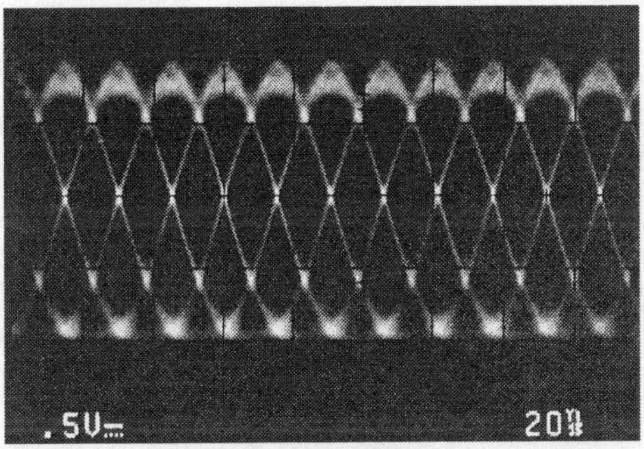

(a)1倍速記録(36Mbps)

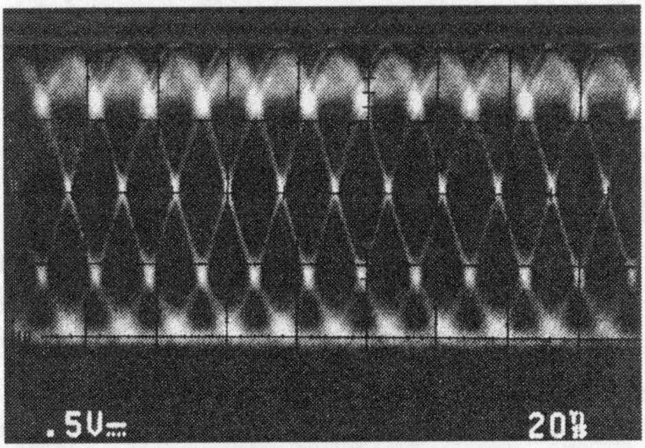

(b)2倍速記録(72Mbps)

図９　0.1mmカバー層方式色素系追記型光ディスクの記録再生信号（a，bとも36Mbpsで再生）

6.7 おわりに

富士フイルムが開発した0.1mmカバー層方式の色素系ブルーディスクを中心に，そのコア技術と記録再生実験の結果を中心に解説した。この塗布成膜可能な色素系ブルーディスクの特徴は，層構造がシンプル，既存の生産インフラを活用可能，高い安全性，の３点である。それを支えるキー技術は，高機能有機色素と超精密カバー層，精密マスタリング技術である。カバー層を除く他の技術は，0.6mm厚基板を貼合せるDVD構造のブルーディスクにおいても基本的に応用可能である。

今後の課題は，高速化と大容量化である。高速記録への対応は，レーザーパワーの高出力化や駆動回路系の高速化など周辺技術の進展に合わせて開発を進めていくことが肝要である。最近，ブルーレーザーでも出射200mWの高パワー半導体レーザー技術の発表がなされており，少なくとも記録パワーに関しては高速化の大きな障害とはならないように思われる。また，大容量化の点では，片面二層化技術が，無機系のブルーディスクだけでなく，色素系のDVD-RやDVD＋Rでも発表されており，色素系のブルーディスクにおいてもその実用化が期待されている。

色素系ブルーディスクは，これから本格的普及期を迎えつつある高品位デジタルテレビ放送時代の標準記録媒体として，重要な役割を担っていくことは間違いないであろう。

文　献

1) T. Iwamura, Y. Sabi, M. Oyamada, H. Watanabe, S. Tamada, S. Tamura, "ORGANIC WRITE ONCE DISC FOR A BLUE LASER DIODE" Technical Digest of ISOM '01, p.218 (2001)
2) Y. Sabi, S. Tamada, T. Iwamura, M. Oyamada, F. Bruder, R. Oser, H. Berneth, and K. Hassenruck, "Development of Organic Recording Media for Blue–High NA Optical Disc System," in Technical Digest of ISOM '02, p.428 (2002)
3) 玉田作哉，"追記型メディア" OPTRONICS誌，No.5, p.140 (2003)
4) H. Kitaura, K. Narumi, K. Nishiuchi, N. Yamada, "Multi–layer Write–once Medium having Te–O–Pd Films utilizing Blue–violet Laser" ODS Topical Meeting 2001, pp.49–51
5) H. Inoue, K. Mishima, M. Aoshima, H. Hirata, T. Kato and H. Utsunomiya, "Inorganic Write–Once Disc for High Speed Recording, " in Technical Digest of ISOM '02, p.431 (2002)
6) K. Mishima, H. Inoue, M. Aoshima, T. Komaki, H. Hirata, H. Utsunomiya, "Inorganic Write–Once Disc with Quadruple Recording Layers for Blu–ray Disc System" SPIE Vol. 5069 (Proceedings of ODS2003), p.90.
7) Y. Usami, T. Kakuta, T. Ishida, H. Kubo, N. Saito, T. Watanabe, "Blue–Violet Laser Write–Once Optical Disc with Spin–Coated Dye–Based Recording Layer " PIE Vol.5069 (Proceedings of ODS2003), p.182
8) N. Hayashida, H. Hirata, T. Komaki, M. Usami, T. Ushida, H. Inoue, T. Kato, H. Shingai, H. Utsunomiya, "Functional Hard–Coat for Cartridge–Free DVR–Blue" in Technical Digest of ISOM'02, p.12 (2002)
9) 南波憲良，"CD–R用色素" 機能性色素の最新応用技術，シーエムシー出版 (1996)
10) 黒瀬裕，"光ディスク用色素" 機能性色素の最新技術，シーエムシー出版 (2003)
11) E. Hamada, Y. Shin and T. Ishiguro, Proc. SPIE 1078, 80 (1989)
12) Y. Suzuki, Y. Ookijima, H. Takeshima and S. Maeda, *Jpn. J. Appl. Phys.* **40**, 1588,

(2001)
13) H. Kubo, N. Komori, M. Shibata, S. Morishima, Y. Inagaki, "The Possibility of 16x DVD-R Using New Dyes", in Technical Digest of ISOM '03, p.294 (2003)
14) 富士写真フイルム，特許番号 2514846
15) 富士写真フイルム，特公平 7-96333
16) H. Santen, J. Neijzen, E. Meinders, "Liquid Immwersion Deep-UV Optical Disc Mastering for Blu-ray Disc ROM", in Technical Digest of ISOM '03, p.250 (2003)
17) M. Katsumura, A. Kouchiyama, H. Inoue, "High Density Groove Mastering Using an Electron Beam and Plasma Etching", in Technical Digest of ISOM '01, p.68 (2001)
18) S. Miyanabe, H. Kuribayashi and K. Yamamoto, "New Equalizer to Improve Signal-to-Noise Ratio, " *Jpn. J. Appl. Phys.* **38**, p.1715 (1999)

第Ⅱ編　超高密度光記録技術と材料

第4章　近接場光を用いた超高密度光記録

富永淳二*

1　はじめに

1980年代初頭に開発された光ディスクは，その便利性から20年足らずの間に，音楽，映像，記録文書を問わず，あらゆる情報を記録し，保存できる媒体として世界中に広がった。当初，650MBの記録容量をもったCDは，短波長レーザーの開発とそのコストダウンによって4.7GBのDVDとして進化を遂げ，最近では青色（波長405nm）レーザーを搭載した光ディスク（25GB）へと，将来も記録容量は益々増加の一途をたどると考えてもよかろう。

光ディスクの高密度化技術を支える原理は，光の回折限界である。波長をλ，レーザービームを集光する対物レンズ開口数をNAとすると，光ディスク・システムにおいては，最短読み出しマーク限界長L_{lim}（解像限界）は，回折限界の半分，

$$L_{lim} = \lambda/4/\mathrm{NA} \tag{1}$$

で表される。DVD光学系では，$\lambda = 635$nm，NA＝0.60であるから270nmで，これより小さなマーク信号は検出できない。DVDシステムでは，最短マーク長Lを400nmとして十分な信号強度が得られるように設計されている。最先端の青色（波長405nm）レーザーとNA＝0.85のレンズを用いても，L_{lim}は120nmであり，この次世代高密度光ディスクではLは140nmに設計されている。

このL_{lim}の壁を超えるさらなる超高密度を目標とした光ディスク・システムの研究開発は1990年初め頃から始まっているが，L_{lim}は光学の「光は波である」という基本原理から導かれる「回折」現象を何らかの手法を用いて回避，または基本原理をうち破る新たな物理の導入が必要とされた。本章で取り扱う「近接場光」とその応用は，「伝搬しない特別な光」である近接場光を応用して，回折限界の壁を打ち破り，100GBから1TBへ向けた新たな表面記録の限界に挑戦する研究開発を紹介する。

＊ Junji Tominaga　産業技術総合研究所　近接場光応用工学研究センター　センター長

2　近接場光

物体表面に光が照射されたとき，物体表面で光は反射し，反射光が検出器によって捉えられることによって，我々はそこの物体が存在していることを認識できる。また，透過性の良い物体であれば，光は物体を透過するが，物体の有り無しによる透過光強度の差を検出しても，物体を認識できる。この反射光，透過光以外にも物体には光が存在する。この光は特に物体表面(正確には屈折率の異なる界面)に強く存在し，表面から離れると共に急速にその強度を弱めるという性質をもっており，物体表面すれすれまで接近しない限り，この光を関知することはできない。この光のことを「近接場光」と呼ぶ。簡単な説明を図1に示すが，近接場光は物体表面にまとわりついたストッキングのような光であると考えればよい。物理的には，近接場光は物体表面にある分子や原子からなる数多くの誘電分極対が作りだすアンテナからの放射の中で，放射されないで表面に残る光の部分である。したがって，物体の大きさが究極的には分子の大きさまで小さくなっても，近接場光は，物体表面に存在できる。分子の大きさは波長に比べて1/1000以下であるから，物体が回折限界以下の大きさでも近接場光を捉えれば，光記録の記録密度を今より数桁上げることが可能となる。しかしながら，近接場光は物体表面にまとわりついた光の衣であり，せいぜい波長の1/5の厚みであることから，検出器をこの領域まで接近させてデータピットを検出しなければならないといった特殊な光ピックアップなしでは，超高密度光記録再生システムの実現は不可能であることは明白である[1)]。

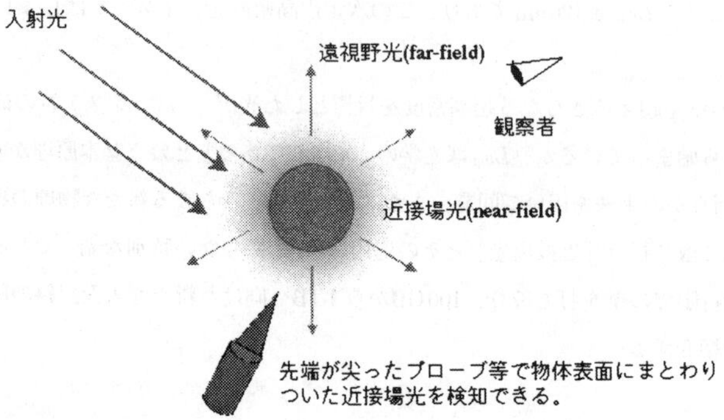

図1　近接場光の原理
光が照射された物体表面には，伝搬光の他に近接場光が発生する。

3　近接場光を応用した初期の光記録技術

ここでは，1990年前半に行われた近接場光を応用した代表的な光技術について解説する。1980年代に走査型トンネル顕微鏡（STM）が開発され，Åの距離を維持しながら表面を走査する技術の進歩によって原子間力顕微鏡（AFM）や近接場光を捉えるための近接場光顕微鏡（SNOM）等が次々と開発されるようになった。このようないわゆる走査型顕微鏡は，ピエゾ素子からなる精密可動部とプローブ部から構成され，基本的な構成は現代でもほとんど変わらない。SNOMでは，当初，ガラスチューブを局部的にレーザー等で加熱し，瞬時に引っ張ることで開口径の小さな（波長の程度よりやや小さめの）ガラスピペットを作製し，このピペット内にレーザー光を導くことで光プローブとして利用していた。その後に，透過効率を上げる目的としてピペット外壁をAuやAg等の金属薄膜で被覆したピペットが用いられるようになった。さらには，光ファイバーを化学エッチングして先端を数nmまで先鋭化させる技術が完成して，SNOM用光プローブは次第に進化を遂げたが，先端径が小さくなればなるほど解像度は向上するが透過光効率は激減するという相反する特性は今でもそれほど改善されていない。こうしたSNOMの開発過程において，1990年初頭，米国AT&T研究所のBetzig等が，初めてSNOMを用いてPtCo組成の光磁気（MO）記録膜上に光記録を行った。最小記録マーク長は60nmで，複数の記録マークが見事に分離されたSNOM像を得ている[2)]。この研究成果は世界中から注目され，間もなく，国内でも保坂等が，相変化（PC）記録膜上に60nmの光記録に成功している[3)]。これら近接場光記録初期に行われたいくつかの先駆的研究によって，近接場光記録の可能性が認識され始めたが，また，現実的な光記録システムへの技術的な困難さも浮き彫りになってきた。

図2にBezig等が用いた近接場光記録の原理を示すが，基本的にはSNOMそのもので，検出部にMO用に偏光板を挿入したものである。記録時にはパルス・レーザーまたはDCレーザーをSNOMプローブに導き，記録媒体に数十nmまで接近させて先端から漏れた近接場光を用いて，熱記録（heat-mode recording）を行う。また，入江等は，ジアリール・エテンと呼ばれる独自に合成した有機化合物を用いて，光のみによる記録（photon-mode recording）に成功している[4)]。初期のSNOMでは，記録媒体とSNOMヘッド間距離は，シア・フォースとよばれるヘッドの走査時にヘッド先端部が受ける表面からの力（その起源はよくわかっていないが）を用いており，実験中に幾度となく媒体との接触を起こし，ヘッドを破損することが多かった。後にシア・フォースによる制御は次第に姿を消し，AFMと同じ原子間力やチューニング・ホークが用いられ，次第に安定して記録が読み出し実験が可能となった。SNOM型あるいはプローブ型の光記録の利点は，記録マークの最短長は，ほぼプローブ先端部の開口径と媒体間の距離で決定され，先端径の小さなヘッドさえ安定に開発できれば，原理的には記録マークをいくらでも小さくでき，

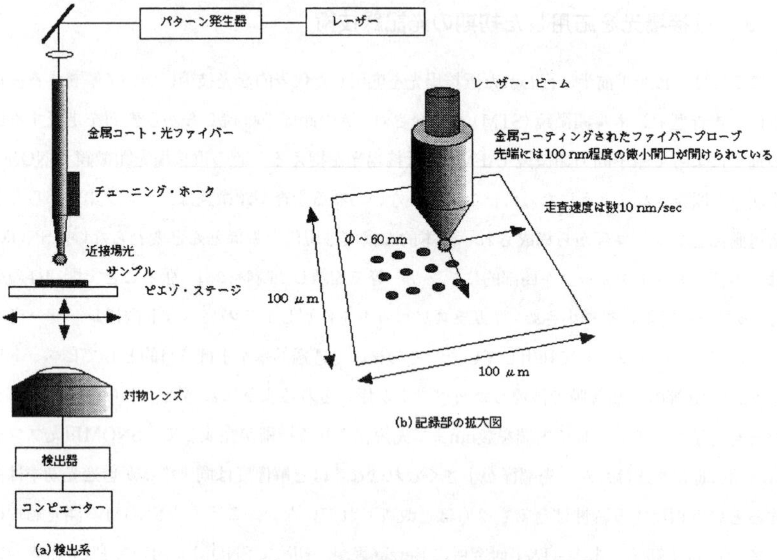

図２　初期の近接場光記録の原理
レーザーを光ファイバーの先端を尖らせたプローブに結合させ，
先端部に発生する近接場光を用いて記録・再生を行った。

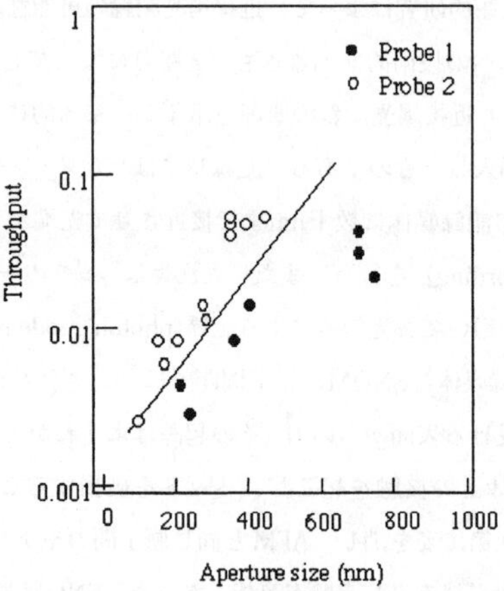

図３　近接場光開口プローブ径と透過する光強度の関係
(M. B. Lee *et al.*, *J. Vac. Sci. Technol.* **B17**, 2462 (1999) より転載)

記録密度を向上させることが可能である。しかしながら，前述したように先端径が小さくなれば利用できる光子(Photon)数は図3のように指数的に少なくなるため，一個のマークを記録するのに長時間を要し，特に，MO，CD-RW，DVD-RAMで用いられているような熱記録材料では，相変態点まで温度が上昇せず記録ができなかったり，記録パワーを上げたために逆にSNOMヘッド先端が極度に加熱され破損するといった問題も発生した。また，この現象は本質的にはPhoton-mode光記録でも同じである。現在，市販されているCDでも一秒間に100万個以上のピットを記録･再生しなければならない現実的な光記録システム開発は到底夢の世界と思われた。SNOM型近接場光記録の開発が遅れている理由はここにある。SNOM型の走査速度（データ転送速度）を向上するための研究開発は，現在，光ファイバーを用いたプローブ型から，ハードディスクで利用されているフライング・ヘッド（スライダー）型に次第に推移してきている。スライダー型では回転する媒体とスライダーが作り出す一定の空気流によって，スライダーを媒体表面に引きつけ(あるいは飛行機のように揚力を利用しても良い)，一定のフライング高さを維持しながら，記録再生を行おうというものである。図4に産業技術総合研究所が作製したスラーダーを示すが，60nmの開口がスライダー上に複数個形成されている。一方，最初にボイスコイルを用いず，光記録をスライダーヘッドを使って達成しようと試みたのは浮田等であり[5]，レーザーダイオードの一方の端面を媒体表面と見立て，距離を制御しようとした革新的な技術がすでに行われていた。この後，Hesselink等は，同様な研究を行い，レーザー端面開口の形状を工夫して特性の向上を図った[6]。スライダー型は，今後プローブ型近接場光記録の主流となるであろうと考えられるが，ファイバー型に比較して透過効率は1桁程度は改善が進んでいるものの，最大でも10%に満たない。1TBの記憶容量を達成するためには，最短マーク径は約20nmぐらいであり，上述したように開口径はそれと同程度の大きさが必要であることから，透過効率はさらに小さく，現状でも1%以下である。

4　21世紀の近接場光記録へ向けた挑戦

4.1　散乱型SNOMとその応用

SNOMの新しい流れとして，近接場光を発生させる開口を用いるのではなく，AFM等の原子オーダーで先鋭化したプローブにAuやAgをコーティングし，先端部に集光した近接場光を利用するものが，1994年に河田，井上等によって開発された[7]。この散乱型SNOMと呼ばれる技術は，先端部に微小開口を作製する必要がなく，原子レベルの分解能をもつことから，近年，散乱型SNOMの原理を応用した新たな近接場光記録技術が開発されつつある。近接場光は微弱であり，特に散乱型においては信号光はあらゆる方向に散乱されるため，分解能に比べて検出感度

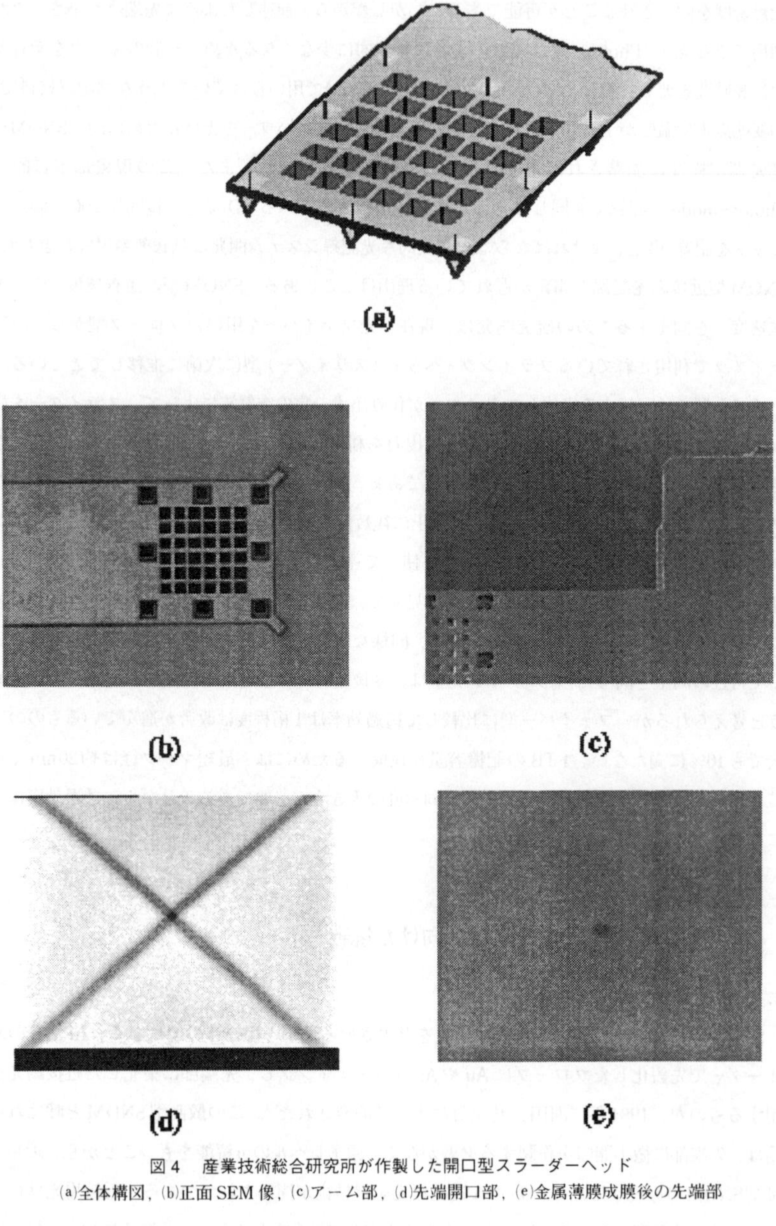

図４　産業技術総合研究所が作製した開口型スラーダーヘッド
(a)全体構図，(b)正面 SEM 像，(c)アーム部，(d)先端開口部，(e)金属薄膜成膜後の先端部

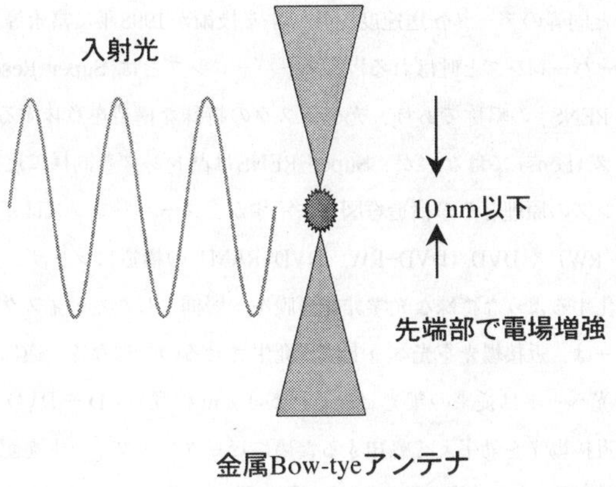

図5　Bow–Tye型光アンテナの原理

が悪い。このため，ヘッド先端部に発生する近接場光量を一層大きくする工夫が必要となる。松本等は，アーク放電と同様に，2つの対象な先端部の尖った金属を数十nmまで接近させ，レーザーを接近した先端部に集光させることによって，散乱光強度を大きくする手法(Bow–tyeアンテナ型)を近接場光記録に応用することを提案した(図5)[8]。その後，東京大学やセイコー電子工業等が電場シミュレーション等を行うことで，その特性について研究が進みつつあるが，現実的にフライングヘッドに搭載された検討は現時点では行われていない。Bow-tye型アンテナは一見簡単そうに思えるが，光リソグラフィー法では先端を原子レベルまで先鋭化できないこと，集光するレーザービームによってアンテナ部の周囲も加熱され，また，量子効果も働いて融点がバルクから大きく変化したり，特にAuのアンテナではAu原子がもつ特異な原子移動によって，アンテナ部が相互に融着して特性が瞬時に失われかねない。散乱型近接場光記録にとっては，発熱を全く無視したシミュレーションが多いことに筆者は残念でならない。

この流れ以外にも開口型フライングヘッドの効率を上げると共に，複数の開口を一つのフライングヘッドに搭載し，マルチ記録・再生を行う方法は，東海大学の後藤等によって積極的に90年代後半から行われている[9]。最近では，Ebbesen等が発表した貴金属薄膜に作製したアレイホールによる異常透過率特性を改良した，回折格子型表面プラズモン光増強デバイスを組み合わせることで，透過効率をさらに向上させることに成功している[10]。

4.2　光学非線形薄膜を応用した近接場光記録

光学的微小開口，あるいは光散乱型SNOMにその基礎をおく近接場光記録技術の問題点を克服してCDやDVDと同等のデータ転送速度を確保する技術が1998年に富永等によって提案された。この方法はスーパーレンズと呼ばれる[11]。スーパーレンズとは「Super-Resolution Near-Field Structure, Super-RENS」の略称であり，光ディスクの特殊な構造を意味するレンズ（Rens）であって通常のレンズ（Lens）ではないが，Super-RENSは凸レンズと同様に近接場光領域で作用する。スーパーレンズの原理とその構造を図5に示すが，スーパーレンズは基本的に，従来の書き換え型CD（CD-RW）やDVD（DVD-RW，DVD-RAM）の構造にレーザーの強度に応じて透過光や反射光が変化するような特殊な光学非線形膜を一層挿入した光ディスクである。ここの技術のブレークスルーは，近接場光を光ヘッド側に発生させるのではなく，逆に記録媒体側に発生させる点にある。光ヘッドは従来の集光ビーム径が1 μm程度のCDやDVDピックアップヘッドでよい。また，近接場光を効率よく感知するためにピックアップヘッドを記録媒体面上に数十nmまで接近させなくてもよい（通常のDVD等と同じ数mmでよい）。DVDピックアップヘッドによって1 μm程度に集光されたレーザービームの中心の一部の狭い領域のみが記録媒体に挿入した光学非線形薄膜を通り抜け，そのときに通り抜けたその領域に近接場光発生することによって近接場光記録・再生を行う。さらに，この光学非線形薄膜は記録膜と透明な固体誘電体膜によって20～40nmの厚さで，記録面上に均一に形成（DVD等を作製する現代の真空成膜技術を用いて容易に形成可能である）されているため，非線形薄膜と記録膜が接触を起こすことはない。したがって，原理的にはどんなに高速でスーパーレンズ・ディスクを回転させても近接場光源（非線形薄膜と誘電体薄膜の境界面に発生する）は，安定に記録膜上に予め設定した（成膜した）誘電体膜厚で決定されるため，安定に信号を確保できることになる。

初期のスーパーレンズは，光学非線形薄膜としてSbを用いている。Sbは光の遮蔽効果が高く，50nmもあれば99％以上の入射光を遮蔽できる。また，結晶転移温度が80℃以下で相変化記録材料（160～180℃）に比較して低いことから，スパッタリング等の成膜時に容易に結晶化する。初期結晶化の必要性は，DVD-RAMや-RWにおいて，成膜時のいわゆるアズデポーアモルファス膜から結晶化のプロセスである「初期化」と呼ばれる工程が，その後の繰り返し記録回数や信号対雑音比（SNR）に影響を与えるため，微弱であろうと予想される近接場光信号が結晶化ノイズに埋没してしまうことを考慮している。初期のSb開口型スーパーレンズでは，GeSbTe相変化記録膜との組み合わせで最小で60nmの信号を読み出せる。しかしながら，開口型のスーパーレンズの研究が進むにつれ，その驚異的な空間分解能とは裏腹に，問題点も次第に明らかにされた。まず第1に，発熱の問題である。近接場光記録に伴う発熱問題はすでに指摘したが，スーパーレンズにおいても熱問題は，実用化に向けて避けて通れない解決課題である。スーパーレンズにおいてはSb薄膜とGeSbTe薄膜は薄い（20nm～40nm）のSiN薄膜で隔離されているが，SiNの熱伝導率が高いため，Sbに光学的開口を形成したときの廃熱がSiNを通じてGeSbTe層に流れ込む。GeSbTe記録膜の結晶化転移温度は166℃付近にあって，ディスクを高速で回転させないと記録したマークが消去される。Sb開口型のスーパーレンズ記録では，アズデポ状態から結晶化マークを形成するいわゆるライトワンス型の記録を利用していたが，それでも100回程度の読み出しで信号強度が一気に低下した。第 2 の問題点は，マーク長約200nm記録に発生する鋭い信号強度の低下である。ある特定マーク長に対して著しい信号ドロップを発生することである。この現象は，ランダムマーク記録を行う従来型の光記録方式を利用できないことを意味する。後に，開口部エッジ（前部，後部）に孤立する強い近接場光が，開口と同程度の大きさのマーク長において干渉し，信号光をFar-fieldとしてうまく放出できないために起こることがわかっている。この現象は，スーパーレンズによる近接場光記録に限らず，あらゆる開口型，およびBow-Tye型の近接場光記録においても発生する問題であり，スーパーレンズの詳細な研究によって初めて実験的およびシミュレーションによって確認された現象で，今後，他の近接場光記録の開発においても注意すべき重要な問題である[12]。第 3 に実用化に向けた開口型スーパーレンズにおける最大の欠点は，信号として利用可能な光子数の問題である。1 TBを狙うような近接場光記録の場合，開口径は約 20 ～ 25nm 程度となるが，開口プローブ型と同様に信号情報を担う光子数が圧倒的にバックグランド反射光量に対して小さいことである。レーザースポット径 1 μmに対して開口径の面積は0.06%であり，実用的な信号強度の確保は絶望的である。

この 3 つの課題を解決する方法として，1999 年から光散乱型の研究が始まり，2000 年に酸化銀（AgOx）の熱分解反応を応用した単一光散乱型（単に散乱型と呼ぶ）スーパーレンズが開発された[13]（図 6）。AgOxは，文献等でよく知られているように160℃で酸素を遊離し，銀に分解

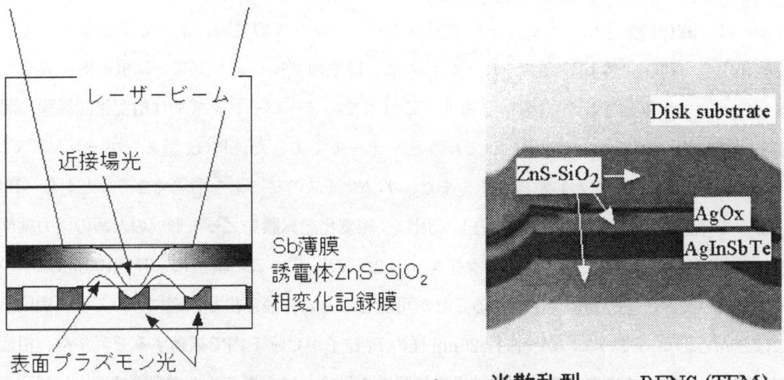

図 6　開口型スーパーレンズ光ディスクの断面図（左）および，
実際の散乱型スーパーレンズの断面 TEM 像

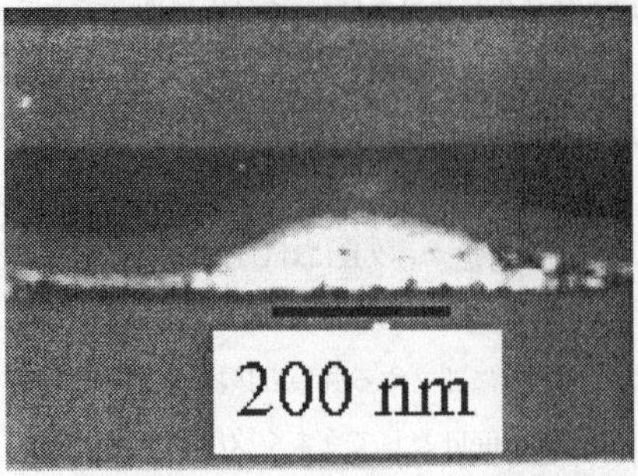

図7　酸化白金型スーパーレンズ光ディスクの断面TEM像
上から $ZnS-SiO_2$/AIST/$ZnS-SiO_2$/PtOx/ $ZnS-SiO_2$/PC 基板
（T. Kikukawa, T. Nakano, T. Shima and J. Tominaga, *Appl. Phys. Lett.* **81**, 4697 (2002)より転載）

する。この反応は，定圧条件下では一般に不可逆反応だが，体積変化を生じないような定積条件下では，可逆反応となる可能性がある。したがって，誘電体等でサンドイッチされた条件下では，温度上昇によってAgOxは瞬間的には分解し，酸素リッチな相とプア相となり，冷却と共に再結合して基の状態に戻ることが化学熱力学的には可能といってよい。AgOx型スーパーレンズによって，Sb開口型の欠点である特定マーク長での信号強度低下は改善された。しかしながら，解像度の点ではSb開口型が勝る。これは散乱体の大きさに問題があるためと推測される。しかしながら，AgOxを用いても，分解温度が相変化温度（180℃付近）に接近しており，再生安定性は改善できず，近接場光記録における発熱と信号消去の問題を根本的に解決するためのブレークスルーは，酸化白金を用いたピット形成型のスーパーレンズの登場によって成し遂げられた。

酸化白金（PtOx）を用いたスーパーレンズは，従来のスーパーレンズとは根本的に異なった概念によって生み出された（図7）。まず，これまでのスーパーレンズでは相変化記録膜に記録する（結晶相かアモルファス相として）ことがテーゼであった。PtOx型スーパーレンズでは，PtOxの分解温度が550℃と非常に高く，また，ナノサイズのピットを形成できることから，PtOxによって発生するナノピットを信号として用い，相変化記録膜をピット形成のための圧力緩衝剤として利用したことが大きなブレークスルーとなった[14~16]。この構造により，100nm以下のサイズをもつピットを容易に発生させることが可能となった。読み出し原理については，現段階ではほとんどわかっていないが，直径20nm径のPt粒子がピット内で振動するモデルや，相変化記録膜それ自身が大きな光学非線形効果や超解像を示すというモデルが学会等で盛んに議論されている[17~19]。今後，その巨大な信号増強メカニズムについて研究が進むものと考える。ここで，酸化白金型スーパーレンズの再生特徴についてまとめておくと，

① 超解像特性はレーザーの波長にほとんど依存せず，レーザースポットの1/5程度のピットまで読み出せる。

② 超解像読み出しは，読み出しレーザーパワーではなく，媒体内温度に強く依存する。

③ 赤色レーザー光学系（NA0.60）においても80nmのピットを40dB以上のCNRで安定に観測できる。

④ 解像限界以下の微小ピットと解像限界内にある長いピットを同じレーザーパワーで分離できる（Sb型スーパーレンズでは，マーク読み出しはレーザーパワーに依存し，小さなマークは低パワーで，大きなマークは高パワーで読む必要があった）。つまり，単純な開口型読み出しではないこと。

等があげられる。

スーパーレンズの開発当初，その目的は原理に基づいた科学的な検証であった。100nmマークの信号強度は，約12dBと今日の商品化されている光ディスクのレベルにはほど遠い状況にあった。しかしながら，5年後に47dBを超える信号強度に達する技術になった。スーパーレンズには，これまでに相変化記録に従事してきた研究者を引きつける未踏の「サイエンス」がまだまだ残っていると確信する。若き研究者の今後の努力に期待したい。

文　献

1) 大津元一，ポピュラー・サイエンス，239，光の小さな粒－新世紀を照らす近接場光－，裳華房(2001)
2) E. Betzig and J. K. Trautman, *Science*, **257**, 189 (1992)
3) S. Hosaka, T. Shintani, M. Miyamoto, A. Hirotsune, M. Terao, M. Yasuda, K. Fujita, S. Kammer, *Jpn. J. Appl. Phys.* **35**, 443 (1996)
4) M. Irie, H. Ishida and T. Tsujioka, *Jpn. J. Appl. Phys.* **38**, 6114 (1999)
5) H. Ukita, Y. Katagiri and H. Nakada, *SPIE* **1449**, 1499, 248 (1991)
6) X. Shi, L. Hesselink and R. L. Thornton, *SPIE* **4342**, 320 (2002)
7) Y. Inouye and S. Kawata, *Opt. Lett.* **19**, 159 (1994)
8) T. Matsumoto, T. Shimano and S. Hosaka, Tech. Digest of 6th International Conference on Near–Field Optics and Related Techniques, p.55, Aug. 27-31, 2000, Twente, The Netherland.
9) Y. J. Kim, K. Suzuki and K. Goto, *Jpn. J. Appl. Phys.* **37**, 2274 (1998)
10) K. Goto, T. Kirigaya and Y. Masuda, Tech. Digest of International Symposium on Optical Memory 2003, p.268, Nov. 3–7, Nara, Japan, 2003.

11) J. Tominaga, T. Nakano, N. Atoda, *Appl. Phys. Lett.* **73**, 2078 (1988)
12) J. Tominaga and D. P. Tsai, Optical Nanotechnologies–The Manipulation of Surface and Local Plasmons, Springer–Verlag, Berlin Heidelberg, 2003.
13) H. Fuji, H. Katayama, J. Tominaga, L. Men, T. Nakano and N. Atoda, *Jpn. J. Appl. Phys.* **39**, 980 (2001)
14) T. Kikukawa, T. Nakano, T. Shima and J. Tominaga, *Appl. Phys. Lett.* **81**, 4697 (2002)
15) H. Fuji, T. Kikukawa, J. Tominaga, *Jpn. J. Appl. Phys.* **42**, L589 (2003)
16) J. Kim, I. Hwang, D. Yoon, I. Park, D. Shin, T. Kikukawa, T. Shima, J. Tominaga, *Appl. Phys. Lett.*, **83**, 1701 (2003)
17) M. Kuwahara, T. Shima and J. Tominaga, Tech. Digest of International Symposium on Optical Memory 2003, p.72, Nov. 3–7, Nara, Japan, 2003
18) T. Shima, M. Kuwahara, T. Fukaya, T. Nakano and J. Tominaga, Tech. Digest of International Symposium on Optical Memory 2003, p.272, Nov. 3–7, Nara, Japan, 2003
19) W–C. Liu, M–Y. Wu and D. P. Tsai, Tech. Digest of International Symposium on Optical Memory 2003, p.30, Nov. 3–7, Nara, Japan, 2003

第5章　3次元多層光メモリ

川田善正*

1　はじめに

DVDに代表される光メモリは，大容量・高密度の記録媒体として，実用的に用いられている。光メモリの最大の特徴は，ディスクの可搬性にあり，レーザーを利用したリモートセンシングにより，表面のゴミやキズ，振動にも強い。またデータを再生することによって，ディスクを傷めることもない。このような光ディスクの扱いやすさから，光ディスクはレコードに置き換わり，そしてカーオーディオ，モバイル機器，データの配布媒体，などより生活に密着した形で，その応用範囲を拡げてきた。今後，インターネットやデジタルビデオ／カメラ，ハイビジョンテレビなどの一般家庭への普及とともに，記録すべきデータ量は飛躍的に増え，大容量かつ扱いやすいメディアとして，光メモリへの期待がより高くなっていくものと予想される。

光メモリの記録密度は，集光スポットの大きさ，つまり光の持つ波としての性質で決まる。現在の光メモリでほぼその理論的限界が達成されており，さらなる高密度化には，新たな記録方式の開発が必要である。

本節では，ビットデータを多層に記録することによって，高密度を実現する手法について記述する[1~4]。現在，DVDやブルーレイディスクなどを2層，4層などに多層化することにより，高密度化する手法が開発されているが，本節で紹介する多層光メモリは，ビットデータをディスク内の3次元空間に，数10層から数100層の記録・再生を目指した光メモリである。本手法による光メモリでは100層のデータを記録すれば，現在の光メモリの100倍の超高密度を実現できる。

2　多層記録光メモリ

図1にビットデータを多層に記録する光メモリの原理を示す。多層光メモリでは，層間隔を数μmから数10μmビットデータを記録することによって，記録密度の大容量化・高密度化を実現する。この方法は，データを記録する領域の記録媒体の表面の2次元空間から3次元空間への拡張を行ったものと考えることができる。

＊ Yoshimasa Kawata　静岡大学　工学部　機械工学科　助教授

ビットデータを多層に記録する光メモリは，次のような特徴を有する。

(a)非線形過程を利用しやすい

多層光メモリではビットデータの記録や再生は，記録媒体にレーザー光を集光して行なう。したがって，レーザーの集光点では，非常に大きな強度が形成され，容易に多光子過程などの非線形過程を誘起することが可能である。

(b)記録材料のダイナミックレンジが不要

ビットデータを多層に記録する方式では，0または1の2値データを記録すればよい。つまり，グレーレベルを記録する必要がないので，記録材料の強度に対する特性として，ダイナミックレンジを必要としない。例えば，記録材料が光強度に対して，しきい値特性を示す場合，ビット記録方式には，非常に適した特性ということができる。

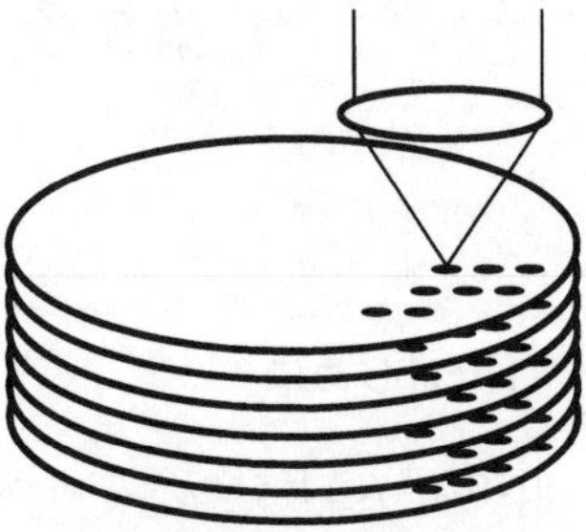

図1　3次元多層光メモリの原理

(c)可搬性を失わない

多層光メモリは，媒体内のデータをレーザー光を利用して非接触に再生する方式であるので，現行の光メモリと同様に，可搬性を確保することが可能である。また，表面に付着したごみ，傷などにも強くモバイル機器に応用可能である。

(d)現在の光メモリの技術を利用可能

多層光メモリにおけるデータ記録･再生に必要なシステムの構成は，現在実用化されている光メモリに近い構成となる。したがって，現在の光メモリで使用されているピックアップ光学系，フォーカスサーボシステム，トラッキング技術などを，多少拡張することによって，利用することが可能である。

3　短パルスレーザーによるデータの記録

記録媒体中にビットデータを多層に記録するには，光強度に対する材料の非線形性を利用する。レーザー光を媒体内に集光すると，フォーカス点近傍では非常に大きな光強度が形成されるので，容易に非線形現象を誘起することが可能である。非線形現象の発生効率は，光強度に大きく依存するので，光強度の大きなフォーカス点近傍でのみ発生する。したがって，非線形効果によって屈折率や吸収率が変化する材料を用いれば，フォーカス点近傍でのみ，屈折率変化または吸収率変化を形成することが可能である。媒体内でレーザー光を集光する位置を3次元的に走査すれば，屈折率変化または吸収率の変化として，多層のデータを記録することができる。多光子励起過程は，このような目的に利用可能な現象の一つであり，多層メモリの記録原理として利用されている。

3.1　2光子吸収による3次元記録

非線形効果を効率よく誘起するには，フェムト秒パルスなどの短パルス光源を用いるのがよい。フェムト秒レーザーの特徴は，尖頭出力が非常に高い超短パルスを出力することである。パルス幅を100フェムト秒，パルスの繰り返し周波数を100メガヘルツとすると，パルスの尖頭出力は，平均出力の10^5倍に達する。したがって，フェムト秒パルスでは，非常に短い時間の中に数多くの光子（フォトン）が存在し，高光子密度性を持っている。

このような高光子密度性を利用すれば，簡単に非線形効果を利用することが可能である。例えば，N個の光子が物質に同時に吸収されて物質を励起するN光子過程の発生効率は，光パルスの尖頭出力のN乗に比例する。このため，10^5倍先頭出力の高い短パルスレーザーを用いれば，N光子過程の発生効率が10^{5N}倍高くなる。

ビットデータを多層に記録する光メモリでは，フェムト秒レーザーによるN（stet）光子過程を利用して，データを多層に記録する。通常の1光子過程では，基底状態の電子は光の角周波数ω_1のフォトンを一つ吸収して，励起状態に励起される。この励起によって生じる吸収スペクトルの変化，構造の変化による屈折率変化を利用してデータを記録する。2光子過程では，各周波ω_2（$\omega_2=\omega_{1/2}$）のフォトンを2つ同時に吸収して，基底状態の電子が励起される。この際，ω_2のフォトン1つで励起されるところには，エネルギー準位が存在しない。

2光子励起過程を利用すれば，図2に示すように3次元空間のある一点にデータを記録することが可能になる。これは，2光子吸収の発生する効率が，光強度の2乗に比例するからである。通常の1光子過程では，反応の発生効率が光強度に比例する。集光位置からはずれた平面では，反応はあまり起こらないが，複数のデータを記録するためにレーザー光を走査して照射すると，その照射時間の積分値に比例して，反応が生じることになる。これは，強度をその平面上で積分した値に比例した値になる。この値は，光軸に垂直な平面上ではスポットからの距離に関係なく，常に同じ値をとる。つまり集光位置からずれた平面上では光強度は小さいが，面積が大きいため，積分すると集光位置と同じ値になる。

これに対して，2光子吸収過程は，発生効率が光強度の2乗に比例して発生する。そのため，2光子吸収の場合は光強度を2乗した値を面積で積分すれば良い。2光子吸収過程は，光強度の大きな集光スポット付近でのみ発生し，それ以外の領域では発生しないため，図2に示すように集光スポットでピーク値が現れる。つまり，2光子吸収を用いることによって，3次元空間のあ

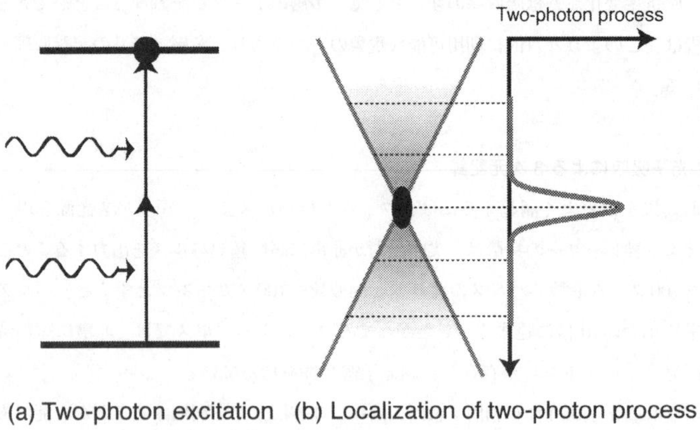

図２　２光子励起過程によるデータ記録

る一点にアクセスすることが可能である[5)]。

3.2　光メモリにおける２光子過程

フェムト秒パルスによる２光子過程を光メモリに利用することによって，次の特徴もあわせ持つ。

(a)媒体の深い位置にデータを記録することが可能

例えば，記録媒体が400nmの波長で大きな吸収を持ち長波長では吸収がない場合，２光子過程では光源に800nmの光を用いるので，レーザーの集光スポット以外では殆んど吸収がない。したがって，媒体の深部まで光をロスすること無く伝搬させてデータを記録することができる。

(b)２乗効果による面内の記録密度の向上

２光子過程は，光強度の２乗に比例して発生するため，等価的な集光スポットの大きさが小さくなり，記録密度が向上する。近赤外光を用いても面内の記録密度は，青紫色レーザーを用いたときと同じである。

(c)レーリー散乱光の現象

レーリー散乱の発生効率は波長の４乗に比例するため，２光子過程で長波長のレーザー光を用いることによって，レーリー散乱光を大きく減少することができる。既に記録したビット，ディスク表面のホコリや傷など生じる散乱光を大きく減少させ，ノイズを減らすことができる。多層記録光メモリでは，他の層からの散乱光が減少し，クロストークを軽減することができる。

4　顕微光学系によるデータ再生

4.1　反射型共焦点光学系によるデータ再生

多層に記録されたビットデータを再生するには，光軸分解能を有する顕微光学系を利用すればよい。図3に反射型の共焦点光学系を示す。この光学系は，検出器の前にピンホールをおくことが特徴であり，高い3次元分解能を有することが知られている[6)]。レーザーからの光を対物レンズにより記録媒体中の一点に集光する。そこからの散乱光を同じ対物レンズで集光し，ピンホールを通過した光のみを検出する。

共焦点光学系でのピンホールは，レンズの焦点位置と共役な位置に配置されるため，焦点位置で散乱および反射された光は，ピンホール上の中心に集光される。したがって，ピンホールを通過し，強度を検出することができる。しかし，焦点からずれた位置で散乱・反射した光は，ピンホール位置で拡がってしまい，ピンホールをほとんど通過せず，カットされる。したがって，多層に記録されたビットデータのうち，焦点位置で散乱された光のみを検出することが可能である。

反射型の共焦点光学系は，顕微光学系のうちで最も高い光軸方向の分解能を有するため，多層光メモリの再生光学系として，最適である。光学系の構成もコンパクトであり，現在の光メモリに使用されているピックアップの構成とも共通する部分が多い。

共焦点光学系では，ピンホールをレンズの焦点と共役な位置に配置する必要があるため，光学系の調整が困難になる。この問題を解決するために，半導体レーザーへの戻り光を利用して，

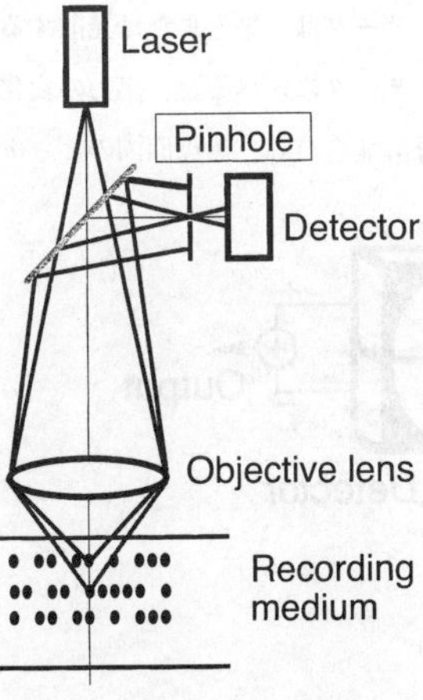

図3　反射型共焦点光学系

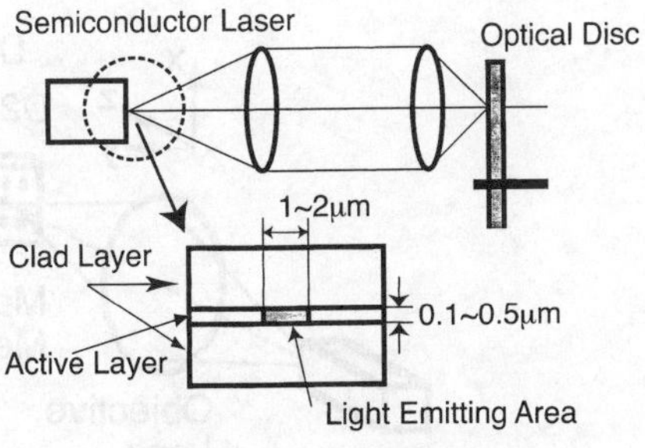

図4　半導体レーザーへの戻り光を利用したデータ再生

データを検出する光メモリの再生システムが提案されている[7]。図4に戻り光を利用した再生システムの原理を示す。半導体レーザーからの光を記録媒体に集光し，ビットからの散乱光をレーザーの出射端にフィードバックする。半導体レーザーの活性層にフィードバックされたレーザー光は，レーザー内で誘導放出を誘起し，レーザーの出力を大きくする。したがって，注入電流を一定にしてレーザーからの出力光をモニターすると，データを再生することができる。半導体レーザーの活性層の大きさはサブミクロンから数ミクロンと非常に小さいため，共焦点光学系におけるピンホールと同じ役目を果たす。したがって，ピンホールを用いずに，共焦点光学系を実現することができる。

半導体レーザーへのフィードバックを利用した再生システムでは，レンズを適当に配置すれば，レンズの集光点で散乱した光は，自動的にレーザーの活性層の位置に結像される。したがって，自動的にピンホールの調整が実現できるため，光学系の調整が容易になる。

4.2 微分コントラスト顕微光学系によるデータ再生

データの再生に微分コントラスト顕微光学系を利用することも可能である[8]。図5に微分コントラスト顕微光学系の原理を示す。この光学系は，透過型光学系となっている。記録媒体にレーザーを集光し，媒体を透過した光を2分割検出器で検出する。2分割検出器の出力の差をとり，出力する。ビットデータが光軸の中心に存在する場合は，2つの検出器で検出される光強度は，同じになるので，出力が0になる。ビットデータが光軸から焦点面内でずれると，2つの検出器の出力に差が生じ，正または負の出力を生じる。

対物レンズの焦点位置からはずれた位置に存在するビットデータは，集光または発散する光の一部を散乱するのみであるので，焦点面内に存在するビットデータに比べると，出力の変化が小さい。したがって，微分コントラスト光学系も光軸方向の分解能を有し，焦点面内のビットを選

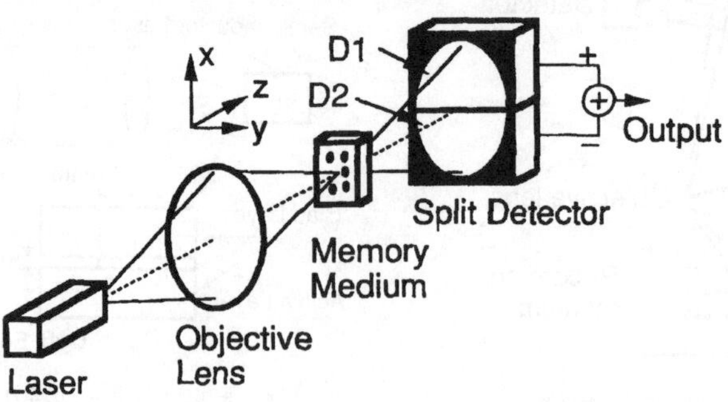

図5　微分コントラスト再生光学系

択的に検出することが可能である。

2分割検出器を用いた再生システムでは，2つの検出器の出力の差をとるため，高感度にデータを再生することができ，微小な屈折率の変化などを検出することが可能である。また，2分割検出器の位置は多少光軸からずれていても，2つの検出器の出力のオフセットを調整すれば良いので，調整は，それほど困難ではなく，透過型の再生システムを実現する際には，有望な光学系といえる。

5　フォトンモード記録媒体

フェムト秒レーザーを用いた光メモリでは，記録媒体として，フォトンモード記録材料を用いなければならない。つまり，光磁気ディスクや相変化ディスクのように熱的プロセスを介して，データを記録するのではなく，フォトンを吸収することによって記録材料の分子の化学結合などが変化して，吸収スペクトル，屈折率，偏光特性などが変化することが必要である[9)]。

ヒートモードの記録材料では，熱の発生はパルスの尖頭出力ではなく平均出力によって決まるので，光源にフェムト秒レーザーを用いる意味がない。

フォトンモードの記録材料としては，光を吸収して吸収スペクトルが変化するフォトクロミック材料，光重合反応を生じるフォトポリマー，電子の局在化によって屈折率変化を生じるフォトリフラクティブ結晶，光照射によってトランスからシスへの異性体に変化して屈折率が変化する異性化材料，蛍光色素，等を用いることができる。また多光子過程を利用して，ガラス内部にマイクロエクスポージョンを利用して，空洞を形成しデータを記録する方法も提案されている。これら材料は，熱的なプロセスを介さず，光(フォトン)のエネルギーで生じる反応を用いてデータを記録するので，高速なデータ記録が実現できる可能性を持つ。

図6にフォトポリマーを用いたデータの記録，再生結果を示す。使用したフォトポリマーは，メタクリル基を持つモノマーとアリル基を持つモノマーの混合物から構成されている。メタクリル基を有するものは，大きな光重合速度と大きな屈折率（$n = 1.6$）を持ち，アリル基を持つモノマーは小さな光重合速度と小さな屈折率（$n = 1.5$）を持つ。その他，重合開始剤としてベンジル，色素増感剤としてミヒラーケトンが混合されている。

フォトポリマーに光を集光すると，光重合速度の大きなメタクリル基が反応を開始し，重合化する。モノマーがポリマー化すると体積が収縮して，光強度の小さい領域からメタクリル基を有するモノマーが流れ込み，さらに光重合反応が進む。一方，光強度の大きな部分に存在しているアリル基を持つモノマーは，強度の小さい領域に押し出される。この結果，光を照射した部分は，メタクリル化合物の濃度が高くなり，アリル化合物の濃度が低くなる。したがって，光強度の大

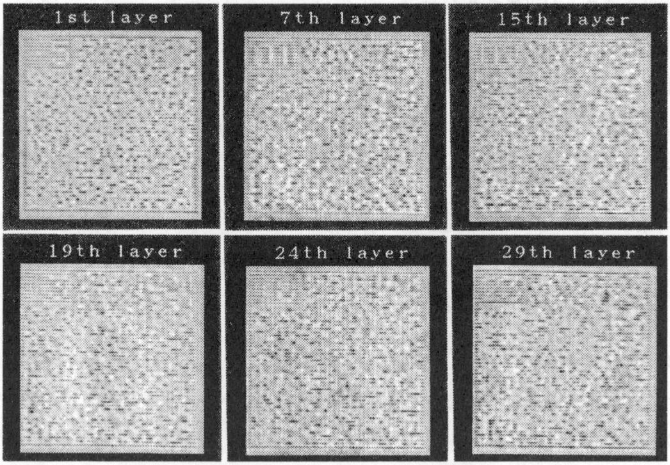

図6　フォトポリマー材料へのデータ記録

きな領域では屈折率が高くなり，光強度の小さな領域では屈折率が小さくなる。つまり，光を照射した部分に屈折率が高いドットを形成することができ，これを記録データとして利用可能である。データを記録後，一様な強度分布の光を全体に照射することによって，未反応のモノマーを重合させ，固定した。

図7にフォトクロミック材料を利用した多層記録光メモリの記録・再生結果を示す[10]。これはDE2と呼ばれるジアリールエテン種を利用したものである。図8にDE2の化学構造と吸収スペクトルを示す。この材料は，波長400nm付近の光照射によって，その構造が開環体から閉環体に変化する。その結果，DE2の吸収スペクトルには，512nm付近に新たな吸収が現れ，黄色から赤色へ材料の色が変化する。逆に波長が500nm以上の光を閉環体に照射すると，開環体が誘起されるため，材料の色は赤色から黄色へ戻る。この分子構造の変化として，データを記録することができる。

図9は光異性化を利用してデータを記録した結果である。記録材料には，ウレタン－ウレア共重合体を使用した。ウレタン－ウレア共重合体は，側鎖にアゾ色素を有し，光を照射すると，アゾ色素がシス－トランスの異性化反応を生じるため，屈折率が変化する[1]。

この他，データの記録媒体としては，フォトリフラクティブ結晶，液晶分子を含む有機材料など様々なものを用いることが可能である。この節で紹介した材料は，光機能性材料を記録媒体として用いているため，光の持つエネルギーで直接，化学反応を発生させてデータを記録するフォトンモード記録材料であるため，光の波長，偏光特性などによって，多重にデータを記録するこ

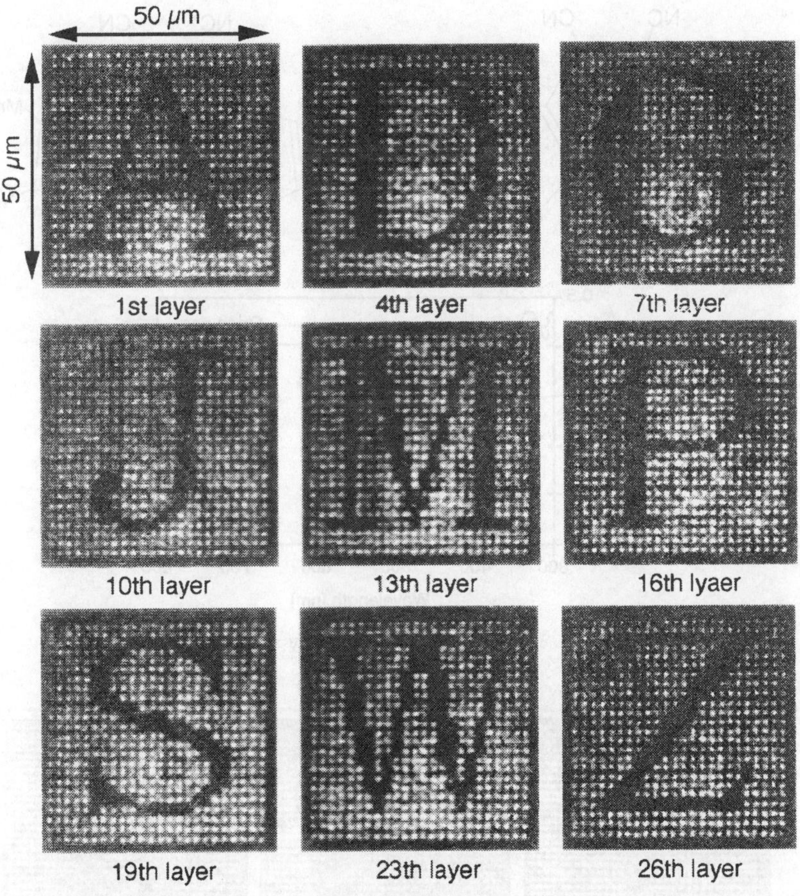

図7　フォトクロミック材料DE.2へのデータ記録

とが可能となり，データの高密度化が期待できる。

6　多層構造を有する記録媒体を用いた光メモリ

これまで提案されてきた多層記録型の光メモリは，厚い感光材料を用いたものがほとんどであった。このような材料では，集光スポットの3次元的な形状をそのまま記録媒体内に記録することになる。一般に集光スポットは面内の拡がりに比べて，光軸方向の拡がりは非常に大きいの

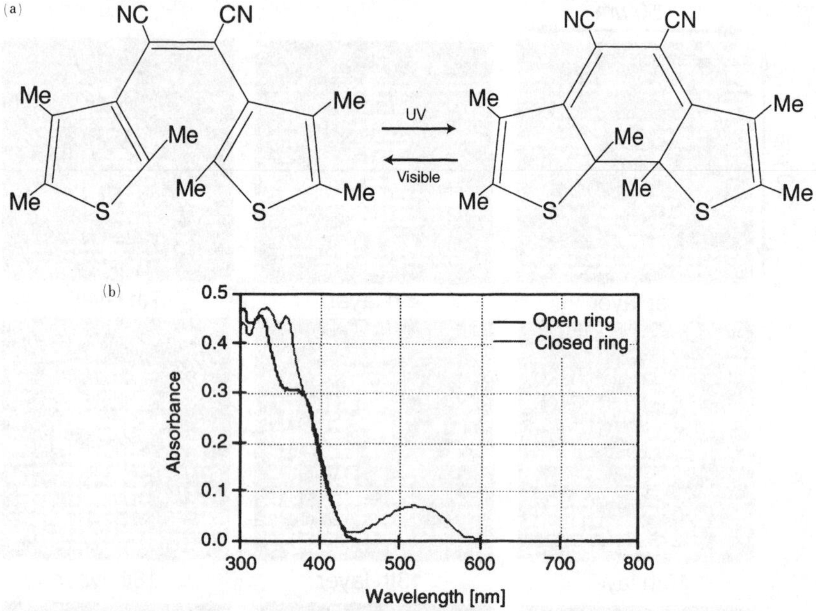

図8　(a)DE2の化学構造の変化と(b)吸収スペクトル変化

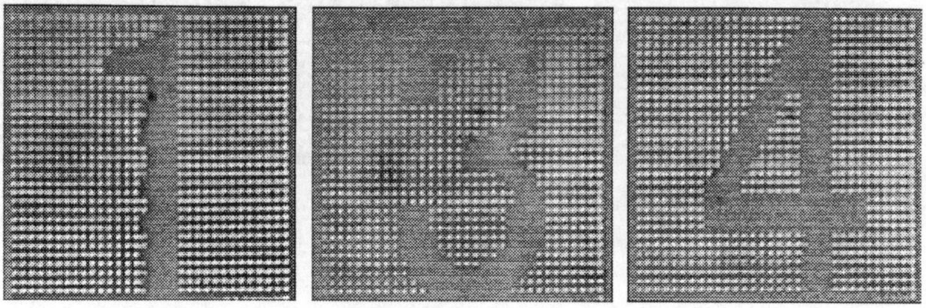

図9　光異性化材料を利用したデータ記録

で，光軸方向に長いビットデータを記録していた。このため，光軸方向の記録密度が制限され，また層間のデータのクロストークも大きいものとなっていた。

この問題を解決するために，感光薄膜と透明なバッファ層を交互に積層した記録媒体を用いる方法が提案されている[1, 2, 4]。この記録媒体では，感光薄膜の厚みを十分薄くすることによって，ビットデータの光軸方向の拡がりを制限することが可能である。また，このような記録媒体を用

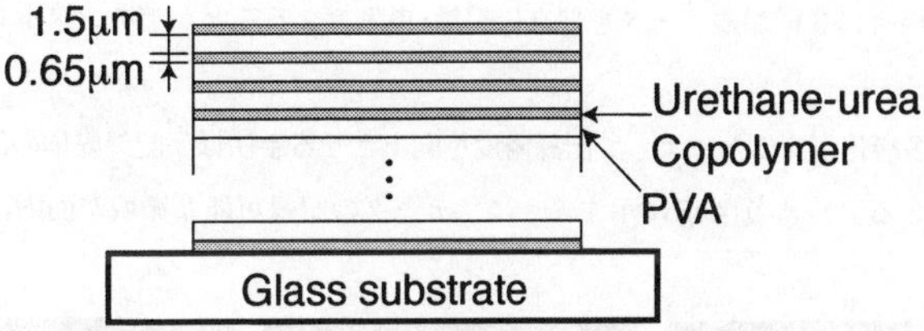

図10　多層構造を有する記録媒体

いることによって，これまで用いることが困難であった，反射型の共焦点顕微鏡を再生光学系に利用することが可能になる。反射型の共焦点顕微鏡の光学系は，もっとも高い光軸分解能を有し，多層記録型の光メモリの再生光学系には，最適なものである。

図10に多層構造を有する記録媒体の構成を示す。感光材料にウレタン－ウレア共重合体を，透明なバッファ層としてポリビニルアルコール（PVA），感光層の厚みは0.65 μm，PVA膜の厚みは1.5 μmである。

感光層に用いたウレタン－ウレア共重合体は，副鎖にアゾ色素を含み，アゾ色素のシス－トランス異性化反応によってデータを記録する。この材料は，480nm付近に吸収ピークを持ち，600nm以上の長波長域ではほとんど吸収を持たない。

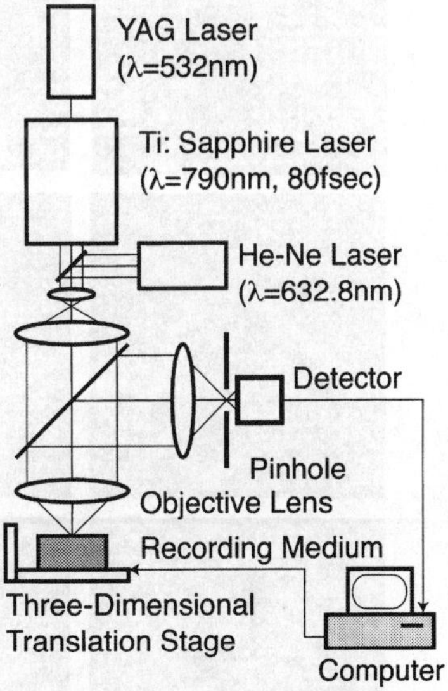

図11　記録再生光学系

図11に記録再生光学系を示す。記録にはチタンサファイアレーザーを用い，再生にはヘリウムネオンレーザーを用いた。光源の波長は790nm，パルス幅80fsであった。

図12に反射型の共焦点顕微鏡で再生した結果を示す。光源に記録層の吸収の少ない790nmの光を用いているため，深い層で十分データの記録が実現できていることがわかる。感光層の間隔が1.5 μmでも，それぞれの層が十分クロストークなく分離できていることがわかる。面内のデータ間隔は1.5 μmである。

記録媒体に用いたウレタン－ウレア共重合体は，側鎖にアゾ色素を含むため，アゾ色素のシス－トランス光異性化によって，偏光特性も示す。アゾ色素における偏光特性を利用することによって，同一場所に3種類のデータを独立に記録・再生できることがデモンストレーションされている[5)]。

光軸方向に多層化することによって記録密度を向上させる手法は，記録媒体の面内にも，応用することができる。つまり図13に示すように，データの記録可能な領域が面内にアレイ状に並

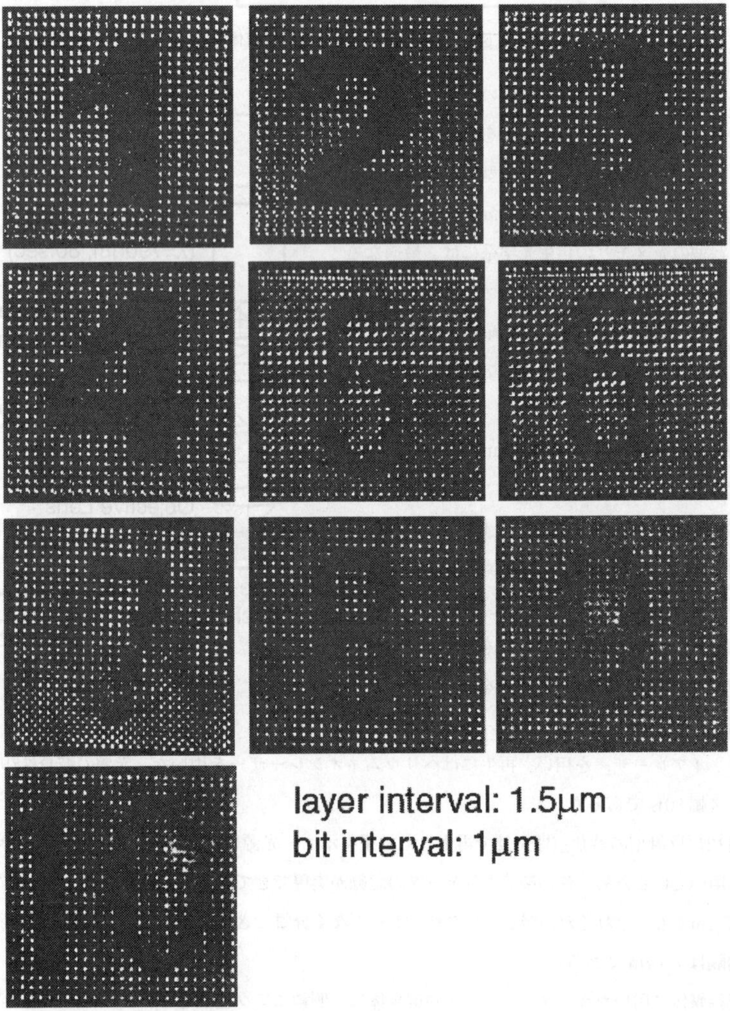

図12　データの再生結果

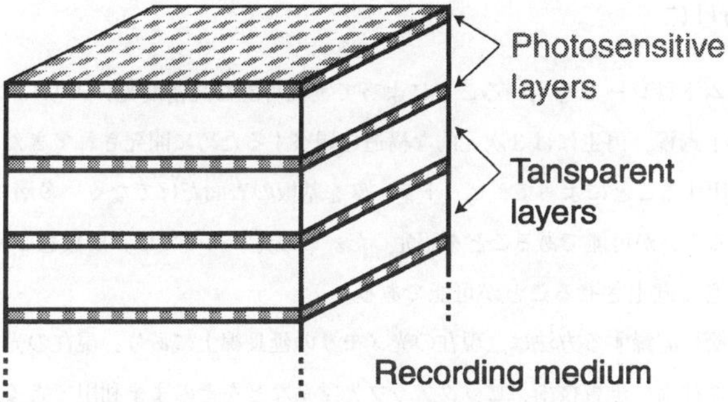

図13　微細構造を有する記録媒体

図14　微細構造を有する媒体へのデータの記録再生

んだ記録媒体を用いる方法である。このような記録媒体は2光子過程を用いて，記録媒体内に3次元的な微細加工を行うことによって実現することができる。図14にメッシュ状の微細構造を有する記録媒体にデータの記録再生を行った結果を示す。3次元的な微細周期構造を有する記録媒体は，フォトニック結晶と同じ構造となるため，フォトニック結晶における光の閉じ込め効果，導波制御などの特性を光メモリに応用できる可能性を持つ。

7　おわりに

光源にフェムト秒レーザを用いることによって実現可能な高密度光メモリについて紹介した。記録には多光子過程，再生には3次元的な構造を観察するために開発されてきた共焦点光学系を光メモリに応用することによって，ビットデータを基板の表面だけでなく，多層に重ねて記録し，それを再生することが可能であることを紹介した。この光メモリでは，層数をふやすことにより，記録容量を大きく向上させることが可能である。

データを多層に記録する方法は，現在の光メモリの延長線上にあり，現在の光メモリにおけるフォーカシング技術，走査技術，ピックアップ光学系などをそのまま利用できる。また，多層化による高密度化は，波長の短波長化，高NA化，波長の多重化，信号圧縮など他の高密度化技術と矛盾するものではなく，これらを組み合わせることによって，より密度の高いメモリが実現できる。

今後は，コンパクトで安価なフェムト秒レーザーの開発が不可欠であるが，これには，ファイバーレーザーやモードロック半導体レーザーなどが期待できる。また，多層光メモリは材料を3次元的に加工する技術であり，ナノテクノロジー分野への応用が可能である。光伝搬を自由に制御可能なフォトニック結晶の作成，マイクロマシンの実現を目指したマイクロ光造形，光通信における光導波路，など様々なデバイスの実現への応用が期待できる[11, 12]。

文　献

1） S. Kawata and Y. Kawata, "Three–Dimensional Optical Data Storage Using Photochromic Materials," *Chemical Review*, **100**, 1777 (2000)
2） Y. Kawata, "Three–dimensional memory," Proc. SPIE 4081, 76 (2001)
3） Y. Kawata, M. Naknao, and S.–C. Lee, "Three–dimensional optical data storage using three–dimensional optics," *Opt. Eng.* **40**, 2247 (2001)
4） M. Ishikawa, Y. Kawata, C. Egami, O. Sugihara, N. Okamoto, M. Tsuchimori, and O. Watanabe, "Reflection confocal readout for multilayered optical memory," *Opt. Lett.* **23**, 1781 (1998)
5） W. Denk, J. H. Strickler, and W. W. Webb, "Two–photon Laser Scanning Fluorescence Microscopy," *Science*, **248**, 73 (1990)
6） 川田善正，"分光学における極限を探る 第3回空間分解能，" 分光研究，**52**，178 (2003)
7） M. Nakano and Y. Kawata, "Compact confocal readout system for three–dimensional memories using a laser–feedback semiconductor laser," *Opt. Lett.* **28**, 1356 (2003)

8) Y. Kawata, R. Juskaitis, T. Tanaka, T. Wilson, and S. Kawata, "Differential phase-contrast microscope with a split detector for the readout system of a multilayered optical memory," *Appl. Opt.* **35**, 2466 (1996)
9) S. Alasfar, M. Ishikawa, Y. Kawata, C. Egami, O. Sugihara, N. Okamoto, M. Tsuchimori, and O. Watanabe, "Polarization-Multiplexed Optical Memory by Using Urethane-Urea Copolymers," *Appl. Opt.* **38**, 6201 (1999)
10) A. Toriumi, S. Kawata, and M. Gu, "Reflection Confocal Microscope Readout System for Three-Dimensional Photochromic Optical Data Storage," *Opt. Lett.* **23**, 1924 (1998)
11) Y. Kawata, S. Kunieda, and T. Kaneko, "Three-Dimesional Observation of Internal Defects in Semiconductor Crystals by Use of Two-Photon Excitation," *Opt. Lett.* **27**, 297 (2002)
12) R. Lugowski, B. Kolodziejczyk, and Y. Kawata, "Application of Laser-Trapping Technique for Measuring the Three-Dimensonal Distribution of Viscosity," *Opt. Commun.* **202**, 1 (2002)

第6章　磁区応答3次元光磁気記録

伊藤彰義[*1]，中川活二[*2]

1　はじめに

例えば各人の毎年の健康診断で得られた情報を個人が保有することを例として考えると解りやすいが，今後の情報社会では，医療情報，健康履歴情報など個人に属する膨大な情報を安全に蓄積し，かつ必要なときに利用できるプライバシー，セキュリティー，信頼性尊重型の大容量記憶装置が不可欠となる。例えば遺伝子治療が現実化したとき，個人の遺伝子情報やそれによる治療情報その後の健康診断情報などは，各個人がそれぞれ可換媒体中に記録管理し，必要なときに必要な部分だけを利用するようにしなければ，個人のプライバシーは守れなくなるであろう。すなわち今後の情報社会は，個人情報を十分に保護する方向で発展しなければならない。

光ディスクは，磁気ディスクと異なり媒体可換と言う大きな特徴を備え，重要な情報を安全に保管できる高いセキュリティ性を本質的に備えている。中でも光磁気（MO）ディスクは高い信頼性と無限な書き換え回数（少なくとも10^7回まで実験検証済み）を誇ることから，上記のような今後の個人情報保護型の情報社会では，極めて重要な位置を占めることになると考えられる。

半導体LDによる光磁気記録のプロトタイプを世界に先駆けて発表して以来終始光磁気記録技術をリードしてきた我が国では，次世代の技術についての研究も盛んである。

高密度化には，面密度の増加と記録層多層化による3次元化がある。前者は，レーザーの短波長化およびレンズの高NA（開口数）化で光スポット径を小さくすることが基本である。しかし物理的に不可避な光の回折現象による限界がある。この干渉限界を媒体の磁気特性により解決した，磁気超解像（MSR：Magnetic Super Resolution）[1]に関する一連の研究がある。これを発展させ記録領域の微小化による信号強度の低減という磁気超解像における問題点を改善したのが，日立マクセルと三洋のグループ[2]による発明である磁区拡大再生方式Magnetic AMplifying MO System（MAMMOS）である。別の観点から日本大学のグループ[3]は波長多重再生による多層化記録膜の高信号対雑音比（S/N）再生法を実現した。これらを結集することで，100Gbit/in^{2}を越える超高密度な光磁気記録の実現が現実的になっている。

＊1　Akiyoshi　Itoh　日本大学　理工学部　電子情報工学科　教授

＊2　Katsuji　Nakagawa　日本大学　理工学部　電子情報工学科　助教授

本稿では磁気と光の双方の長所を取り入れた光磁気記録の技術を3次元化に関する話題を中心に解説する。従来から，3次元化は大別して，①記録層の媒体の厚さ方向への積層による方法，②ボリュームホログラフィーの方法が考えられてきた。前者は基本的にレーザーの集光位置制御により記録再生層の選択が行われる。後者は従来とは異なり本質的にはbit by bit記録方式ではない。

これに対し本稿では従来のbit by bit記録法でありながら，スポットの集光位置制御による記録層の選択の必要のない新しい3次元化の方法であるMAMMOSの3次元化について述べる。

2　光磁気記録とその特長

光磁気記録には記録層間の磁気的結合を巧みに利用した高密度化法がある。層間の磁気的結合には，「静磁気結合」と「交換結合」がある。前者は，磁気モーメント同士の磁界による結合である。後者の交換結合は，二つの原子磁気モーメント間に働く量子力学的効果で，二つの磁気モーメントが平行になるように働く。これらの結合と膜の温度上昇による磁気特性の変化を巧みに利用してMSRやMAMMOSが実現した。このように光磁気記録では，層間の磁気的相互作用とその温度特性を利用できることが他の光記録，磁気記録には無い大きな特長である。これを利用した3次元化光磁気記録について述べる。

3　多層多値光磁気記録

光磁気記録では，例えばTbFeCoなどの希土類（RE：Rare Earth）と3d遷移金属（TM：Transition Metal）のフェリ磁性アモルファス合金膜が用いられる。これにレーザー光を照射し，RE-TM膜の磁化消失温度（キュリー温度：フェリ磁性体であるので正確にはネール温度）付近まで温度上昇し抗磁力が減少したときに，外部磁界を加えて記録する。外部磁界に対する記録状態は図1(a)（図では縦軸を再生出力の大きさで表した）のように外部磁界を正とすると記録され，負とすると記録されない。

これを日立マクセルの島崎，太田[4]らは従来

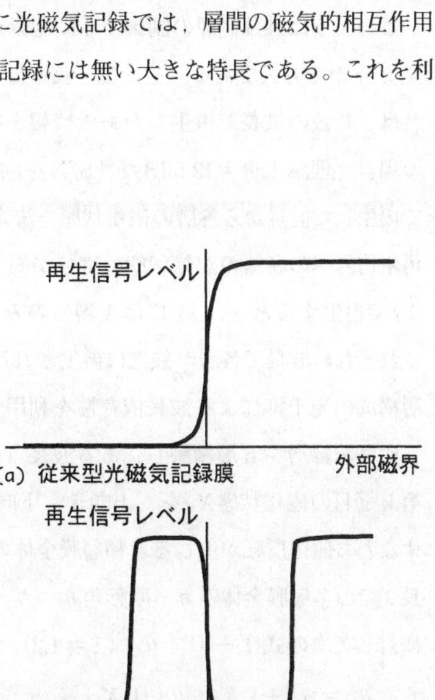

図1　従来型の光磁気記録膜(a)と複合膜(b)の外部磁界に対する記録特性

の記録膜に他の，例えばPtCoなどの磁性膜を積層し，層間の交換結合を利用し記録状態の外部磁界依存性を変えることに成功した。この膜は図1(b)のように，正の小さな磁界では記録されず，負の磁界でも記録される。①絶対値大の負の外部磁界で消去，②絶対値小の負の磁界で記録，③絶対値小の正の磁界で消去，④絶対値大の正の磁界で記録，というように記録状態を外部磁界で制御出来る。これを通常の膜と積層すると，正負の外部磁界の大きさの制御により4通りの記録状態間を任意に遷移する事が出来る。このように記録膜を2層にしても，中間の非磁性層を含んで全体の厚さは200～300nm程度でありレンズの焦点深度内に収まる。全ての記録層が同一の焦点深度内にあり，焦点位置を変化し各層をアクセスしなおす必要がないという大きな特長を持つ。外部磁界の制御のみで2層それぞれに同時に異なる状態を独立に記録できる画期的方法である。これにより多層記録の欠点が解決されるだけでなく，2層同時に記録･再生するので，焦点面を可変する方式に比べ，データ転送速度も2倍になるという大きな利点がある。

4　波長多重再生方式

このように外部磁界の制御で4値記録が可能であるが，多値記録は本質的に信号対雑音比(S/N)が下がる方式である。そこで，我々はこの欠点を克服する波長多重再生方式を提案した[5)]。これは，複数の波長で再生したある情報を線形結合し再生S/Nを向上する方式で，2層4値記録の場合，理論上最大12.5dBだけS/Nを向上できる。同一焦点深度内にある各磁性層を複数波長で再生した信号から各層の磁化状態を決定する。これを実現するためには，異なる波長における再生信号への各層の記録状態の寄与が異ならなければならない。例えば2つの記録層を波長λ_1，λ_2で再生するとき，λ_1には1層目のみ，λ_2には2層目のみの信号が含まれるようにすれば，それぞれの波長で各層が独立に再生される。それを実現するため，各磁性層の磁気光学効果と多層構成の光干渉による波長依存性を利用する。

磁気記録層をn層積層し，ある波長λ_jでの積層膜全体の干渉効果による反射率をR_jとする。第k層目の磁化状態X_kを，上向き，下向きに対し$X_k=+1$，$X_k=-1$とする。X_kの符号が反転すなわち磁化反転が生じると積層膜全体の干渉効果で決定される反射光の偏光状態が変わる。波長λ_jでの多層膜全体のカー回転角θ_j，カー楕円率η_{ij}を求め，磁性層が2層の場合，任意のX_1, X_2に対して次の式(1)～(4)でθ_{ij}（i＝1,2）を定義する。

$$\theta_{1j}=\frac{\theta_j(+1,X_2)-\theta_j(-1,X_2)}{2} \tag{1}$$

$$\theta_{2j}=\frac{\theta_j(X_1,+1)-\theta_j(X_1,-1)}{2} \tag{2}$$

$$\eta_{1j}=\frac{\eta_j(+1,X_2)-\eta_j(-1,X_2)}{2} \tag{3}$$

$$\eta_{2j}=\frac{\eta_j(X_1,+1)-\eta_j(X_1,-1)}{2} \tag{4}$$

これらの定義から，$\theta_j(X_1,X_2)$，$\eta_j(X_1,X_2)$ は次の式(5)，(6)のように表される。

$$\theta_j(X_1,X_2)=\theta_{1j}\cdot X_1+\theta_{2j}\cdot X_2 \tag{5}$$

$$\eta_j(X_1,X_2)=\eta_{1j}\cdot X_1+\eta_{2j}\cdot X_2 \tag{6}$$

波長λ_jでの再生信号D_jは，その波長での媒体全体としての反射率R_jおよびその波長での磁気光学効果θ_j，η_jに比例する。磁気光学回転角θ_jに関する信号は，

$$D_j=R_j\cdot\theta_j\ (X_1,X_2) \tag{7}$$

と表せる。これに式(5)を代入して，

$$D_j=R_j\cdot\theta_{1j}\cdot X_1+R_j\cdot\theta_{2j}\cdot X_2 \tag{8}$$

となる。このように2記録層の場合は，再生信号D_jは2つの磁性層の磁化状態X_1，X_2の線形結合で表される。ここで，次の式(9)のようにS_{ij}を定義する。

$$S_{ij}=R_j\cdot\theta_{ij} \tag{9}$$

これにより2記録層を2つの波長で再生したときの信号D_1，D_2は，

$$\begin{pmatrix}D_1\\D_2\end{pmatrix}=\begin{pmatrix}S_{11}S_{21}\\S_{12}S_{22}\end{pmatrix}\begin{pmatrix}X_1\\X_2\end{pmatrix} \tag{10}$$

と表される。各S_{ij}は膜構成と各層の光学，磁気光学定数で決まりあらかじめ求めることができるから，各層の磁化状態すなわち記録情報は，次のようにして求められる。

$$\begin{pmatrix}X_1\\X_2\end{pmatrix}=\begin{pmatrix}S_{11}S_{21}\\S_{12}S_{22}\end{pmatrix}^{-1}\begin{pmatrix}D_1\\D_2\end{pmatrix} \tag{11}$$

ここでは2層の場合を述べたが，一般にn個の記録層が同一焦点深度内にあり，再生信号に全ての記録層の磁気光学効果が含まれている場合でも，n種類の波長で再生し，S行列の逆行列により磁化状態Xを決定できる。S行列は媒体構成から事前に決まる。Xを決定する演算は線形演算で，n種類の再生信号Dを係数回路と加減算回路だけであり簡単である。以上の関係は，楕円率ηについても成立する。

5　2記録層の2波長多重再生と1波長再生

488nm（Arレーザー）と442nm（HeCdレーザー）およびNA＝0.7の色収差補正レンズを用いた青色領域2波長再生装置により2層4値記録2波長再生の実験を行った。この媒体の各波長

での性能は一般の光磁気記録媒体での要求事項$R\theta$積0.03以上を満足している。これによりマーク長300nmでの21Gb/in^{2}の密度相当の記録再生に成功した[6,7]。

短波長領域かつ高NAの下で複数の記録層を波長多重再生により独立に再生出来ることを実証した。しかしながら複数の光源を使用しなければならないことは，光学系を複雑にする。そこで，我々は単一の波長のみで２層の記録を独立に分離して再生する新しい方法を提案した[8]。磁気光学効果には，磁気光学回転角θと楕円率ηの二つのパラメータがありこれを独立に測定可能である。これを利用すれば単一波長のみで２つの記録層の情報を再生することが出来る。波長515nmのArレーザーによる磁気光学回転角θと楕円率η検出光学系によりこれを実証した[9]。

6　3記録層の２波長再生

上記の１波長２層再生を利用し３層の場合でも２波長再生が可能である。一般に途中の記録層における光吸収により光源側から遠い場所にある層からの信号は小さくなる。そこで，光源に近い二つの層を一方の波長のθとηでそれぞれ再生し，遠い１層はもう一つの波長のθとηの両方の成分を用いて信号の減衰を補う方法を検討した[10]。干渉計算による媒体最適化を行い各層からの信号の積が最も大きくなるように探索し，各層の$R\theta$積（あるいはRh, $R\sqrt{\theta^2+\eta^2}$）がそれぞれ0.03以上を満足する構造を得ることができた。

7　MAMMOSの多層化の検討

今まで述べてきた光磁気記録の特長を生かし，超高密度記録への挑戦が行われている。経済産業省・NEDOの産業技術応用開発プロジェクトの「ナノメータ制御光ディスクシステムの研究開発」の中の「磁区応答３次元光メモリ技術」での筆者をリーダーとし三洋電機，シャープ，日立マクセル，富士通の共同研究である。

MAMMOSでは，記録層上に非磁性層を介して拡大再生層を設け，再生層に転写後レーザービーム径一杯まで磁区を拡大し，大きな振幅の信号を得る。その後，次の情報が到達する前に磁区を外部磁界を反転して消去する。

MAMMOSでは赤色レーザーとNA0.6程度の従来の光学系によってトラック幅400nm最小ビット長20nmの高密度記録が可能であることが示されているが，青色レーザー（413nm）と高NA（0.9）の極微小スポット（径約400nm）の下では，媒体の温度勾配が大きくなる。それに伴う磁区の収縮力（磁区周囲の遷移領域（磁壁）の長さを短くすることで全磁壁エネルギーを減少する方向に働く力）も従来の約３倍と見積もられること，また，基板による収差変動を避けるこ

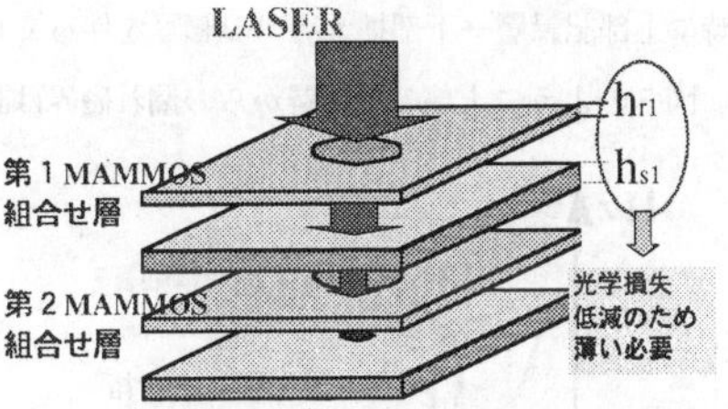

図２　２記録層の磁区拡大を実現する単純な方法
従来のMAMMOS用記録層と拡大層を２組積層する。

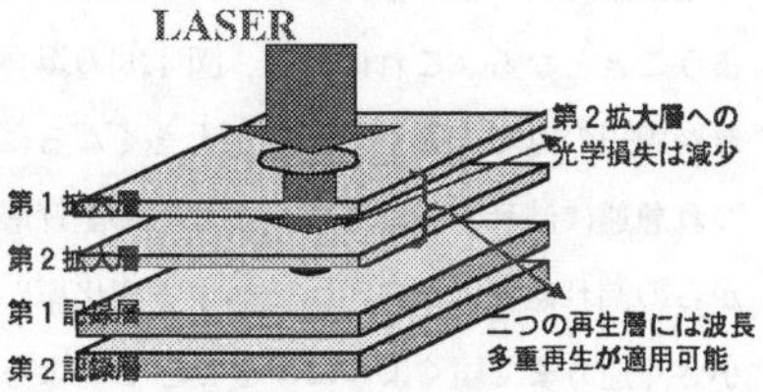

図３　２記録層の磁区拡大を実現する単純な方法
従来のMAMMOS用記録層と拡大層を２組積層する。

との出来る媒体側光入射方式のディスクでは，熱伝導の様子が大幅に異なることから磁区拡大現象が生じるか否かが心配された。これを媒体の磁気特性および熱特性を変化することで克服した。この極微小スポットの下で磁区拡大現象を世界に先駆けて実現し，100nmの直径の記録再生に成功した。これは64Gbit/in^{2}に相当し光記録で世界一の密度である[11)]。

このMAMMOSの短波長，高NAでの成功と，波長多重再生での多層化媒体構成の経験を生かして，MAMMOSの２層化に挑戦した。先ず，図２のように従来のMAMMOS構成（記録層＋拡大層）を単純に２層化する方法を考えた。これは下の拡大層を再生するとき，上の拡大層，記録層を通過せねばならないので光損失が大きい。そこで次の方法として図３のように再生層を光入射方向に片寄せる。

これは，それぞれの記録層の記録磁区からのもれ磁界により再生層に転写する際の，記録層と再生層の対応関係のモードは，図４のように二通り考えられる。図４(a)のモードは一見合理的なように思えるが転写距離（記録層と転写拡大層間の間隔）がほとんど同じとなるから，下部記録層→下の拡大層への転写条件と上部記録層→上部拡大層への転写条件が近いものになる。このと

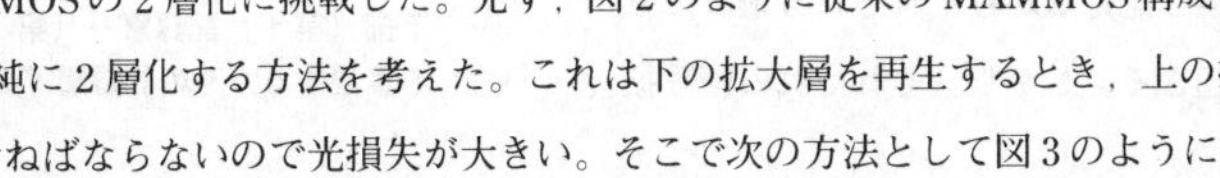

図４　MAMMOSの２層化（Double MAMMOS）における転写様式
(a)：下部記録層→下の拡大層，上部記録層→上部拡大層
(b)：上部記録層→下の拡大層，下部記録層→上部拡大層

き上部記録層→上部拡大層への転写条件は，同時に上部記録層→下部拡大層への転写を伴ってしまうこととなる。これに対し，図4(b)の場合は，図5のように上部の記録層からの漏れ磁界は記録層周辺のみで大きく，距離が大きくなるにつれ急速に減衰するように，また下部記録層からの漏れ磁界はその距離に対する変化率が小さく遠方まで届くようにすることで(a)よりは設計が容易にできる。この条件を満足するには，上部記録層の膜厚を小さく，下部記録層の膜厚を大きくすればよい。

この設計思想の下，磁界変調記録による三日月状磁区の場合についてのシミュレーションを行った。図6に示すように上部記録層からある距離のところでそれぞれの層からの漏れ磁界の大きさが逆転することから，その点の上下に二つの転写拡大層を設置すれば，第1および第2記録層からそれぞれ分離して転写拡大が起きる。しかし，それぞれの転写拡

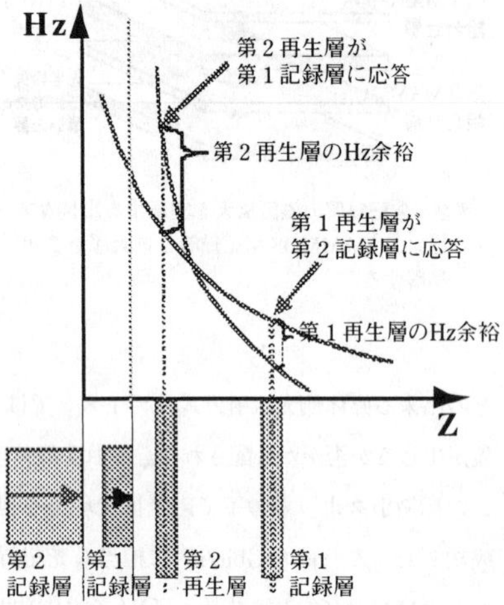

図5　上部（第1）記録層→下部（第2）再生層，下部（第1）記録層→（第1）再生層方式を実現するための記録層厚さと配置

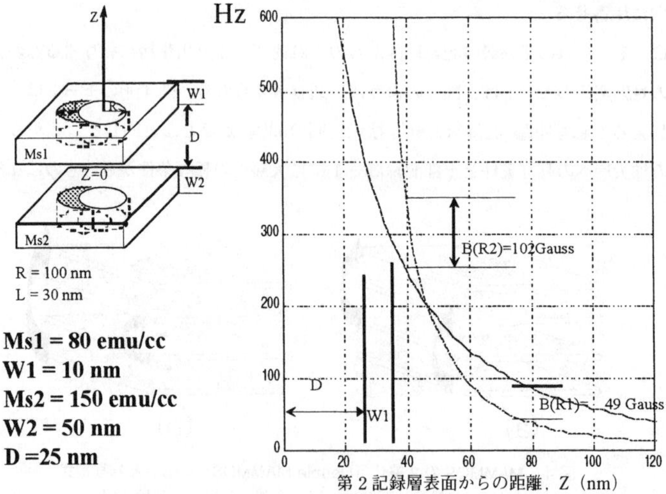

図6　三日月状磁区の場合の各再生層に与える磁界分布

大層における第1，第2記録層からの漏れ磁界の差は大きくはなく，分離転写拡大再生マージンが狭いことが，記録層の膜厚，間隔，飽和磁化，記録磁区の大きさを種々変化した多くのシミュレーションから予測された。

8　再生パワー変化による MAMMOS の多層化

そこで拡大層を1層とし記録層からのもれ磁界をフェリ磁性体の温度特性を利用し再生光パワーで制御する新しい方法を提案した[12]。光磁気記録に用いられるフェリ磁性体は複数の副格子の磁化が反平行に結合しそれぞれの温度特性が異なる。したがってある温度（補償温度）で見かけの磁化が0となるようにできる。これを用いて次のようにする。

図7に示すように，温度 T_1 は下の第2記録層の媒体の補償温度でこの層からのもれ磁界は無く上の第1記録層からのもれ磁界で拡大再生が生じる。温度 T_2 では，逆に第1記録層からのもれ磁界は無く，第2記録層からのもれ磁界で拡大再生が生じる。すなわち低再生パワーで第1記

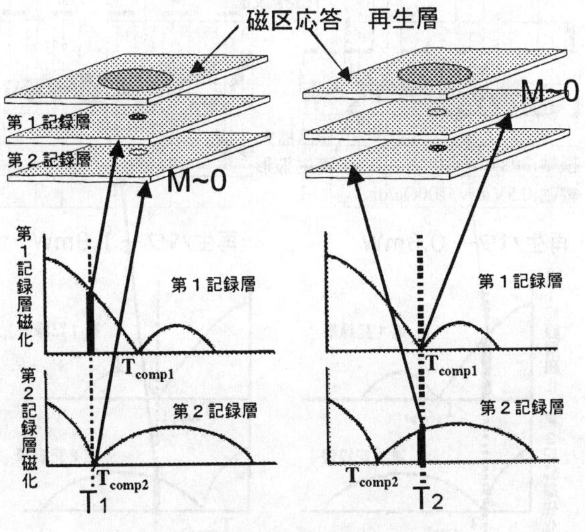

図7　2層磁区拡大再生法の原理
フェリ磁性体の磁化の温度特性を利用し再生光パワーの制御により二つの記録層からの信号を分離して転写拡大再生する。
T_1：低温（低再生パワー）は第2記録層の補償温度 T_{comp2}
（第2記録層の磁化＝0）で第1記録層を転写拡大再生する。
T_2：高温（高再生パワー）は第1記録層の補償温度 T_{comp1}
（第1記録層の磁化＝0）で第2記録層を転写拡大再生する。

録層を高パワーで第２記録層を再生する。

これにより磁区応答する漏れ磁界を制御するため，２つの記録層（第１，第２記録層）それぞれの補償温度を実験的に調整する必要がある。そこでダミー層を用いて磁区応答に適した再生パワーを実験的に調べた。第１記録層の漏れ磁界で磁区応答するパワーを知るために，第２記録層に代わり熱伝導特性等は同じになる非磁性ダミー層を用い，磁区応答現象が生じるパワーを測定した。第２記録層についても，第１記録層をダミー層にして同様の実験をした。これらから図８に示すように第１記録層の補償温度を140℃，第２記録層の補償温度を45℃とした媒体を用いて磁区応答３次元記録を評価した。波長413nm，NA0.7の光学系で，図中に示すように１層当たり50Gb/in^{2}相当の２層MAMMOS方式の実証に成功した。このように，磁区拡大再生方式の２層化に成功し50Gbit/in^{2}x2＝100Gbit/in^{2}の実証に成功した。100Gbit/in^{2}は，５円玉の大きさに約５GBの記録が可能となり現在のDVDと同じ映画が記録再生出来る。このような夢のディスクの実現も近い。

図８　２記録層１再生層の３次元化MAMMOSの実験結果

謝　辞

本稿の一部は，「磁区応答3次元光メモリ技術」研究グループの協力によるところ大であり，サブリーダの太田憲雄（日立マクセル），内山隆（富士通）をはじめ粟野博之，今井奨（日立マクセル），内原可治，中田正治（三洋電機），高橋明，三枝理伸，池谷直泰（シャープ），手塚耕一（富士通）および塚本新（日本大学）の皆様に深く感謝する。本稿の一部は，通経済産業省の資金を基に，㈶光産業技術振興協会が受託したNEDOの平成10年度新規プロジェクト「ナノメータ制御光ディスクシステムの研究開発」に関するものである。

文　献

1) A. Fukumoto, S. Yoshimura, T. Udagawa, K. Aratani, M. Ohta and M. Kaneko, *Proc. Data Storage Topical Mtg.*, TuB4 (Colorado Springs, 1991)
2) 粟野博之，白井寛，太田憲雄，山口淳，鷲見聡，虎沢研示，第20回日本応用磁気学会学術講演会概要集，22pE-4, 313 (1996)
3) 中川活二，伊藤彰義，第19回日本応用磁気学会学術講演会概要集，25aE-6 (1995)
4) K. Shimazaki, M. Yoshihiro, O. Ishizaki, S. Ohnuki and N. Ohta, *J. Magn. Soc. Jpn.*, **19**, Suppl. S1, 429, 429 (1995)
5) 中川活二，伊藤彰義，電気学会マグネティクス研究会，Mag-95-200 (1995)
6) 田中護，鈴木昌吾，横田修一，中川活二，伊藤彰義，第25回日本応用磁気学会学術講演概要集，27pF-6, 362 (2001)
7) NEDOフォーラム2001（第21回事業報告会），p 217, 平成13年9月。次のURLよりダウンロード可能
http://www. nedo. go. jp/introducing/forum/2001. pdf
8) A. Itoh, K. Nakagawa, K. Shimazaki, M. Yoshihiro, and N. Ohta, *J. Magn. Soc. Jpn.*, **23**, S1 (1999)
9) A. Itoh, K. Nakagawa, K. Shimazaki, M. Yoshihiro , and N. Ohta, *J. Magn. Soc. Jpn.*, **23**, Suppl. S-1, 221-224 (1999)
10) 中川活二，伊藤彰義，荒滝新菜，第23回日本応用磁気学会学術講演会概要集，5pD-7, 87 (1999)
11) 伊藤彰義，太田憲雄，内山隆，高橋明，三枝理伸，池谷直泰，内原可治，中田正宏，手塚耕一，粟野博之，今井奨，中川活二，第24回日本応用磁気学会学術講演会概要集，14aC-4, 332 (2000)
12) 中川活二，田中護，横田修一，伊藤彰義，第26回日本応用磁気学会学術講演会概要集，17pF-11, 126 (2002)

第7章　ホログラム光記録と材料

井上光輝*

1　はじめに

インターネットの本格的な普及によって，テラバイト級の大規模情報を高速に記録再生できるストレージ装置の実現が熱望されている。この候補技術として，ホログラムを用いた高密度記録技術がある。ホログラム記録は過去何度もチャレンジされてきた技術であるが，レーザや空間光変調器，あるいはCMOSイメージセンサなどの光学機器の発展に伴い，にわかに再認識されるようになってきた。特に，1994年頃から開始された米国の２つのプロジェクト(PRISMとHDSS)では，デジタルデータをホログラムとして体積的に記録するデジタル体積記録方式について，記録材料や記録システムの広い範囲で重要な成果が得られている。最近では，これらの成果を基礎として，光ディスクストレージ装置への応用も国内外で検討されるようになってきた。図１は，いくつかの記録方式について面記録密度とデータ転送レートのマイルストーンの一例である[1)]。光体積記録方式で，1TBの記録容量と１Gbpsの転送レートを同時に具備する光ディスク装置の出現が予測されており，技術的には興味深い。

本稿では，デジタル体積ホログラフィとその光ディスク記録再生装置への応用に関して，過去からの経緯と最近提案された偏光コリニアホログラフィ法[2, 32)]までを概説する。なお，ホログ

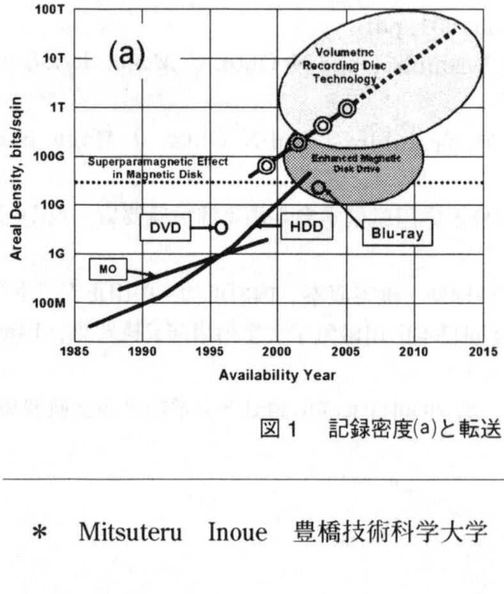

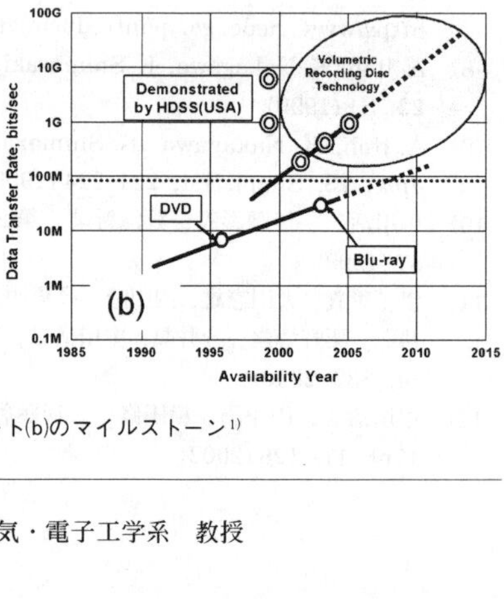

図１　記録密度(a)と転送レート(b)のマイルストーン[1)]

＊　Mitsuteru　Inoue　豊橋技術科学大学　電気・電子工学系　教授

ラフィについては優れた書籍[3)]が多く出版されているので，詳細はそちらを参照していただくこととして，ここではストレージへの応用を意図してなされている研究に焦点を絞って紹介する。

2　ホログラムストレージ

2.1　ホログラフィ

ホログラフィは，2つの光ビームにより形成される位相干渉パターンを記録し，その後一方の光ビームを記録パターンに照射して他方の光ビームを再生する物理的原理に基づくことはよく知られている。ホログラフィの原点は古く，1891年にLippmann[4)]が光ビームを干渉させることでカラー写真形成を試みたことに端を発する(干渉へリオグラフィ：この手法は，1960年代になってIBMによりデータストレージへの応用が検討されている[5)]。

1948年にGabor[6)]は，回折した波とコヒーレントなバックグランド波とを位相干渉させることで回折波面の位相情報を記録できることを示した。この手法がホログラフィであり，X線回折像の著しい拡大に有効であると期待されたが，コヒーレントなX線源が問題で，むしろその検証は可視光を用いて行われている。その後レーザの発明によって，ホログラフィはイメージ情報の記録・再生に一般的な手法となり，1963年にHeerdenによってホログラフィ法によるデータストレージの概念が構築されている[7)]。Heerdenは光ビームの角度や波長を変えることでホログラムの多重記録にも言及しているが，実際に角度多重が情報ストレージに応用されたのは1973年になってのことである[8)]。

2.2　デジタル・ホログラフィの原理

3次元物体から散乱された光を記録し，その記録情報を可視化して再生する一般的なホログラフィに対し，デジタル・ホログラフィは空間光変調器（Spatial Light Modulator：SLM）からの情報光を利用する。SLMは図2に一例を示すように，“1”，“0”のバイナリデータを2次元ビット列として表示するデバイスであり，典型的なものは1ビットセル（ピクセル）あたり10μmから15μmサイズをもち，1ページあたり1,024×1,024ビット程度のデータを表示する。このSLMを用いて，ホログラムの記録は一般に図3に示す方法で行われる。同図は，ある画像データを記録する場合であるが，画像データから得られるバイナリビット列にエラー訂正用のコードを付加したデジタルデータを2次元配置し，SLMに表示する。SLMによって変調した光を信号光とし(一般には，SLMと記録材料との間にレンズを挿入して，SLMのパターンをフーリエ変換して記録する)，参照光との位相干渉パターンを記録する。この記録方式における情報の面密度は光学系に依存するが，例えば記録材料表面における光スポット径500μm内にSLMの1ページデー

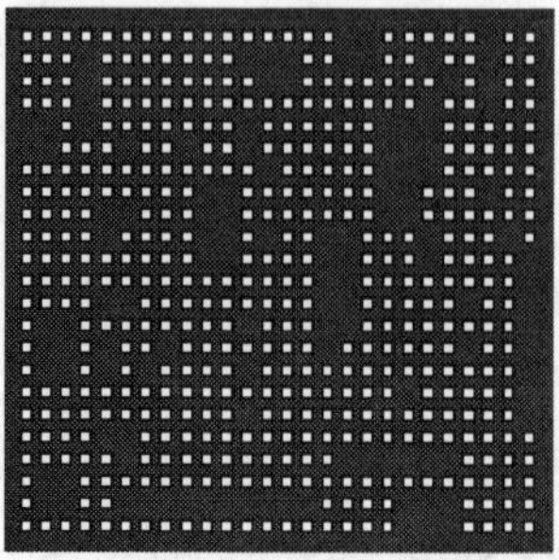

図２　空間光変調器上に表示されるページバイナリデータの例

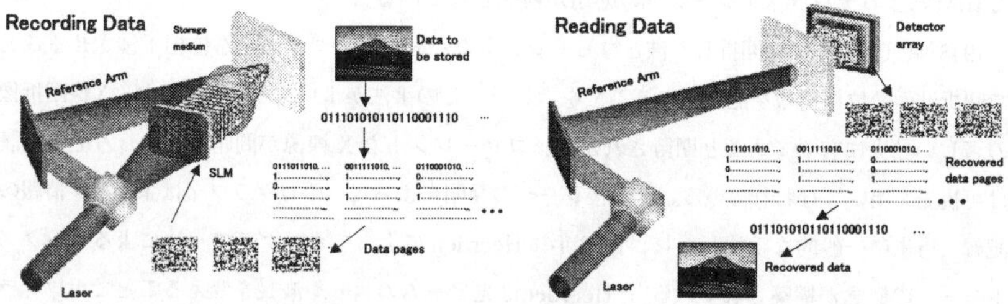

図３　デジタル体積ホログラフィによる記録（左）と再生（右）の過程[35)]

タが記録されると，概ね 5 bits/μm^2 程度の記録密度となる。これは１ホログラムあたりの記録密度であるが，通常，参照光の入射角度や波長を変えて，同一場所に多数のホログラムを重ねて記録する。これは多重化とよばれ，記録材料の特性や厚さに依存するが，数百から数千に達するホログラムを多重化する。

ホログラフィックに記録した情報の特定のページの再生は，図３に示すように，記録した媒体（ホログラム）にそのページを記録する際に使用した参照光を照射する。角度多重の場合は，対応する参照光の方向が選択される。この照射された光は，記録されたすべてのホログラムと相互作用するが，これらホログラムは角度多重された各々の光に整合した構造をもつので，特定の参照光（方向）のみがその対応する構造から回折される。この回折された光の波面は，当該ページを記録した際のSLMから来た光波面に等価で，CCDなどの２次元光検出器で受光して電子的な信号に変換する。各々のページは対応する参照光によって独立に再生可能である。記録の際にレンズを使用した場合には，当該レンズに等価なレンズを記録媒体と受光器との間に挿入し，逆フーリエ変換により適切なページデータを得る。

2.3　記憶容量とデータ転送レート

一般に，ホログラムストレージは，記録材料の同一体積に多くのホログラムを多重化することに特徴がある。線形応答する記録材料では，個々のホログラムに対するダイナミック·レンジは，材料全体のダイナミック・レンジをホログラムの数Nで割った値に概ね等しい。個々のホログラムの回折効率は屈折率変調の二乗に比例するので，読出し信号強度は$1/N^2$で低下する。したがって，記録装置の容量を増加させることは，読出し信号強度の低下，ひいては信号対ノイズ比(SNR) の低下に帰着し，生のビットエラーレート（BER）が大きくなる。SNRを向上させるためには，データ転送レートを犠牲にして，検出積算回数を増やす方法もあるが，いずれにしても容量とデータ転送レートはトレードオフの関係にある。

この容量と転送レートのトレードオフ関係は，ページ読出しの際に検出器に入射するフォトンの数を計算することで概算できる。即ち，一定のSNRの下で，読出し可能な多重化されたページの最大数は，次式で見積もることができる[9]。

$$\text{ページ数} = \sqrt{\frac{M^{\#2} \cdot \theta \cdot QE \cdot P \cdot \eta_{opt} \cdot \eta_{fix} \cdot t^2_{read}}{M \cdot N \cdot P_{min}}} \tag{1}$$

ここに$M^\#$（Mナンバーと呼ばれるダイナミックレンジの指標）は，システムと記録材料に依存する変数，θは1ワットあたりのフォトン数，QEは検出器アレーの量子効率，Pは読出し光強度，η_{opt}は読出し系の光学的な効率，η_{fix}は固着効率（$LiNbO_3$などのフォトリフラクティブ材料に回折パターンを固着させる場合の効率），t_{read}は読出し速度，MとNはそれぞれデータページの行と列の数，p_{min}は20dB SNRを得るために必要な光電子数である。

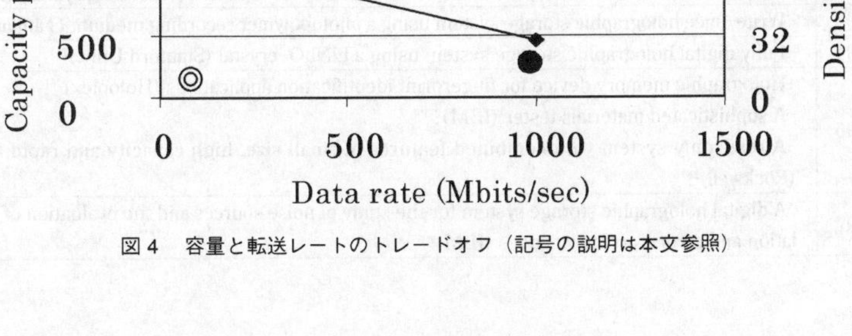

図4　容量と転送レートのトレードオフ（記号の説明は本文参照）

図4は，後述するいくつかのホログラム光記録プラットフォームにおける容量と転送レートのトレードオフ関係を図示したものである。同図で◎（2 Gbits/in^2，40Mbits/sec）は8×MOドライブ，●はStanford/Siros Gbits/secデモ装置，○はHDSSプラットフォームのものである。(1)式にしたがって記録材料やシステムパラメータをチューニングすることで図4の曲線を変えることができる。特に，記録容量増大のためには記録材料改良による$M^{\#}$の増加が有効である。

3　デジタル・ホログラフィ記録装置

3.1　ホログラム記録装置の実際

表1は，1960～1990年代にかけて開発されたデジタル・ホログラム記録装置を年代順に並べたものである[10)]。記録装置の開発は，これまで多くの試みがなされてきたが，現時点で実用には至っていない。これは，1960～1970年代ではSLMや光検出器アレー，あるいはレーザ光源や記録材料など，デジタル・ホログラム記録を実現する要素技術が未熟であったためと考えられてい

表1　Representative digital hologram storage systems developed within the period from 1968 to 1997.

Year	Holographic storage systems
1968	–The first holographic digital storage (Bell Labs)[11)]
1970	–Read only digital holographic storage system (HOSP: Holographic Optical Storage Prototype) (IBM)[12)]
1973	–Development and implementation of an experimental 10^6 bit read–write holographic memory with no moving parts (RCA)[13)] –Read only holographic memory system for use as a graphical input device[14)]
1974	–7 MB holographic store (3M)[15)] –The first demonstration of angular multiplexing (Thompson CSF)[16)], and read–write memory[17)] –Hologram read–write system with recording rate of 4×10^6 holograms/s and reading rate of 50 Mbits/s (Harris–Intertype)[18)] –Holoscan system: an actual product of read–only memory (Optical Data Systems)[19)]
1976	–Development of a holographic videodisk that would contain 30 minutes of color video on a 300–mm–diameter disk (Hitachi)[20)]
1978	–Rewritable holographic storage system based on iro–doped lithium niobate (Soviet Union)[21)]
1980	–Holographic disk containing tracks of one–dimensional Fourier transform holograms (NEC)[22)]
1989	–Analog storage of 16,000 Kanji characters as holograms in a character generating system (MEI)[23)]
1992	–Write–once holographic storage system using a photopolymer recording medium (Tamarack)[24)]
1994	–Fully digital holographic storage system using a $LiNbO_3$ crystal (Stanford Univ.)[25)]
1996	–Holographic memory device for fingerprint identification applications (Holoplex)[26)] –A sophisticated materials tester (IBM)[27)] –A read–only system with combined features of small size, high capacity and rapid access (Rockwell)[28)]
1997	–A digital holographic storage system for the study of noise sources and the evaluation of modulation and error–correction codes (IBM)[29)]

る。実際，Curtis ら[30] によれば，ホログラム体積記録が商業ベースの製品として成立していないのは，以下の５つの理由があるとされている。

① 材料：ホログラム体積記録のための材料がないこと。フォトリフラクティブ媒体は感度とダイナミック・レンジの観点から不十分。

② 記録方法：幾何学的な制限は薄い媒体の最大密度に限界をもたらす。また，種々提案されている多重化技術は複雑なシステムを要求し，導入が困難である。

③ レーザ：この時点で用いられたレーザ光源は高価で複雑，かつ信頼性に乏しいこと。

④ 検出器：読出しに必要な高速フレームレート大面積光検出器の性能が悪く，かつ高価であること。

⑤ SLM：記録に用いられる空間光変調器の性能が不十分であること。

ホログラムストレージ装置の開発で，1994 年頃から米国 DARPA（The Defense Advanced Research Project Agency）による２つのプロジェクト PRISM（Photo–Refractive Information Storage Materials：1994–1998）と HDSS（Holographic Data Storage Systems：1995–1999）が推進された。PRISMは，主に体積記録媒体の開発を中心に行ったプロジェクト，HDSSは主に体積記録システムの開発を行ったものである。これらのプロジェクトにより，過去何度も断念されてきたホログラム記録の夢が再燃したといえる。これらのプロジェクト成果は，TamarackやLucent Technologies（現 Inphase Technologies）などが開発したいくつかのデモンストレーション・プラットフォームと共に，文献[10]に総括的に述べられている。次項では，代表的なプラットフォームとして，スタンフォード大学／Siros Technologies が開発したものを紹介する。

3.2　スタンフォード・プラットフォーム

図５は，スタンフォード大学／Siros Technologiesによってデモンストレーションされたシステムを年次ごとにまとめたものである。これらのシステムは，PRISM や HDSS プロジェクトにおいて，記録技術にかかる物理の解明や，特定の性能を達成するためのシステム・トレードオフ解明を主な目的として構築されたものである。

図６は1994年に報告されたSU–all digital systemのブロック図である。このシステムは，デジタルイメージと短いサウンドトラックを記録した最初の完全デジタル・ホログラム記録システムである。記録媒体には c 軸が結晶表面に対して45°傾くように切出したFe ドープの$LiNbO_3$単結晶（２cm×１cm×１cm）を用い，全体積の$0.1\,cm^3$部分を利用している。SLMには，480×440液晶SLM，回折光検出にはCCDアレーが用いられている。このシステムのビデオ再生レートにおける生のBERは10^{-3}から10^{-4}で，ハミングエラーコード[31] を用いたエラー訂正コード導入で，BERは10^{-6}に向上している。システムの全容量は245 kB（１ページ 1,592 ビットで 1,232 ページ）

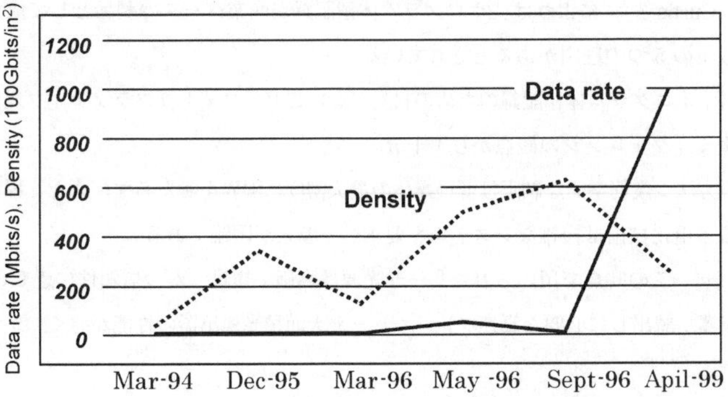

図5　年代別に見たスタンフォード／サイロス のデモンストレーションプラットフォームの性能

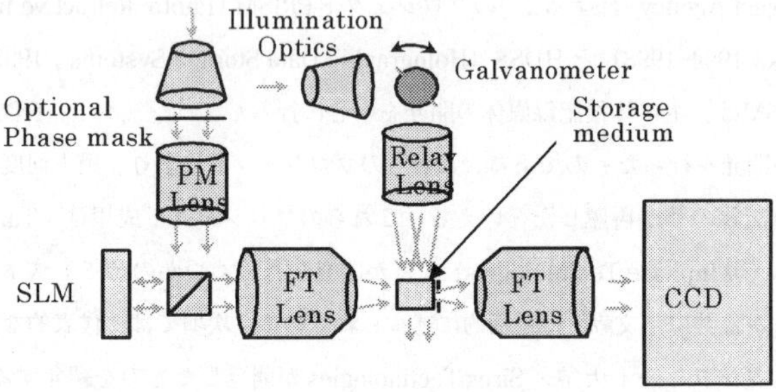

図6　SU全デジタルホログラム記録装置のブロック図

で，エラー訂正のためのビットを差引いたユーザエリアは163kBである。また，このシステムの全ピクセル容量は2.6×10^8（密度は3×10^9 pixels/cm^3）で，転送レートは6.3×10^6 pixels/secondである。

1995年には，上記のSLMをTIのDMD（600×480 pixels）に換えた光学系で，$LiNbO_3$内に約5 MBのMPEG標準圧縮ビデオデータ記録再生が実証され，1996年にはソフトウエア制御をハードウエアに置き換えることで全容量5 MBのビデオデータが記録されビデオレートで再生されている。一方，1999年には，前述したHDSSコンソーシアムで開発された強誘電液晶SLMとピクセル・マッチドアレー検出器を利用して，5.25"ディスクに125 GBの容量と1 Gbpsの転送レートをもつシステム（生BER：8.7×10^{-5}）が報告されている。より高い記録レートを達成するために，薄いフォトポリマを記録層に用いた回転ディスクベースのシステムも報告されている。90°配置した$LiNbO_3$のような厚いメディアの場合は，記録容量は多重化よりもむしろメディアのダイナミックレンジやノイズで決定されるが，フォトポリマのような薄いメディアでは多重化できるホログラムの数は多重化の自由度により決定される。一般に透過配置における角度多重は十分な記録密度を実現できないので，シフト多重やペリストロフィック多重のような別の多重化法が要求される。図7は，後述するCROPフォトポリマを用いて構築したシステム光学系の一部である。この装置は，位相変調参照光を利用した新しい多重化法を導入することで，70bits/μm^2以上の密度をもち（全容量125GB），転送レート1Gbpsの性能を有することが報告されている。

3.3　コリニア・ホログラム光記録装置

上述したシステムのほとんどは，ホログラム回折光から目的の再生信号光のみを選択し，かつノイズの影響を低く抑えながら多重化度を高める観点から，信号光と参照光との間に適当な角度をつけて両者の空間的分離を行っている。しかしこの方法では，必然的に光学系の体積が大きくシステムの小型化が困難であると同時に，既存の光ディスク記録装置との整合性が悪いという欠点がある。図7に示したHDSSのシステムは，信号光と参照光とが見掛け上コリニア配置となっており，装置の小型化が容易であると同時に，光スポット径を小さくできることから高密度化に有利と言う特長をもつ。

最近，上述した米国のシステムとは別に，“偏光コリニアホログラフィ法”[32]という手法が提案されている。図8に光学系の概略を示すように，信号光と参照光がほとんど同一軸に配置さ

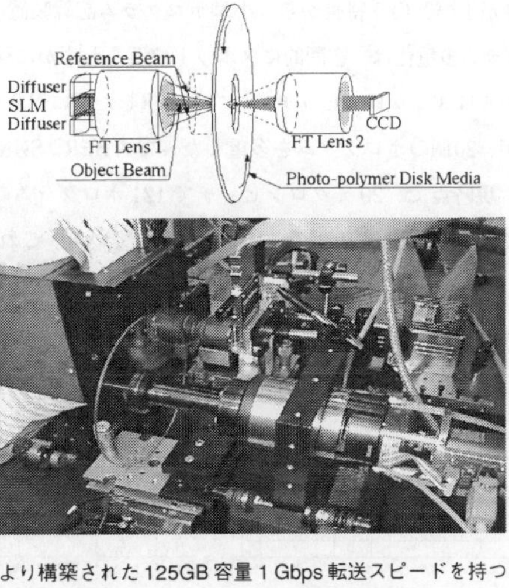

図7　HDSSにより構築された125GB容量1Gbps転送スピードを持つホログラム記録システムの光学系（上）とシステム写真の一部（下）

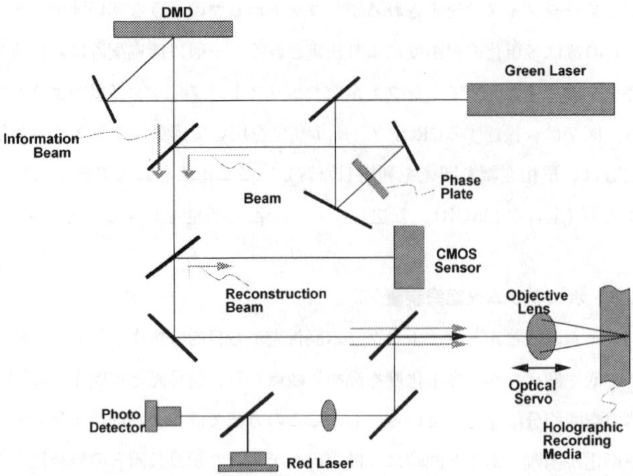

図 8　偏光コリニア法によるホログラム記録再生光学系の基本構成

れ，再生時の信号光と参照光の分離は光の偏光性を利用して行われる(参照光は中心部分を除いたドーナッツ状)。記録媒体下面には反射膜が形成されており，再生信号光は入射面側で処理される。この方式は，信号光と参照光が同一軸上にあり装置の小型化に有利である。また，光ディスク制御に従来のサーボ技術が導入できるので，耐振動性が高くCDやDVDなどの既存光ディスク装置との整合性がよいという特長から，小型ホログラム記録装置の実現が期待されている。

この方式のホログラム多重化は，空間的にスポット位置をわずかに移動させるシフト多重法が用いられている。図 9 は 3 ミクロンピッチでシフト多重した際に得られている再生像の BER と SNRの変化であるが，20個のホログラムを多重した後でもBER，SNRとも良好な値に保たれていることが分かる。現時点で，20 ミクロンピッチで 121 ホログラムの多重が報告されており，120mmϕディスクで200GBの記録容量達成が視野に入っている。これらの値は静止記録媒体を

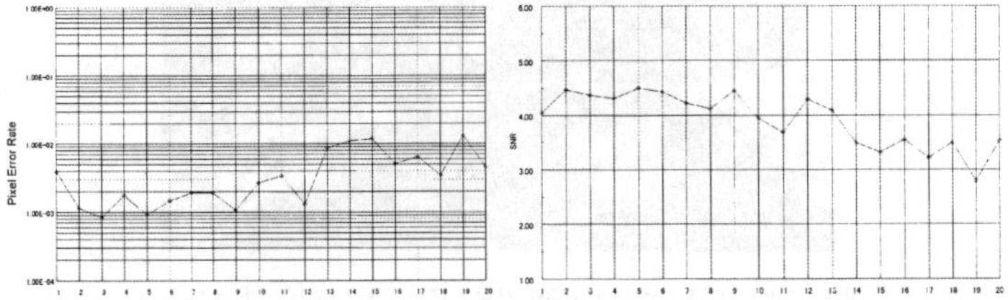

図 9　シフト多重（3μm ピッチ）ホログラムの生 BER と SNR の変化

用いて得られているものであるが，これらの成果と光ディスク技術とを融合させる試みがなされている。

4　ホログラム記録材料

現在，体積ホログラムを記録する材料には，湿式タイプと乾式タイプのものがある。銀塩に代表される湿式タイプは回折効率と感度の点で優れているが，現像時の環境制御の必要性から量産性が悪いことや記録データの保存性の不安のためあまり利用されておらず，もっぱら乾式タイプのものが用いられている。乾式タイプには，フォトポリマ(光重合系)や，アゾベンゼン系[36, 37]，ジアリールエテン系[42]などのフォトクロミック材料あるいは$LiNbO_3$や液晶[38]などのフォトリフラクティブ材料などがある。用途別では，フォトポリマが追記型（WORM）であるのに対し，その他の材料はWORMと書き換え可能なものがある。最近では，ホログラム光ディスクやカードなどへの応用上，安価で量産性が高く，かつ高性能の記録材料が求められるようになり，WORM媒体としてフォトポリマがよく利用されている。

フォトポリマは重合メカニズムの違いにより，ラジカル重合系[34, 39]，ラジカル／カチオン重合系[40]，ならびにカチオン重合系[33, 41]に大別できる。フォトポリマの最大の欠点は記録時の重合収縮であったが，最近では収縮を抑えた優れた記録材料[33, 34, 41]が米国で相次いで報告されている。一例として，Waldmanら[41]は，CROPと呼ばれるカチオン開環重合型のフォトポリマについて材料厚400 μmのものを開発し，記録密度150 bits/μm^2，ダイナミックレンジM/＃＝22を報告している。この記録密度は，ペレストロフィック多重とプレーナ角度多重を複合し同一場所にホログラム（262 kbit/page）を多重化して得たもので，このときの生のBERは5.5×10^{-3}としている。この材料は最大6.75 cm/mJに達する高い感度をもっている。

5　まとめ

デジタル・ホログラフィ記録は，これまで何度も検討されてきた技術ではあるが，最近にわかに開発が再燃している。これは，光学機器の発展が根底にあるものの，ホログラムを記録する媒体として安価な優れたフォトポリマが開発されてきたことも主因の1つで，これらの材料開発がホログラム記録の実用化のキーポイントであることは否めない。

記録再生手法にも多くのものが提案されているが，ホログラム記録の魅力はメディアの同一場所に多数のページデータが記録できる多重化にあり，いかに多数のホログラムを低いBERあるいはノイズの下で記録再生できるかが重要である。これは単に多重化法を追求するだけでは不十分で，記録材料の特性に見合った光学系の構築とシステム化が必要となる。

従来のホログラム記録再生光学系から見て，偏光コリニア法はユニークなものといえる。この手法は従来の光ディスク・ストレージとホログラムが融合した記録再生系ともいえ，従来のCDやDVD技術のインフラが利用できる利点をもつ。

なお，ホログラム記録のデータ転送レートについては，記録密度を犠牲にして数Gbps以上の実証データがすでに報告されているので，高速な記録再生が期待できるが，記録密度（容量）と転送レートはトレードオフの関係にあり，大容量性と高速転送レートをいかにバランスさせるかが重要といえる。両者が高い次元で両立できれば，ホログラム光ディスクストレージは当面WORM市場が開けると思われるが，将来的には書換え可能あるいは消去可能なホログラム光記録への期待も大きい。

文　　献

1) 田中富士夫，電気学会ナノスケール磁性構造体調査専門委員会資料，2002年10月
2) H. Horimai, Digest 5th Pacific Rim Conf. on Laser and Electro-Optics, vol. I W4H-(9)-1 (2003)
3) 例えば，"ホログラフィー"，辻内順平，物理学選書22，(裳華房，1997)
4) G. Lippmann, *J. de Phys.*, **3**, 97 (1984)
5) H. Fleisher, P. Pengelly, J. Reynolds, R. Schools and G. Sincerbox, "An optically accessed memory using the Lippmann process for information storage", in Optical and Electro-optical Information Processing, J. Tippett *et al.* Eds., MIT Press (1965) 1-30
6) D. Gabor, *Nature*, **161**, 777 (1948)
7) P. J. van Heerden, *Appl. Opt.*, **2** (4), 393 (1963)
8) L. d'Auria, J. P. Huignard and E. Spitz, *IEEE Tran. Magn.*, **MAG-9** (2), 83 (1973)
9) L. Hesselink, paper presented at OSA Annual Meeting, Rochester, NY, Octorber (1996)
10) "Holographic Data Storage", H. J. Coufal, D. Psaltis, G. T. Sincerbox eds., Springer Series in Optical Sciences, 10 (2000)
11) L. K. Anderson, *Bell Laboratories Record*, **45**, 319 (1968)
12) J. Lipp and J. Reynolds, "A high capacity holographic storage system", in Applications of Holography, E. S. Barrakette *et al.* eds., New York, Plenum Press (1970) 377
13) W. C. Stewart, R. S. Mezrich, L. S. Cosentino, E. M. Nagle, F. S. Wendt and R. D. Lohman, *RCA Rev.*, **34**, 3 (1973)
14) N. Nishida, M. Sakaguchi and F. Saito, *Appl. Opt.*, **12** (7), 1663 (1973)

15) W. H. Strehlow, R. L. Dennison and J. R. Packard, *J. Opt. Soc. Am.*, **64**, 543 (1974)
16) L. d'Auria, J. P. Huignard and E. Spitz, *IEEE Trans. Magn.*, **MAG-9** (2), 83 (1973)
17) L. d'Auria, J. P. Huignard, V. C. Slezak and E. Spitz, *Appl. Opt.*, **13** (4), 808 (1974)
18) A. Bardos, *Appl. Opt.*, **13** (4), 832 (1974)
19) K. K. Sutherlin, J. P. Lauer and R. W. Olenick, *Appl. Opt.*, **13** (6), 1345 (1974)
20) Y. Tsunoda, K. Tatsuno, K. Kataoka and Y. Takeda, *Appl. Opt.*, **15** (6), 1398 (1976)
21) A. Mikaeliane, "Optical Information Recording", vol. 2, E. S. Barrekette *et al.*, eds., New York, Plenum Press (1978) 217
22) K. Kubota, Y. Ono, M. Kondo, S. Sugama, N. Nishida and M. Sakaguchi, *Appl. Opt.*, **19** (6), 944 (1980)
23) I. Sato, M. Kato, K. Fujito and F. Tateishi, *Appl. Opt.*, **28** (13), 2634 (1989)
24) S. Redfield, "Holographic Data Storage", H. J. Coufal, D. Psaltis, and G. T. Sincerbox, eds., (2000) 343
25) J. Heanue, M. Bashaw and L. Hesselink, *Science*, **265**, 749 (1994)
26) G. Zhou, Y. Qiao, F. Mok and D. Psaltis, Opt. Photonics News, March (1996) 43
27) M. -P. Bernal, H. Coufal, R. K. Grygier, J. A. Hoffnagle, C. M. Jefferson, R. M. Macfarlane, R. M. Shelby, G. T. Sincerbox and G. Wittmann, *Appl. Opt.*, **35** (14), 2360 (1996)
28) I. Michael, W. Christian, D. Pletcher, T. Y. Chang and J. H. Hong, *Appl. Opt.*, **35** (14), 2375 (1996)
29) G. W. Burr, J. Ashley, H. Coufal, R. K. Grygier, J. A. Hoffnagle, C. M. Jefferson and B. Marcus, *Opt. Lett.*, **22** (9), 639 (1997)
30) K. Curtis, W. L. Wilson, M. C. Tackitt, A. J. Hill and S. Campbell, *ibid.*, **35**, 359
31) R. W. Hamming, "Coding and Information Theory", Prentice-Hall, Englewood Cliffs, NJ (1986)
32) H. Horimai, Tech. Digest, Optical Date Storage Topical Meeting, TuC1, 106 (2003)
33) D. A. Waldman, R. T. Ingwall, P. K. Dal, M. G. Horner, E. S. Kolb, H. -Y. S. Li, R. A. Minns and H. G. Schild, *Proc. SPIE*, **2689**, 127 (1996)
34) L. Dhar, K. Curtis, M. Tackitt, M. Schilling, S. Campbell, W. Wilson, A. Hill, C. Boyd, N. Levinos and A. Harris, *Opt. Lett.*, **23**, 1710 (1998)
35) Lisa Dhar, "Holographic data storage", the 6th Optware Meeting, March 2002, Tokyo
36) 堀江一之，高分子，**47**, 449 (1998)
37) M. Eichi and J. H. Wendorff, *Makromol. Chem. Rapid Commun.*, **8**, 59, (1987)
38) S. M. Silence, D. M. Burland, W. E. Moerner, "Photorefractive polymers" in Photorefractive Effects and Materials, Kluwer Academic Publishers (1995)
39) T. J. Trout, J. J. Schmieg, W. J. Gambogi, and A. M. Weber, *Adv. Matter.*, **10**, 1219 (1998)
40) M. Kawabata, A. Sato, I. Sumiyoshi, T. Kubota, *Appl. Opt.*, **33**, 2152 (1994)
41) D. A. Waldman, C. J. Butler and D. H. Raguin, *Proc. SPIE*, in press (2004)
42) M. Irie, *Chem. Rev.*, **1000**, 1685-1716 (2000)

第8章　フォトンモード分子光メモリと材料

入江正浩*

1　はじめに

フォトクロミック分子を用いたフォトンモード光メモリの可能性を紹介する。記録密度の向上をめざして，光メモリの分野において様々の工夫が報告されてきているが，記録の方式は変わっていない。すなわち，これまでの光メモリは，いずれも光エネルギーを記録媒体上でいったん熱エネルギーに変換して記録する「ヒートモード」記録方式を採用している。光磁気記録では，記録媒体をキューリー温度以上に加熱して磁区を反転させることで，また，相変化記録では，記録媒体を加熱融解することにより結晶状態／アモルファス状態間相変化を誘起させることで光記録している。CD-Rでは，光加熱により有機色素を融解し基板の変形を誘起して記録している。これらのヒートモード記録方式の利点は，閾値が明確で再生光により記録が破壊されないことにある。閾値以下の光量であれば記録媒体の温度は相転移温度にまで上昇することなく，多数回の再生が可能になる。しかし，多くの情報を含んだ光を用いながら，それを単に加熱のための熱源として用いるのはあまりに工夫がなさすぎる。光のもつ多くの情報をそのまま記録に用いる「フォトンモード」記録方式の開発こそが，光メモリの革新的な展開を可能にすると思われる。

「フォトンモード」記録方式には次の利点がある。

・光のもつ特性（波長，位相，偏光など）を記録に活かせる。
・熱拡散，物質移動を伴わないため，高解像記録が可能である。
・電子遷移により記録されることから，高速，高感度記録が可能である。
・２光子電子励起をもちいた３次元記録が可能である。
・分子一つ一つに情報記録する究極の超高密度記録が可能である。

欠点は，電子スペクトル変化を再生検出しようとすると記録が破壊されることである。このことは，しかし，屈折率あるいは赤外吸収変化を利用した読み出しを行えば克服できる。記録容量，密度を格段に向上させるには，「フォトンモード」記録方式の開発が欠かせない。

フォトンモード記録用の記録媒体には，光励起により異なった状態へ光変換する性質が要請される。このような性質をもつさまざまの有機物質，無機物質の中で最も期待されているのは，光

＊ Masahiro Irie　九州大学大学院　工学研究院　応用化学部門　教授

励起により分子レベルにおいて電子状態を変える「フォトクロミック分子」である[1)]。フォトクロミック分子は，物性の異なる2つの状態間を光励起により交互に変換することから，その状態の違いを非破壊的に検出する手段さえあれば記録媒体として用いることができる。

2　フォトクロミック分子材料[2)]

フォトクロミック分子は，特定の波長の光を当てると，光反応により構造が変化して色が変化する，すなわち電子状態が変化する。分子量は変化せず分子構造のみが変化して別の異性体へ変換する，また，その異性体へ別の波長の光を照射すると元の状態にもどる。これまでに，数多くのフォトクロミック分子が報告されているが，どれでもが光メモリ媒体に使えるわけではない。表1に，代表的なフォトクロミック分子を示したが，これらの内，アゾベンゼン，スピロベンゾピランは，光メモリ媒体として用いることは出来ない。それは，光生成する右側の着色体が熱的に不安定で，暗黒中においても左側の無色体にもどり記録保持能をもたないからである。これまで，これらの着色体を安定化するために様々の試み，例えば，J会合体を形成させ安定化させる，ガラス転移温度の高い高分子媒体へ分散させガラス状態を利用して安定化させる，など行われてきたが，いずれも成功していない。

表1　フォトクロミック分子

アゾベンゼン

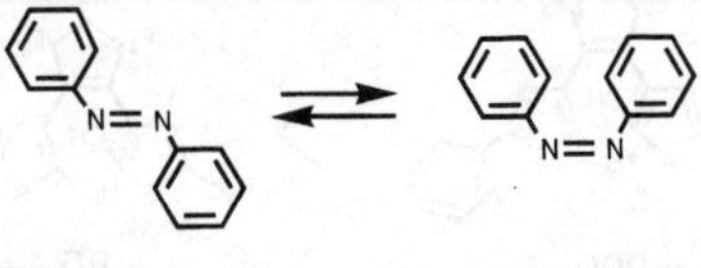

スピロベンゾピラン

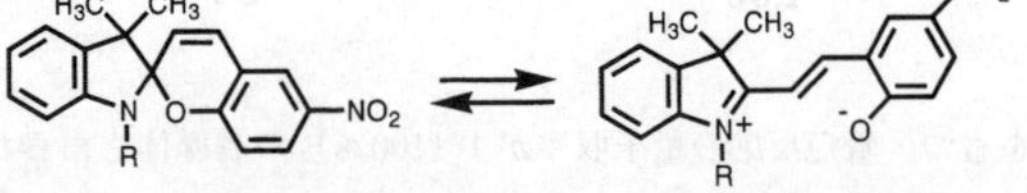

フルギド

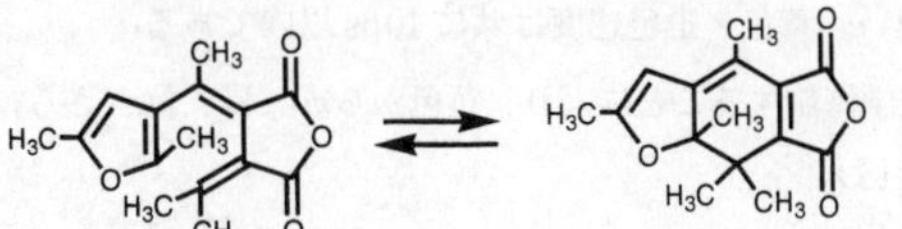

ジアリールエテン

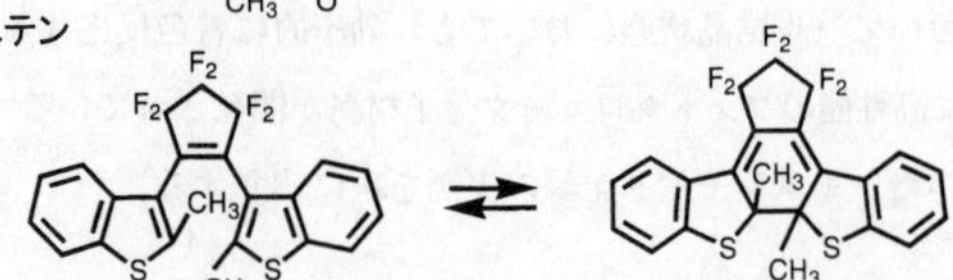

フォトクロミック分子の両異性体を安定化させ，光メモリへ応用することは困難と考えられていたが，ジリールエテン，フルギドの発明により，その可能性が出てきた。これらフォトクロミック分子の両異性体は暗黒中に置く限り両異性体間で変換することはない。すなわち，書き込み後十分の記録保持性をもち光メモリへの応用が可能である。ジアリールエテンとフルギドとの違いは，書き込み／消去の繰り返し耐久性にある。ジアリールエテンは，10万回の繰り返しに耐えるが，フルギドは50回程度しか繰り返すことが出来ない。光メモリ媒体として，最も有望視されているのは，ジアリールエテンである。ジアリールエテンについて，その性能を以下に示す。

・両異性体はともに熱的に安定である。30度において47万年，150度において400時間着色状態が安定な誘導体も得られている。
・着色／退色（書き込み／消去）の繰り返し耐久性がある。

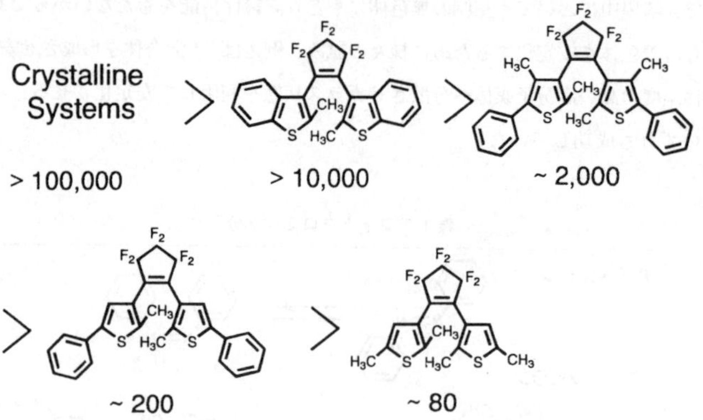

・高い感度をもつ。着色反応の量子収率が1（100%）の誘導体も得られている。
・応答速度が速い。着色／退色速度は共に10ps以内である。
・分子構造を化学修飾することにより，黄色から赤，青，緑，さらには赤外領域に吸収をもつものが得られている。
・固相状態において（単結晶状態においても）効率的に着色反応する誘導体が得られている。

以上のように高性能のフォトクロミック分子材料が開発されている。このフォトクロミック分子材料をもちいたフォトンモード記録の実例を次に紹介する。

3　近接場光メモリ

このフォトクロミック分子をもちいた最も有効な光メモリは何であろうか。図1に，ストレージ技術における記録密度増加の傾向を示す。青色レーザあるいは紫外レーザをもちいたとしても，そう遠くない将来に回折現象に制限された物理限界に到達する。レンズにより絞込んだ光をもちいる限りピット径を300nm以下にすることは非常に困難である。この限界を破ると期待されているのが，近接場光をもちいた光メモリである。光は，波長よりも小さい開口部から直接外部に出ることは出来ないが，記録媒体が開口部に十分接近すれば近接場効果により記録媒体に光は伝達して，光反応を誘起させることは可能である。2次元平面記録により，100 Gb/inch^{2}以上の記録密度を達成するには，記録スポットを80nm程度にすることが必要となるが，微小開口部の大きさを80nm以下にすれば，記録スポットの大きさも80nm以下にすることが可能になる。この実証実験が，フォトクロミックジアリールエテンをもちいて行われた[3]。

近接場光メモリには，高感度の超薄膜記録媒体が必要となる。厚膜であると，ファーフィールド光散乱により微小スポットの書き込みが出来なくなるため超薄膜媒体（400nm以下）が必要である。また，透過光あるいは反射光により読み出すとすれば超薄膜媒体においても，十分の吸光度をもつことが要求される。この2つの条件を満足させるために，分子そのものがアモルファスガラス膜形成能をもつジアリールエテン誘導体が合成された。表2にそのいくつかを示す。

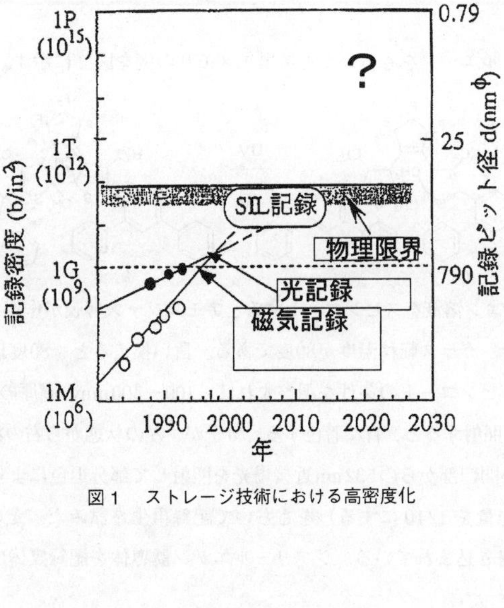

図1　ストレージ技術における高密度化

表2　アモルファス膜形成能を持つジアリールエテン

Compounds	Tg (˚C)	Tm (˚C)
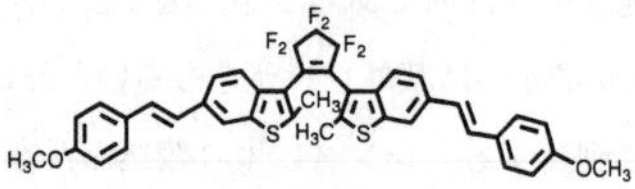	102 (t-t) 64 (t-c) 38 (c-c)	
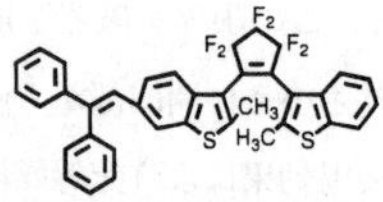	67	193
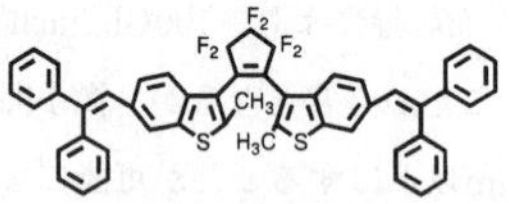	92	208
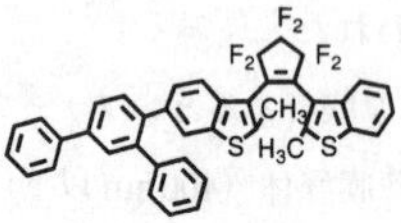	88	226
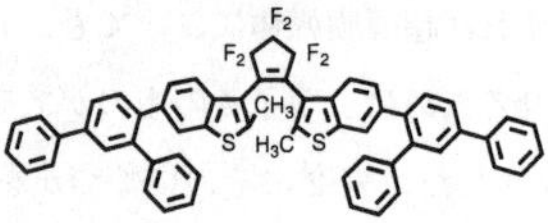	127	249

下記のジアリールエテンをもちいた近接場光メモリの例を図2に示す。

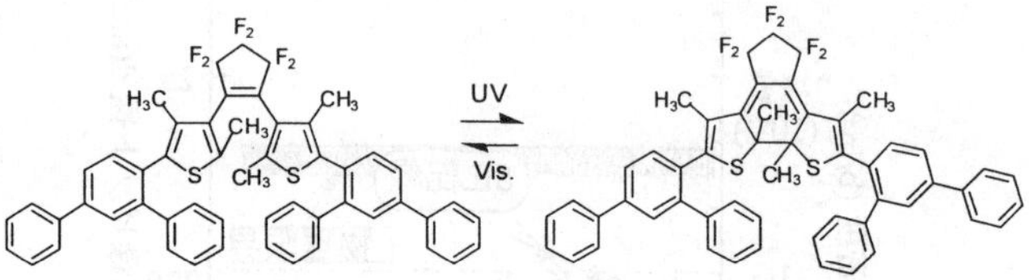

この分子のトルエン溶液をスピンコートするとアモルファス薄膜が作製される。このガラス状固体は無色透明で，ガラス転移温度が80度である。言い換えると，80度以下では堅いガラス状態を維持する。スピンコートの条件を調整すれば，100～400nmの膜厚の超薄膜が作製できる。ここへ，紫外光を照射すると，青く着色する。分子が，左の状態から右の状態へ移ったことになる。そこへ，微小開口部からの532nm近接場光を照射して部分退色により細線を記録し，同じ波長の光（但し光量を1/10にする）をもちいて記録再生を試みた。その結果が図2である。100nmの細線が書き込まれている。ジアリールエテン誘導体を記録媒体に，近接場光を記録光

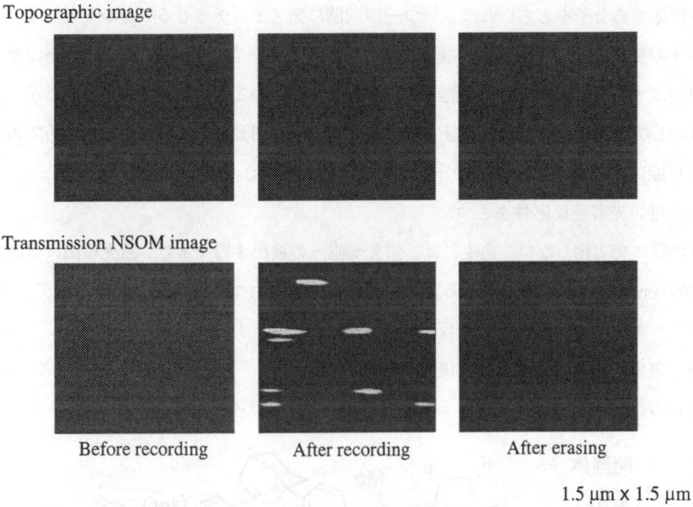

図2　近接場光メモリ

源にもちいることにより，100 nm以下の細線記録が達成された。この細線は，紫外光の照射により消去することが出来る。書き換え可能記録になる。再生の際，記録と同じ波長の光をもちいているため，多数回読み出すと記録が劣化することが認められた。但し，10回程度ではほとんど影響は認められなかった。

この他に，追記型記録媒体への近接場記録も試みられている[4)]。

4　単一分子光メモリ[5)]

図1に，もう一度戻る。近接場光メモリにより回折限界が乗り越えられ，更に高密度化がすすむと，2030年には1Pb/inch^{2}に達することになる。現状の光メモリと比較して10万～100万倍の記録密度である。この時，1ピットの大きさは1 nm以下になる。この極微小記録ピットはどのようにすれば，書き込め，また再生できるのであろうか。熱拡散を考えれば，ヒートモード記録方式では到底達成できるものではない。ピットの大きさの単位でフォトンモード記録でき，また再生できる記録媒体が必要となる。それは，分子である。

分子はサブnmの大きさをもち，一つ一つ独立にふるまうことが出来る。そのことは光反応にもあてはまり，適切な光源さえあれば一つ一つ別個に光反応させることが出来る。フォトクロミック反応する分子をもちいれば，一つ一つ別個に光スイッチさせることができ，また，その光スイッチの変化を一つ一つ別個に読み出すことができる。言い換えると，サブnmのサイズの記録を可能にする記録媒体として機能する。これまで，このことは認識されてはいたが，実証実験には成功していない。それは，実証実験に耐える分子が開発されていなかったためである。実証実験を可能にするためには，記録分子に次の性能が要求される。

・効率の良い光着色反応性をもつ。

・再生の際に光劣化しない。再生には，蛍光が唯一の検出手段であり，蛍光検出には高強度光源（100W/cm^{2}以上）がもちいられる。この光源にさらされても光劣化しないことが求められる。

・フォトクロミック反応の光退色反応の量子収率が，10^{-3}以下である。

・着色／退色の繰り返し耐久性に優れている。

これらの性能をもつフォトクロミック分子として，次の分子が合成された。

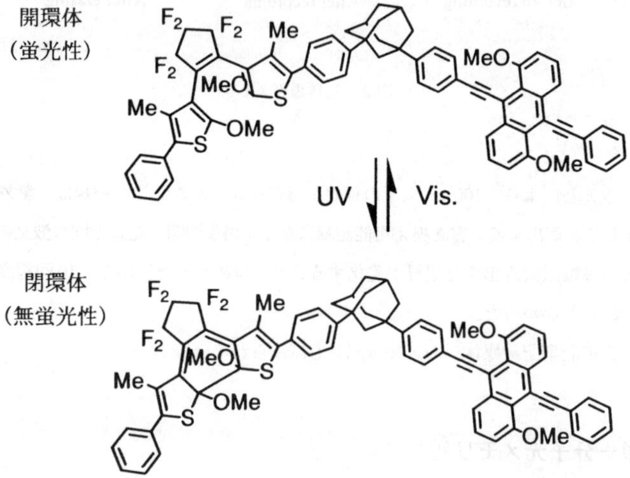

この分子は，蛍光分子であるアントラセン誘導体とフォトクロミック分子であるビスチエニルエテンとを，アダマンチル基を介して結合させたものである。これらのクロモファーのエネルギー相関を図3に示す。アントラセン部の励起状態は，ビスチエニルエテンの開環体と閉環体の中間にあり，ビスチエニルエテンが開環状態にあれば蛍光は消光されないが，閉環状態になると消光されることになる。言い換えると，フォトクロミック反応に伴い蛍光強度が変化することになる。この分子を，アモルファスポリオレフィン高分子表面にスピンコート法により分散させ（10^{-11}M），その単一分子の蛍光スイッチを共焦点顕微鏡をもちいて測定した。検出結果の一例を図4に示す。

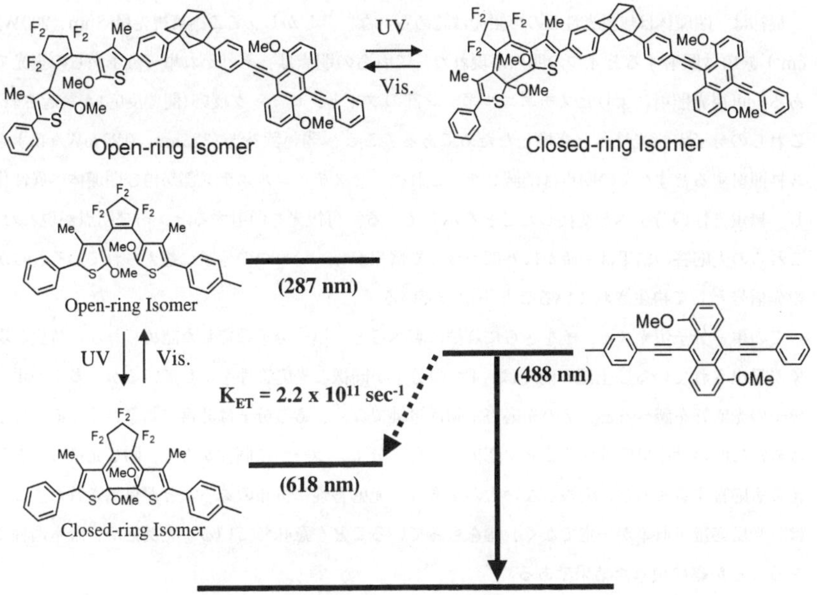

図3　エネルギー相関図

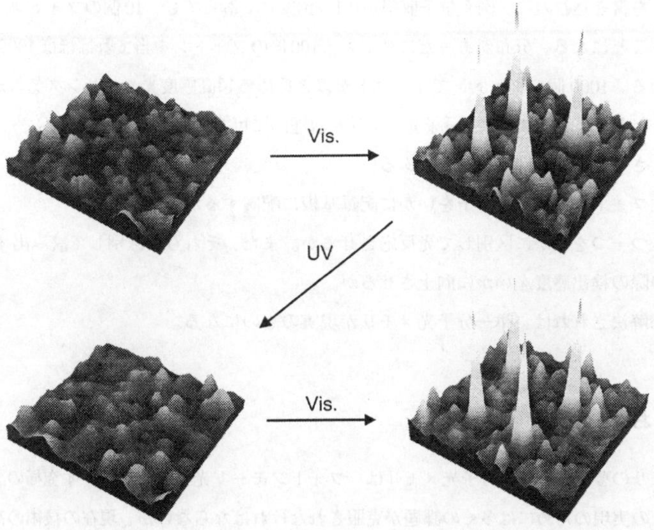

図4　単一分子蛍光スイッチング

最初は，閉環体は無蛍光性なので蛍光は認められない。しかし，ここへ可視光(488nm，200W/cm^2)を10秒照射すると４つの明点が現れた。これらの明点は，それぞれ単一分子からの蛍光である。可視光照射によりビスチエニルエテン部のフォトクロミック反応(開環反応)が誘起され，これらの分子が蛍光性へと変換したためである。ここへ弱い紫外光(325nm，0.27mW/cm^2)を３秒照射するとすべての明点は消滅した。これは，ビスチエニルエテン部が再び閉環体へ異性化し，無蛍光性の分子へと変換したことを示している。可視光を照射すると，再び明点が現れた。これらの光応答の結果は，確かに外部からの光情報が，一つ一つの分子に蓄えられて，それらが蛍光信号として再生されていることを示している。

この単一分子蛍光スイッチをさらに詳細に調べると，単一分子系でした認められない特異な現象が見出されている。上記の例では，４つの分子が同様な光応答性を示しているが，多くの単一分子の光応答を調べると，その光応答挙動は単純でなく，ある分子は非常に効率良く，ある分子は非常に低い効率で応答することが認められた。分子一つ一つに個性があり，同じ光量の光を与えても応答するものと，応答しないものがあり，光応答性に分布のあることが見出された。これは，光反応量子収率が一定でなく，幅をもっていることを意味している。光反応が，確率過程であることが露に現れた結果である。

このことは，光メモリに用いる際には不利に働く。しかし，実はそれほど悲観的でもない。単一分子を光メモリの１ピットに用いていることから，この光メモリシステムは超高感度である。１ピットを書き込むのに，例え量子収率が0.1（10%）であっても，10個のフォトンで書き込めると言うことになる。分布があったにしても，100倍のフォトンを当てればほぼ100%反応することになる。1000個のフォトンで１ピットが書き込める超高感度光メモリシステムが構築できることになる。本実験は，単一分子光メモリが原理的に可能であることを示したにすぎない。実現には，さらに多くの開発が必要である。

・蛍光性フォトクロミック分子をいかに記録基板に配置するか。
・分子一つ一つをいかに区別して光反応させるか。また，それらを区別して読み出すか。
・再生の際の検出感度をいかに向上させるか。

これらが解決されれば，単一分子光メモリが現実のものになる。

5　おわりに

光メモリの夢である単一分子光メモリは，フォトンモード光メモリがめざす究極の記録方式である。この実現のためには多くの課題が克服されなければならないが，現在の技術の高速の進展を考えれば，それほど遠くない将来に実現するものと期待される。

文　　献

1）化学総説 "有機フォトクロミズムの化学", 学会出版センター (1995)
2）M. Irie: "Diarylethenes for Memories and Switches", *Chem. Rev.* **100** (2000) 1685
3）M-S. Kim, T. Sakata, T. Kawai, M. Irie, *Jpn. J. Appl. Phys.* **42** (2003) 3676
4）T. Kawai, T. Konishi, K. Matsuda, M. Irie, *Jpn. J. Appl. Phys.* **40** (2001) 5145
5）M. Irie, T. Fukaminato, T. Sasaki, N. Tamai, T. Kawai, *Nature*, **420** (2002) 759

《CMCテクニカルライブラリー》発行にあたって

弊社は、1961年創立以来、多くの技術レポートを発行してまいりました。これらの多くは、その時代の最先端情報を企業や研究機関などの法人に提供することを目的としたもので、価格も一般の理工書に比べて遙かに高価なものでした。

一方、ある時代に最先端であった技術も、実用化され、応用展開されるにあたって普及期、成熟期を迎えていきます。ところが、最先端の時代に一流の研究者によって書かれたレポートの内容は、時代を経ても当該技術を学ぶ技術書、理工書としていささかも遜色のないことを、多くの方々が指摘されています。

弊社では過去に発行した技術レポートを個人向けの廉価な普及版**《CMCテクニカルライブラリー》**として発行することとしました。このシリーズが、21世紀の科学技術の発展にいささかでも貢献できれば幸いです。

2000年12月

株式会社　シーエムシー出版

次世代光記録材料　(B0871)

2004年 1月31日　初　版　第1刷発行
2009年 4月22日　普及版　第1刷発行

監　修　奥田　昌宏　Printed in Japan
発行者　辻　賢司
発行所　株式会社　シーエムシー出版
東京都千代田区内神田1-13-1　豊島屋ビル
電話03 (3293) 2061
http://www.cmcbooks.co.jp

〔印刷　倉敷印刷株式会社〕

定価はカバーに表示してあります。
落丁・乱丁本はお取替えいたします。

ISBN978-4-7813-0064-1 C3054 ¥3800E